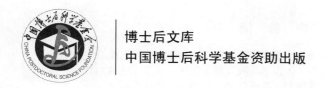

博士后文库
中国博士后科学基金资助出版

不同干扰和空间尺度下荒漠啮齿动物群落生态学及其优势种不育控制研究

付和平 著

科 学 出 版 社

北 京

内 容 简 介

本专著在对内蒙古阿拉善荒漠啮齿动物区系和种类分布进行全面调查的基础上，选择开垦、轮牧、过牧和禁牧 4 种干扰区，在 3 个主要取样空间尺度上对不同干扰下的啮齿动物群落格局、动态及其与生态因子关系、优势种群敏感性等进行研究；在 5 个取样空间尺度上，应用分形理论、小波分析对啮齿动物群落进行研究，提出荒漠啮齿动物群落研究的"表征尺度"（manifestation scale）。有害啮齿动物不育控制及植物源不育剂的筛选一直备受国内外学者关注。对不同草原区啮齿动物优势种长爪沙鼠（*Meriones unguiculatus*）、子午沙鼠（*Meriones meridianus*）、小毛足鼠（*Phodopus roborovskii*）和三趾跳鼠（*Dipus sagitta*）分别采用复合不育剂 EP-1、植物源不育剂 ND-1（农大-1 号）进行了抗生育作用研究，均取得了预期的不育控制效果，有望得到安全环保、无污染、可持续控制的植物源不育剂。

本专著可供草业科学、植物保护学、动物学、野生动物管理学、野生动植物保护与利用等学科和专业的本科生、研究生参考使用，也可供从事相关专业的广大业务人员参考使用。

图书在版编目（CIP）数据

不同干扰和空间尺度下荒漠啮齿动物群落生态学及其优势种不育控制研究/付和平著.—北京：科学出版社，2018.1
（博士后文库）
ISBN 978-7-03-055689-9

Ⅰ. ①不⋯ Ⅱ. ①付⋯ Ⅲ. ①荒漠－啮齿目－群落生态学－研究 ②荒漠－啮齿目－优势种－不育性－研究 Ⅳ. ① Q959.837

中国版本图书馆CIP数据核字（2017）第292551号

责任编辑：李 迪 白 雪/责任校对：郑金红
责任印制：肖 兴/封面设计：刘新新

科学出版社 出版
北京东黄城根北街 16 号
邮政编码：100717
http://www.sciencep.com
中国科学院印刷厂 印刷
科学出版社发行 各地新华书店经销
*
2018 年 1 月第 一 版 开本：720×1000 1/16
2018 年 1 月第一次印刷 印张：14 1/2
字数：265 000
定价：98.00 元
（如有印装质量问题，我社负责调换）

《博士后文库》编委会名单

《博士后文库》序言

  1985 年，在李政道先生的倡议和邓小平同志的亲自关怀下，我国建立了博士后制度，同时设立了博士后科学基金。30 多年来，在党和国家的高度重视下，在社会各方面的关心和支持下，博士后制度为我国培养了一大批青年高层次创新人才。在这一过程中，博士后科学基金发挥了不可替代的独特作用。

  博士后科学基金是中国特色博士后制度的重要组成部分，专门用于资助博士后研究人员开展创新探索。博士后科学基金的资助，对正处于独立科研生涯起步阶段的博士后研究人员来说，适逢其时，有利于培养他们独立的科研人格、在选题方面的竞争意识以及负责的精神，是他们独立从事科研工作的"第一桶金"。尽管博士后科学基金资助金额不大，但对博士后青年创新人才的培养和激励作用不可估量。四两拨千斤，博士后科学基金有效地推动了博士后研究人员迅速成长为高水平的研究人才，"小基金发挥了大作用"。

  在博士后科学基金的资助下，博士后研究人员的优秀学术成果不断涌现。2013年，为提高博士后科学基金的资助效益，中国博士后科学基金会联合科学出版社开展了博士后优秀学术专著出版资助工作，通过专家评审遴选出优秀的博士后学术著作，收入《博士后文库》，由博士后科学基金资助、科学出版社出版。我们希望，借此打造专属于博士后学术创新的旗舰图书品牌，激励博士后研究人员潜心科研，扎实治学，提升博士后优秀学术成果的社会影响力。

  2015 年，国务院办公厅印发了《关于改革完善博士后制度的意见》（国办发〔2015〕87 号），将"实施自然科学、人文社会科学优秀博士后论著出版支持计划"作为"十三五"期间博士后工作的重要内容和提升博士后研究人员培养质量的重要手段，这更加凸显了出版资助工作的意义。我相信，我们提供的这个出版资助平台将对博士后研究人员激发创新智慧、凝聚创新力量发挥独特的作用，促使博士后研究人员的创新成果更好地服务于创新驱动发展战略和创新型国家的建设。

  祝愿广大博士后研究人员在博士后科学基金的资助下早日成长为栋梁之才，为实现中华民族伟大复兴的中国梦做出更大的贡献。

中国博士后科学基金会理事长

序　一

　　《不同干扰和空间尺度下荒漠啮齿动物群落生态学及其优势种不育控制研究》是付和平教授多年来从事草原啮齿动物生态学及其鼠害控制研究工作的积累，现今以学术专著形式出版，值得庆贺。

　　全书分为上、下两篇，上篇论述不同干扰和空间尺度下荒漠啮齿动物的群落生态学，下篇论述荒漠啮齿动物优势种的不育控制研究。

　　付和平教授自 1997 年以来，对内蒙古阿拉善荒漠区啮齿动物区系进行了比较全面的调查，明确了该荒漠区啮齿动物的区系组成和物种分布特征。在此基础上进行了定位研究，经过多年研究，基本阐明了啮齿动物群落在不同组织尺度和空间尺度上与荒漠生态系统结构及功能之间的关系，揭示了啮齿类群落在脆弱荒漠生态系统中对于不同干扰条件的反应特征，提出了荒漠区啮齿动物群落研究的"表征尺度"，在理论上探索了啮齿动物群落生态学研究的新方法，探讨了荒漠啮齿动物群落在不同干扰条件下生态学过程变动的内在机制和规律等。这些研究成果对荒漠生态系统的恢复与保护、草地畜牧业的可持续发展、区域性草地鼠害的预测预报和综合治理等都有重要的意义。

　　我国的动物群落生态学研究起步较晚，主要以啮齿动物群落研究为主，在夏武平先生等前辈的努力下，近几十年来有了很大的进展，在青藏高原和内蒙古草原啮齿动物的群落生态学研究中取得了很多有代表性的成果。随着研究技术手段和分析方法的进步，群落生态学逐步走向系统和深入，新的学说不断涌现。在有害鼠类的不育控制技术方面，我国学者进行了多年的探索和野外试验，也取得了一系列的成果。

　　该著作信息量很大，我希望著者可以考虑在群落组织结构的机制方面进行进一步的探索，在全国或全球尺度上，对不同啮齿动物的群落类型进行一些相关比较，也许会发现更多新的规律。可以将上篇的群落生态学研究与下篇的鼠类不育控制有机结合起来，分析不育控制如何影响种群的数量变化和调节，从而进一步影响群落的组成和动态等。

　　生态学研究最好的实验室是在大自然中。从事生态学研究的学者都知道，野外生态学研究是很艰苦、很寂寞的。啮齿动物的群落生态学研究，需要长期的野外工作积累，方可发现一些有价值的规律。付和平教授及其所在研究团队能够多年坚持在条件严酷的环境中进行研究，精神和毅力难能可贵，在当今科学论文追求"短平快"的大环境下，更是难得；在艰苦的条件下，坚持了下来，获得了丰富的第一手资料，值得敬佩。

　　希望该著作的出版能对我国的荒漠啮齿动物群落生态学研究起到促进作用。

中国生态学学会动物生态专业委员会主任

2017 年 6 月 1 日

序 二

今天欣慰地看到自己学生的书稿——《不同干扰和空间尺度下荒漠啮齿动物群落生态学及其优势种不育控制研究》呈现于读者面前，着实有一种成就感。书稿作者付和平是我的开门弟子，多年来在课题组获得的多个国家自然科学基金项目及教育部、科技部、自治区和校级科研项目的资助下，一直坚持在内蒙古阿拉善荒漠区进行啮齿动物生态学与鼠害控制的科学研究，能够取得这样的成绩，实属不易。

从 1997 年开始，我们对内蒙古阿拉善荒漠区啮齿动物区系进行了全面调查，明确了该荒漠区啮齿动物区系组成、种类分布特征；在此基础上对 4 种人为干扰生境的啮齿动物生态学进行了定位研究，基本思路是：在不同空间取样尺度上，对啮齿动物种群、群落不同组织尺度与生态系统功能关系，以及对不同人为干扰的反应特征和生态学过程进行研究，以期为制定荒漠生态系统恢复与保护策略、荒漠草地的可持续利用、区域性草地鼠害的预测预报和综合治理提供科学依据。为了实现研究目标，在当时课题组人员数量不足、条件非常艰苦的情况下，付和平克服多种困难，连续攻读硕士、博士学位，坚持野外取样工作；在研究和分析方法上，除应用传统的野生动物研究方法外，还结合了分形理论、小波分析等非线性方法，进一步从景观生态学的理论角度，通过定量研究来探讨荒漠啮齿动物群落在不同干扰条件下变动的内在机制和规律，并且提出荒漠区啮齿动物群落研究的"表征尺度"（manifestation scale），在理论上大胆探索了啮齿动物群落生态学研究新方法。

之后，付和平在中国农业大学进行了博士后研究，专门进行了关于鼠类不育控制的研究工作。迄今，围绕不育剂的筛选、作用效果和机制及与毒饵杀灭控制效果对比等研究内容做了大量工作，并且组织课题组研发了植物源不育剂ND-1（农大-1 号），取得了可喜的成绩。

书稿涉及本学科研究热点和难点问题，具有重要的理论意义和现实意义。书稿的研究内容不仅在方法上有创新，而且充分体现出其最新研究成果，其学术价值已得到国内外的承认，为本学科发展做出了贡献。

我一直倡导"谋则成，不谋则衰，思则通，不思则阻；虑则安，不虑则危，行则功，不行则败"。科学研究的长期坚持既需要精神毅力，也需要认真专注，更需要凝练思考。掩卷长思，不仅深感学生多年来从事科研工作的艰辛及所取得成绩的难能可贵，而且为啮齿动物生态学研究后来者成绩得到业内认可而欣慰！是为序。

内蒙古农业大学草原与资源环境学院

2017 年 6 月 5 日

前　言

　　干扰存在于自然界的各个方面，各种类型的干扰是生态学过程的重要组成部分，直接影响着生态系统的演变过程，许多动植物种类与干扰具有密切关系。干扰不仅对生态系统的影响具有多重性，而且具有较大的相对性和明显的尺度性，生物群落在生态学干扰下不同尺度的变化特征是当今生态学研究的主要领域之一。尺度理论和尺度分析方法是了解不同尺度下生物群落格局和过程的相互关系，以及不同尺度下生物群落的干扰效应的重要途径。生态学的等级系统理论认为，尺度分析是以所用测量尺度来分析客观存在的本征尺度 (intrinsic scale) 的过程，是对不同尺度域间的生态等级系统实体和过程进行辨识或推测 (丁圣彦 2004；吕一河和傅伯杰 2001)。在尚未确切了解某一生态现象的本征尺度之前，往往需要人为划定不同的尺度系列对生态过程进行分析和研究，能够从理论上或实际上得到较严谨的解释时，所选的尺度系列就可能较为真实地反映了客观生态现象和生态实体的本征尺度 (吕一河和傅伯杰 2001)。

　　尺度分析方法有很多，如回归分析 (regression method)、自相关分析 (autocorrelation analysis)、半方差分析 (semivariance analysis)、谱分析 (spectral analysis)、分形分析 (fractal analysis)、多维尺度分析 (multidimensional scaling)、小波分析 (wavelet analysis) 等，近年来陆续被报道。然而，研究人员有时往往很难确切判定某一生态格局或过程所发生的客观尺度。对于同一生态学现象，由于采用的研究尺度大小不一，所得的结论往往差别很大。这就引出一个问题：如何使研究者所采用的研究尺度能够客观准确地分析和拟合生态格局或过程的客观生态尺度，也就是本征尺度？

　　格局、过程、尺度和干扰都是与生物群落紧密相关的几个重要的生态学范式，虽然我国啮齿动物群落生态学的研究起步较晚，但是近年来我国学者在其方法、理论、应用等的定性研究方面做了大量工作。然而与格局、过程、尺度和干扰相结合的啮齿类群落生态学定量研究仍是我国广大生态学工作者需要努力的一个重要方面。应用尺度理论和尺度分析方法为了解不同尺度下啮齿动物群落格局和过程的相互关系，以及不同尺度下啮齿动物群落的干扰效应提供了重要途径。因此，格局、过程、尺度和干扰理论对于丰富和发展啮齿动物群落生态学研究有着重要意义。

　　本专著涉及的研究，首先对阿拉善荒漠啮齿动物区系进行了全面调查，明确了该荒漠区啮齿动物区系组成、种类分布特征。在此基础上进行定位研究，定位点设在受人为干扰最为明显的阿拉善左旗南部典型荒漠区，选择具有代表性的开垦区、轮牧区、过牧区和禁牧区 4 种不同类型的干扰区，在 $1hm^2$、$10hm^2$ 和 $40hm^2$ 三个主要的空间尺度上，对不同干扰下啮齿动物的群落生态位特征、群落格局与动态、动植物群落相互关系、动物群落与气候因子关系、优势种群敏感性反应等进行多尺度定性和定量研究；在 $1hm^2$、$10hm^2$、$20hm^2$、$30hm^2$ 和 $40hm^2$ 5 个空间尺度上，应用典型相关分析（canonical correlation analysis）、对应分析、分形分析、小波分析等方法对荒漠啮齿动物群落生态学进行研究，明确荒漠啮齿动物群落野外研究取样的本征尺度，并且对不同干扰下荒漠啮齿动物群落格局—过程—尺度进行分析，明确荒漠生态系统在生境破碎化过程中，不同干扰条件下啮齿动物群落在不同的空间尺度上生态学过程的变动特征，阐明啮齿动物群落在不同组织尺度和空间尺度与荒漠生态系统结构与功能的关系，提出荒漠区啮齿动物群落研究的"表征尺度"，在理论上探索啮齿动物群落生态学研究新方法，同时揭示啮齿类群落在脆弱荒漠生态系统中对于不同干扰条件的反应特征，进一步从景观生态学的理论角度，通过定量研究来探讨荒漠啮齿动物群落在不同干扰条件下生态学过程变动的内在机制和规律。从而为制定荒漠生态系统恢复与保护策略、草地畜牧业的可持续利用、区域性草地鼠害的预测预报和综合治理提供科学依据。

1997～2000 年，恩师武晓东教授带领的包括作者在内的研究团队对整个阿拉善荒漠啮齿动物区系和物种分布进行了调查。在此基础上，从 2002 年开始在人为干扰明显的阿拉善左旗南部典型荒漠区建立了包括上述 4 种人为干扰类型的固定观测样地和对应的线路调查样地。本专著的啮齿动物群落生态学研究就是对这些固定样地和线路样地连续多年野外取样研究部分成果的总结。

在生态系统中当小型啮齿动物的数量过高时对环境造成的危害即称为"鼠害"。特别是在草地生态系统中，我国每年 10%～20% 的草原面积发生鼠害，由此造成的畜牧业损失非常惊人，仅牧草每年损失约 200 亿 kg（Kang et al. 2007）。草原鼠害已成为我国草原生态环境恶化和影响畜牧业生产持续健康发展的重要因素。多年来草原鼠害单纯依靠化学毒饵防治，其只是一种应急措施，只能暂时降低害鼠的数量，没有从根本上改变害鼠的栖息环境而产生生殖补偿作用（breeding compensation effect），在短期内害鼠种群又会恢复到原有的水平（张知彬 1995）。因此难以巩固灭鼠的成效，从而造成年复一年，反复投放毒饵，大量消耗人力、物力和财力，同时威胁到非靶向动物安全并且污染环境（施大钊等 2009）。对鼠害无污染、无公害的有效防治和可持续控制已成为当前草地生物灾害控制研究的重点之一。

内蒙古草原是我国最重要的畜牧业产区，拥有天然草原 13.2 亿亩[①]，占全国

---

① 1 亩≈666.67m²

草原总面积的 22.4%。在内蒙古草原每年发生鼠害面积约为 10%，严重区域可达当地草原面积的 20%～30%。鼠害不仅严重影响了牧民的生产、生活，而且对当地生态环境也造成了危害，特别是危害草地土壤和植被，导致草地沙化、退化，影响草地生态系统功能的正常发挥，造成草地生产力下降、多样性丧失，致使草地生态系统变得脆弱。鼠害的加重加快了生态环境的恶化，恶化的生态环境又是鼠害大规模暴发的诱因，这样的恶性循环严重危害草地生态系统，甚至危及广大牧民的生存。

　　近年来，有害动物不育控制在国内外成为研究热点，并且取得了一些较为理想的成果。害鼠不育控制主要集中在对不育剂的筛选、实验室试验及对部分野生种群数量的控制试验等方面，理论上主要以生态学模型探讨不育控制下害鼠种群动态规律。近几年随着动物管理、动物福利、动物伦理和环境保护理念的明显提升，害鼠不育控制关注的焦点集中在选择无污染、无公害环保型的不育剂，并且对害鼠种群数量能够实现可持续的控制作用。因此，植物源不育剂成为主要选择对象。为此，近几年在内蒙古鄂尔多斯荒漠草原和阿拉善荒漠区，对啮齿动物优势种进行了不育控制试验研究。首先选择了激素类复合不育剂 EP-1[主要成分为左炔诺孕酮(levonorgestrel) 和炔雌醚(quinestrol)]，采用春季试验区一次性投饵的方法，对长爪沙鼠野生种群进行了专门试验研究，并且对不育剂 EP-1 与抗凝血杀鼠剂(毒饵)溴敌隆的作用效果进行了对比试验；对子午沙鼠(*Meriones meridianus*)、小毛足鼠(*Phodopus roborovskii*) 和三趾跳鼠(*Dipus sagitta*) 3 种荒漠啮齿动物优势种群的不育控制进行了相关试验研究；在此基础上，自主合成植物源不育剂 ND-1(农大-1 号)[主要成分为植物提取物紫草素(shikonin) 和炔雌醚]，对子午沙鼠种群进行了抗生育作用试验。上述试验研究的结果虽有差异，但均取得了预期的不育控制效果，有望得到安全环保、无污染，并且能够实现可持续控制目标的植物源不育剂。2007～2011 年，中国农业大学博士后合作导师施大钊教授团队实施国家重点基础研究发展计划(973 计划)项目子课题"鼠类种群生殖调控与不育控制机理研究"(2007CB109105)。在此基础上，作者开展了对草原啮齿动物优势种群的相关不育控制研究工作。

　　本专著在内容编排上分为两篇，上篇主要是关于荒漠啮齿动物群落生态学研究的部分成果，下篇是关于荒漠啮齿动物优势种不育控制研究的最新成果。这些成果是作者在内蒙古农业大学攻读博士学位和在中国农业大学进行博士后研究期间，在多个国家自然科学基金项目(31560669、31260580、31160096、30760044、30560028、30160019)、中国博士后科学基金项目(20090460420)、国家重大基础研究计划(973 项目)子课题(2007CB109105)、内蒙古自治区自然科学基金项目(2010MS0405、2014MS0325)资助下开展系列研究的部分成果。作者在多年的相关研究中，共发表相关论文 30 余篇，作为主编、副主编撰写专著 3 部，获得国家发明专利授权 1 项，实用新型专利授权 2 项。本专著亦是草业科学"国家特色重点学科"建设项目、教育部重点实验室(草地资源实验室)建设项目的成果。

　　在多年的研究工作中，作者得到了内蒙古自治区草原工作站、内蒙古阿拉善盟草原工作站、内蒙古鄂尔多斯市草原工作站、内蒙古鄂尔多斯市杭锦旗草原工作站、鄂托克旗草原工作站和阿拉善盟腾格里经济开发区农牧业局的大力支持；得到了内蒙古农业大学恩师武晓东教授课题组、中国农业大学合作导师施大钊教授课题组的教师和研究生的大力帮助。值此专著成稿之际，对以上各项基金、建设项目的资助和所有协作单位一并致以诚挚感谢！对给予帮助的教师和参加野外工作的所有研究生致以诚挚感谢！对中国博士后科学基金给予的出版资助致以诚挚感谢！

　　本专著是在恩师武晓东教授指导下、在课题组全体成员帮助下，作者多年从事草原啮齿动物生态学与草地鼠害控制教学与研究工作的粗浅所得，无论内容上、方法上还是行文中难免存在许多不足之处，恳请读者不吝赐教。

2017 年 10 月 28 日于呼和浩特

目　录

上篇　不同干扰和空间尺度下荒漠啮齿动物群落生态学

上篇　不同干扰和空间尺度下荒漠啮齿动物群落生态学

第一章　荒漠啮齿动物群落研究进展

第一节　关于荒漠生态系统

荒漠(desert)是发育在降水量稀少、强蒸发、极端干旱生境下植被稀疏的生态系统类型，世界上的荒漠生态系统位于赤道两旁的两大干旱系统中，北部的生态系统位于 10°N～50°N，南部的主要位于 20°S～30°S。世界陆地的 30%以上受这个环绕带的干旱影响。世界干旱区域分布如图 1.1 所示。

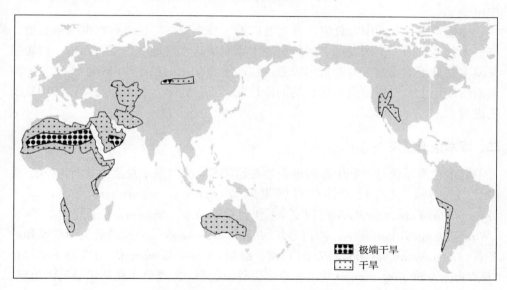

图 1.1　世界干旱区域分布图

Fig.1.1　The distribution map of arid region in the world

我国的西北部是荒漠的集中分布地区，包括新疆全境、西藏北部、青海的柴达木盆地、甘肃的河西地区和内蒙古的阿拉善盟与鄂尔多斯的西部地区，构成了我国西北干旱荒漠区，是亚洲大陆荒漠区的组成部分，面积达 191 万 km²，约为国土面积的 1/5，属于北方半干旱半湿润区、西北干旱脆弱区(任海和彭少麟 2002)。在这一地区由于人类过度干扰和各种自然因素的影响，造成原生植被的破坏、衰退甚至丧失，从而引起沙质地表、沙丘等的活动，加速了沙漠化的过程(刘国华等 2000)，已成为典型的脆弱生态系统。荒漠地区生态环境的严重恶化，引起各国学者的广泛关注(任海和彭少麟 2002；刘国华等 2000；Stahl 1993，1990；Aronson 1993；Bojo 1991)。

以荒漠植物组成中占优势的植物生活型为依据，我国荒漠可分为 4 种类型(文祯中和陆健健 1999)。

一、小乔木荒漠系统

小乔木荒漠系统以梭梭(*Haloxylon ammodendron*)荒漠为代表，在西北荒漠地区梭梭荒漠总面积 11.4 万 km²，约占我国荒漠面积的 6%，其中 68.1%分布在新疆。我国荒漠中，梭梭荒漠是有机质最高的类型，主要有两种，即梭梭和白梭梭(*Haloxylon persicum*)荒漠，均是超旱生无叶小乔木，利用绿色小枝条进行光合作用。

梭梭荒漠是亚洲中部荒漠区分布最广的一种类型，广泛分布在准噶尔盆地、塔里木盆地东部、哈顺戈壁、阿拉善高平原和柴达木盆地及内蒙古西部。白梭梭荒漠主要见于准噶尔盆地的古尔班通古特沙漠和艾比湖东部沙漠中，零星见于河流沿岸沙地上。白梭梭具有优良的固沙性能。一旦毁灭，会引起流沙，加剧荒漠化进程。

二、灌木荒漠系统

灌木荒漠系统是亚洲中部的地带性荒漠类型，我国灌木荒漠主要有 18 类，类型比较复杂，具有代表性的有膜果麻黄(*Ephedra przewalskii*)荒漠、霸王(*Zygophyllum xanthoxylon*)荒漠、泡泡刺(*Nitraria sphaerocarpa*)荒漠、白刺(*Nitraria tangutorum*)荒漠、沙拐枣(*Calligonum mongolicum*)荒漠等典型荒漠和沙冬青(*Ammopiptanthus mongolicus*)荒漠、绵刺(*Potaninia mongolica*)荒漠、半日花(*Helianthemum songaricum*)荒漠等草原化荒漠类型。主要分布在新疆沿河西走廊、阿拉善高平原到西鄂尔多斯地区。

三、半灌木、小半灌木荒漠系统

半灌木、小半灌木荒漠系统是温带荒漠区分布最广的荒漠类型，常与小乔木荒漠和灌木荒漠的分布相结合。在砾石戈壁、剥蚀苔原、壤土平原、沙漠、盐漠直至石质和黄土山地，这类荒漠都能生长。这类荒漠根据其组成，可分为盐柴类半灌木、小半灌木荒漠，多汁盐柴类半灌木、小半灌木荒漠，以及蒿类半灌木、小半灌木荒漠。这些荒漠组成简单，我国这种荒漠亚型主要有 28 类。分布区域东自鄂尔多斯西部，经阿拉善、河西走廊、柴达木盆地、哈顺戈壁，西到准噶尔和塔里木盆地，这类荒漠所在地生境为山地丘陵、剥蚀残丘、山麓淤积平原、山前沙砾质冲积扇等，在强盐化土上也有分布。

四、垫状小半灌木(高寒)荒漠系统

垫状小半灌木是一种极耐高寒、干旱的大陆性高原气候的生活型，由它占优势构成的垫状小半灌木(高寒)荒漠是亚洲最干旱的高山和高原的代表类型，集中分布的地区为昆仑山内部山区、青藏高原西北部与帕米尔高原。

阿拉善荒漠位于亚洲荒漠区的东端，是我国典型的温带荒漠，涵盖了上述小乔木荒漠系统、灌木荒漠系统和半灌木、小半灌木荒漠系统，属我国西北典型的干旱脆弱生态系统，著名的巴丹吉林、腾格里和乌兰布和三大沙漠横贯全境。其独特的气候特征为降水量少，草地的植被盖度很低，植物种类十分贫乏，荒漠处于一种水热极不平衡的状态中，这样的生态系统一旦受到破坏，就会迅速退化甚至崩溃。近年来由于人为干扰日趋严重，阿拉善荒漠生态系统已经到了极脆弱的状态，草地退化严重，载畜量锐减。

第二节　关于干扰的类型及生态意义

干扰是自然界常见的一种现象，无时无处不在，是在不同时空尺度上偶然发生的不可预知的事件，直接影响着生态系统的结构和功能。根据不同原则，干扰可以分为不同类型。陈利顶和傅伯杰(2000)提出 4 种分类方法：①按干扰产生的来源可分为自然干扰和人为干扰。自然干扰指无人为活动介入的在自然环境条件下发生的干扰，如火、风暴、火山爆发、洪水泛滥、地壳运动、病虫害等；人为干扰是在人类有目的行为指导下，对自然进行的改造或生态建设，如烧荒种地、森林砍伐、放牧、农田施肥、筑造大坝、修建道路、土地利用结构改变等。②依据干扰的功能可分为内部干扰和外部干扰。内部干扰是在相对静止的长时间内发生的小规模干扰，对生态系统演替起到重要作用，对此许多学者认为其是自然过程的一部分；外部干扰是短时间内的大规模干扰，如火灾、风暴、砍伐等，打破了自然生态系统的演替过程。③依据干扰的机制可分为物理干扰、化学干扰和生物干扰。物理干扰，如森林退化引起的局部气候变化，土壤侵蚀、土地沙漠化等；化学干扰，如土地污染、水体污染及大气污染引起的酸雨等；生物干扰，如由病虫鼠害暴发、生物入侵等引起的生态平衡失调和破坏。④根据干扰传播特征，可分为局部干扰和跨边界干扰。前者指干扰仅在同一生态系统内部扩散，后者可以跨越生态系统边界扩散到其他类型的斑块。常见的干扰类型有：火干扰(fire disturbance)、放牧干扰(grazing disturbance)、土壤物理干扰(soil physical disturbance)、土壤施肥(soil nutrient input)、践踏(tramping)、生物入侵(biological invasion)，还有像洪水泛滥、森林采伐、城市建设、矿山开采、旅游等对生态系统、景观格局和过程有较大影响的干扰。

生态学的干扰是指发生在一定地理位置上对生态系统结构造成直接损伤的、非连续的物理作用或事件(Bowers and Matter 1997；Pickett and White 1985)。邬建国(2000)认为，生态学干扰概念源于群落水平的生态学研究，长期以来，群落生态学家常常观察到来自群落外的、强大的自然迅速破坏群落结构的现象，因为群落尺度接近于人类的感官尺度，所以在这一尺度上干扰的影响是显而易见的。关文彬等(2000)研究东北西部沙质荒漠化过程与动态关系时发现，植被在特定时空尺度上的稳定性(抗干扰能力)是有限的，当外界干扰超过群落正常波动范围时，就导致群落结构紊乱和功能的失调，其表现形式是多样性丧失，首先表现出地带性植物群落的优势种与建群种及其种群的破坏、衰退甚至消失，引起群落生境的退化，导致群落外的偶遇种、广布种，或喜好和适应某种生境的种类，如喜阳、耐旱、耐瘠薄、耐湿、耐盐碱的物种迅速侵入、扩大生态空间，导致原有物种的进一步退化和丧失，环境的迅速改变。所以，生物群落在生态学干扰下的变化特征研究是当今生态学新理论研究发展的主要领域之一。

由于干扰存在于自然界的各个方面，各种类型的干扰是生态学过程的一个重要组成部分，直接影响着生态系统的演变过程。许多动植物种类与干扰具有密切关系，尤其在自然更新方面具有不可替代的作用。干扰不仅对生态系统的影响表现在多方面，具有多重性，而且具有较大的相对性和明显的尺度性。Wu 和 Loucks(1995)认为，在自然界，干扰的频率、规模、强度、季节性等与时空尺度高度相关。因此，尺度理论和尺度分析方法是了解不同尺度下群落格局和过程的相互关系，以及不同尺度下群落的干扰效应的重要途径。所以，研究不同尺度干扰所产生的生态效应十分重要。

第三节　相关的动物群落研究方法

一、群落分类

关于生物群落的分类，最初从对植物群落的研究开始，但长期以来一直存在"机体论"学派和"个体论"学派的争论，其争论的焦点在于明确的群落类型是否为生物学的真实体(宋永昌 2001)。"机体论"认为，沿环境梯度或连续环境的群落组成是一种不连续的、离散的变化，群落类型是间断并且明显分开的；"个体论"则认为，在连续环境条件下的群落组成是逐渐变化的，因而现在不同群落类型只能是任意认定的。至今没有形成一个像动物、植物、微生物等有机体分类命名那样精确统一的原则(戈峰 2002)。至于群落的边界，有的较为明显，如水体中的水生生物群落与陆地生物群落；有的就不明显，如森林群落与草原群落之间就有一定的过渡带，而且交错混杂，边界模糊。Whittaker(1978)曾总结各学派的分类观点，提出了群落分类的 12 条途径，即：①外貌及结构(群系、群系型)；②环境(生境类型)；③多因子或景观(景观类型、微景观类型、生物地带群落类型)；④生物分布区(植被地带)；⑤生物梯度分段(生物区、生物系列)；⑥优势种分布区(优势度类型)；⑦植被动态(植被型、演替群丛和植被发育类型)；⑧层或生活型的划分(层、群)；⑨层的归并(基群丛)；⑩森林生境型(林型、生境型)；⑪数码的比较(节点)；⑫植物区系单位(戈峰 2002)。

　　20 世纪 40 年代，计算机的产生使得应用数学方法解决生态学中复杂的分类问题成为可能，生态数学分类方法在 50 年代开始出现。动物群落的分类基本是源于植物群落的分类方法，特别是应用多元分析方法中的等级聚类法、非等级聚类(快速聚类)法和主成分分析(PCA)法对群落进行分类研究较多。这些方法因研究目标不同可以选择应用，只是对变量、参数各有不同的要求和限制。如等级聚类法对变量有着非线性关系的要求，而且对多于 50 个或者多达 100 个实体(样本)的等级划分存在困难。而非等级聚类(快速聚类)法就可以克服这些缺点。主成分分析法应用在群落研究中，一般解决群落的排序问题，可以在大量样本中选取主要变量，同时可以保证不丢失样本的信息。国内近年来也有一些应用多元统计方法进行啮齿动物群落分类的相关报道(武晓东等 2003a；武晓东和付和平 2000；Jackson 1997；米景川等 1990；赵志模和郭依泉 1990；Strauss 1982)。

二、尺度分析

　　生态学的等级系统理论认为，尺度分析是以所用测量尺度来分析客观存在的本征尺度(intrinsic scale)的过程，是对不同尺度域间的生态等级系统实体和过程进行辨识或推测。在尚未确切了解某一生态现象的本征尺度之前，往往需要人为划定不同的尺度系列对生态过程进行分析和研究，能够从理论上或实际上得到较严谨的解释时，所选的尺度系列就可能较为真实地反映了客观生态现象和生态实体的本征尺度(丁圣彦 2004；吕一河和傅伯杰 2001)。尺度分析方法有很多，如回归分析、自相关分析、半方差分析、谱分析、分形分析、多维尺度分析、小波分析，以及简单聚合法、期望值外推法、显式积分法等，近年来陆续被报道(丁圣彦 2004；王永繁等 2003；孙丹峰 2003；张峰等 2003；沈泽昊 2002；Williams et al. 2002；吕一河和傅伯杰 2001；Mackinon et al. 2001；Brady and Slade 2001；Utrera et al. 2000；辛晓平等 2000；Bowers and Matter 1997；赵亚军等 1997)，分述于表 1.1。

表 1.1　尺度分析方法及其应用

Table 1.1　Methods and application of scale analysis

尺度分析方法	尺度分析方法的应用
回归分析	是经常应用的一种尺度分析方法，且主要用于尺度上推，其类型有线性回归、非线性回归、一元回归和多元回归，需要根据实际问题的特点选择适宜的回归模型
自相关分析	用于描述变量在空间或时间尺度上的自相关特征，最常用的两种自相关系数为 Moran 的 I 系数和 Geary 的 c 系数。以自相关系数为纵坐标，样点间隔距离为横坐标所得的自相关图可用来判别这种格局所出现的尺度
半方差分析	计算公式为：$\gamma(h)=1/2n(h)\sum[Z(X_i+h)-Z(X_i)]^2$，$h$ 为配对抽样间隔距离，n 为抽样总数，Z 为某一系统属性的随机变量，X 为空间样点，$i=1,2,\cdots,n$。以半方差 $\gamma(h)$ 为纵坐标，抽样间隔 h 为横坐标可作半方差图，从而确定变量相关的尺度范围
分形分析	分形测度 M 与尺度 r 满足幂律关系：$M(r)=cr^D$，c 为常数，D 为分形维数。D 值反映变量的空间依赖性及其尺度变异效应，不同尺度下的 D 值可通过分段拟合的直线斜率而获得
小波分析	对于等级结构和多尺度格局的分析具有很大的优势，且不受数据平稳性假设的影响。通过图示法以尺度和小波方差作图可以反映不同尺度上的结构特征，有助于特征尺度的辨识。小波函数有多种，要根据数据的结构特点和具体的研究目的而选择
谱分析	利用傅里叶转换将实测数据分解为若干频率、振幅及起始点不同的正、余弦波，以求得与实际数据拟合最好的波函数，通过实测数据与波形函数的比较来检测格局
多维尺度分析	需要对变量进行标准化变换，以能够解释主要变化效应的两组变量的多维尺度分析得分（MDS score）作二维图进行多尺度下的对比分析，进而可以比较和分析不同尺度下所表现的差异或联系
简单聚合法	利用小尺度上的变量参数的平均值推知大尺度上的变量特征，需要同时增加模型的粒度和幅度，但由于以小尺度上的数学模型在大尺度下仍然有效为前提，其实用性有限
期望值外推法	可用下式表示：$Y=AE[f(x,p,z)]$，Y 是小尺度在大尺度上的表达，A 是大尺度上幅度面积，E 表示期望值，f 表示函数，x、p、z 分别表示状态变量、参数和驱动变量的矢量。只通过幅度的增加来实现尺度推绎
显式积分法	通过小尺度模型的显式积分实现尺度推绎。由于很难以确切形式的连续函数来表示异质性现象，其应用性也是有限的

概括起来，这些方法主要应用目的可分为两类：一类是用以分析在不同尺度间一种或多种生态参数的差异效应，这类方法主要以所调查的几个尺度域为对象来进行差异对比分析，如回归分析（regression analysis）、相关分析（correlation analysis）、典型相关分析（canonical correlation analysis）、对应分析（也称相互平均法，reciprocal averaging，RA）、典范对应分析（canonical correspondence analysis）；另一类是用来分析不同尺度域间的等级联系效应，这类方法往往借助于数学模型或生态模型用已调查尺度域的信息来推测未调查尺度域间的信息，或者是在已调查尺度域间进行等级系统分析，如自相关分析（autocorrelation analysis）、半方差分析（semivariance analysis）、谱分析（spectral analysis）、分形分析（fractal analysis）、多维尺度分析（multidimensional scaling）、小波分析（wavelet analysis）、简单聚合法（lumping）、期望值外推法（extrapolation by expected value）、显式积分（explicit integration）等（沈泽昊 2002；Williams et al. 2002；Mackinon et al. 2001；Utrera et al.

2000；赵亚军等 1997）。邬建国（2000）把这类尺度分析方法称为尺度推绎（scaling），吕一河和傅伯杰（2001）则称其为尺度转换（scaling），而辛晓平等（2000）则把尺度转换（scale transition）与尺度推绎相区别，认为尺度转换是研究格局发生改变时的尺度及不同尺度上格局的差异。但尺度推绎（scaling）更能贴切地反映这一分析方法由已知尺度域向未知尺度域演绎的实质。

三、格局—过程—尺度理论

格局、过程的概念被生态学研究广泛应用之后，其内涵已涵盖了生物地理学、景观生态学、生态系统生态学、群落生态学、种群生态学等各个层次的生态学研究领域（张峰等 2003；江洪等 2003；孙儒泳 2001；邬建国 2000，1996；周红章等2000；奥德姆 1993；赵志模和郭依泉 1990；Cox and Moore 1985）。然而，关于格局、过程的生态学内涵仍然没有一个统一而确切的界定，不同的生态学研究领域有不同的描述，如进化格局、景观格局、系统格局、群落格局、物种多样性格局，以及个体传播过程、种群动态过程、种间作用过程、干扰及干扰传播过程、物质循环和能量流动过程等。因此，格局和过程已不再仅仅局限于对生物分布情况的描述，就生态学普遍意义上讲，格局是对某些生态学现象发生、发展方式及其相互之间关系模式的一种普遍概括；过程则是对某些生态学现象发生、发展或相互之间发生联系或转化的一般化描述。格局与过程是相互对应的，格局总是一定过程的产物，同时，一定的格局也总是维持着与其相适应的过程。过程产生格局，格局作用于过程，二者之间既相互作用又相互统一。

尺度是与格局、过程密切相关的一个重要的生态学范式，它是格局与过程相互联系、相互作用时所具体占用的时空单位或生态学功能单位（邬建国 1996）。然而，研究人员有时往往很难确切判定某一生态格局或过程所发生的客观尺度。对于同一生态学现象，由于采用的研究尺度大小不一，所得的结论往往差别很大。这就提出一个问题，如何使研究者所采用的研究尺度能够客观准确地分析和拟合生态格局或过程的客观生态尺度，也就是本征尺度？从这个意义上讲，尺度具有两方面的含义：其一，尺度是人们进行生态学研究时人为划定的时空范围，是研究分析的一个测度工具；其二，尺度是某种生态学格局或过程中各生态因子相互作用、相互影响所占用的一个特定的时空场，是客观存在的具体的限定某一生态格局、过程的时空域。因此，脱离了一定尺度限定的格局和过程的研究难免缺乏充分的说服力，任何生态格局和过程的研究都要以一定的尺度限定或尺度分析为基础。

干扰作为一种生态现象是通过特定的时空场来完成的，干扰过程总是与所研究对象在一定的时空尺度上的变化相联系（魏斌等 1996），而且与格局、过程、尺度之间的联系非常紧密。主要表现为，干扰总是作用于一定的生态学过程，并对格局产生影响。干扰所产生的生态效应也总是通过一定的格局和过程的变化而反映出来，它是干扰力介入、干预并渗透到各生态因子之间的相互作用在生态格局和过程上表现的反馈效应，是干扰结果的体现。通过对干扰效应的分析，可以更好地刻画和探究干扰的性质、特征及发生、发展规律。以往人们对于干扰及干扰效应的研究往往局限于某一特定的尺度范围（艾尼瓦尔•铁木尔等 1999；刘伟等1999；刘季科 1979），但实际上任一生态学格局、过程在不同尺度上都会表现出不同的特征。大尺度上的生态效应是各小尺度上的生态格局和过程之间相互作用和相互整合的结果，同样，大尺度上的生态格局和过程也反过来影响或调控着小尺度上所表现的各种生态效应（刘伟等 1999），这种格局和过程在不同尺度上表现出一定的差异或联系的现象正是尺度效应。干扰也具有一定的尺度效应，以不同的研究尺度考察某一特定尺度下的干扰，所表现的干扰性质、特征及效应也就不同（Van der Heijden et al. 1998）。因此，对干扰进行一系列尺度下的尺度效应分析，有利于我们解析不同尺度下干扰效应之间的相互关系，进而有助于更为深入地理解和把握复杂的干扰机制和规律。

第四节　关于啮齿动物群落研究

一、群落组织、结构、动态研究

19 世纪生态学进入了发展阶段，1877 年德国生物学家 Mobius 在研究海底牡蛎种群时，注意到牡蛎不仅出现在一定的盐度、温度、光照条件下，而且总与一定组成的其他动物生长在一起，首先，开展了生物群落生态学的研究，提出并使用了生物群落（biocoenosis）的概念。其后，生物群落生态学家 Shelford（1931）将生物群落定义为"具有一定的种类组成而且外貌一致的生物聚集体"。美国著名生态学家 Odum（1957）将生物群落定义为 "一个生物群落是生存在一个特定地区或自然生境里任何种群的聚集，它是一个结构单元，其个体和种群成分除了通过几个代谢转化而作为一个功能单位外还有其他特征"。这一时期，动物群落生态学一直把种群的数量变动特征作为研究重心，对动物群落的研究还很不够。直到 20 世纪八九十年代，美国生态学会提出了持续生物圈计划，并围绕该计划开展了大量的有关动物群落生态的研究工作，主要有生物多样性方面、宏观生态学方面、空间与时间格局等方面的研究（Loreau et al. 2001；Kaiser 2000；McCann 2000；Gaston 2000a，2000b；Berlow 1999；Hector et al. 1999；Meserve and Marquet 1999；Vander Zanden et al. 1999；Yachi and Loreau 1999；Hooper and Vitousek 1997；De Ruiter et al. 1995；Rosenzweig 1995；Brown 1995；Naeem et al. 1994；Tilman and Downing 1994；Brown and Maurer 1986；McNaughton 1985；Yodzis 1981；Orians 1980）。

20 世纪 60～80 年代，我国动物群落生态学也有了一定进展，特别是在啮齿动物群落的结构、空间配置、演替及多样性等方面进行了大量的基础研究(蒋光藻和谭向红 1989；张洁 1984；周庆强等 1982；钟文勤等 1981；刘季科等 1979；夏武平和钟文勤 1966)，为我国啮齿动物群落生态学的发展奠定了坚实的基础(诸葛阳 1984；周庆强等 1982；张洁 1984；钟文勤等 1981；刘季科等 1979；夏武平和钟文勤 1966)。从 90 年代开始，我国啮齿动物群落生态学研究迅速发展，许多学者围绕啮齿动物群落的分类、结构、演替及多样性等内容进行了深入研究，并且在此基础上有了极大的丰富和拓展，主要表现在啮齿动物群落的干扰效应，分布格局、动态，以及啮齿动物群落与植被、生境之间的联系等方面(武晓东和付和平 2004，2000；武晓东等 2003a，1997，1994；李俊生等 2003；艾尼瓦尔·铁木尔等 1999；艾尼瓦尔和张大铭 1998；黎道洪和罗蓉 1996；姜运良等 1994)。在研究分析的方法上，已不再拘泥于对捕获数量的简单统计分析，而是借助功能强大的现代统计软件包将多元统计分析、数学模型等数学分析方法广泛而深入地应用于啮齿动物群落的研究，这对我国啮齿动物群落生态学研究的发展具有巨大的推动作用。啮齿类群落演替的研究是群落生态学研究的内容之一，它在鼠害治理工作中具有重要意义。近年来我国生态学者进行了城市、草地和农田啮齿类群落演替的研究，如刘季科等(1979)研究的诺木洪荒漠垦植后农田啮齿类群落演替和生物量的变化。郭聪(1992)研究的洞庭丘岗平原区农村啮齿类群落演替趋势及其演替的原因。边疆晖等(1994)对高寒草甸地区小哺乳动物群落与植物群落演替关系进行了研究。丁平(1992)研究了人口迁居与农田小兽群落的关系，同时还探讨了家栖小兽群落之间的迁移和扩散的关系。但有关荒漠区啮齿类群落的演替研究并不多，仅见艾尼瓦尔和张大铭(1998)的部分研究工作。近十年来，随着群落生态学与景观生态学、区域生态学等新型学科之间的互动作用和交叉发展，一些新概念、新理论和新方法已逐步在啮齿动物群落生态学研究中得到应用，其中较为突出的是格局、过程和尺度理论的应用。但有关这方面的报道在国内并不多见(武晓东和付和平 2006，2005；张明海和李言阔 2005；戴昆等 2001；赵亚军等 1997)，国外有关这方面的研究较为深入(Williams et al. 2002；Brady and Slade 2001；Mackinnon et al. 2001；James 2001；Utrera et al. 2000；Luis 2000)。

　　关于干旱区啮齿动物群落的研究，近年来我国生态学工作者也做了大量工作，研究内容包括群落结构、分布特征、物种多样性、相似性、群落优势度、生态位等。例如，钟文勤等(1981)、周庆强等(1982)研究了内蒙古白音锡勒典型草原区啮齿类群落的多样性、空间配置和结构；刘季科等(1982)、施银柱(1983)研究了高寒草甸地区小型兽类群落的多样性；刘逎发等(1990)、武晓东和付和平(2006，2005，2004)、武晓东等(2003a)用数学模型研究了干旱区啮齿类群落的结构和环境的关系，多样性与植被的高度及盖度的关系，啮齿动物群落与植物群落的关系，啮齿动物地带性群落分类、分布特征，不同干扰下啮齿动物群落格局和动态特征等。对荒漠啮齿动物群落进行的专门研究,国内报道近年来不断增多,曾宗永(1994)和曾宗永等(1994)将北美 Chihuahuan 荒漠的啮齿类群落的季节变动、年际变动、物种多样性等特征的研究结果在国内进行了报道。从营养、空间、生态位等角度探讨了群落内种间关系,其中一个主要结果是:在一个有限的营养、时间、空间范围内的竞争,有的导致不同种群在时间或空间生态位上的分离,有的仅为部分分离,有的尚未分离。米景川等(1990)、刘迺发等(1990)、刘定震等(1994)、武晓东和付和平(2006,2005,2004)、武晓东等(2003a)、戴昆等(2001)、戴昆和钟文勤(1998)、艾尼瓦尔·铁木尔等(1999)从荒漠啮齿动物群落的研究方法、多样性特征、群落结构、与环境因子的关系、群落格局及不同干扰下的群落动态特征等方面进行了专门研究,取得了一些重要成果。

　　国外学者在北美完成了大量的研究,涉及荒漠啮齿动物种群和群落生态学的各个方面,特别是在荒漠啮齿动物群落组成、生态位、物种共存、群落组织动态、生境利用、微生境分割等方面比较集中。Rosenzweig 和 Winaker(1969)与 Brown(1973)研究了美国西北部荒漠区啮齿类群落多样性与植物多样性、降水量的相关关系。Crant 和 Birney(1979)对北美草原小型哺乳动物群落结构进行了专门研究。Strauss(1982)对不同生境的物种分布进行了聚类分析的统计显著性检验。Bowers(1982)应用统计学方法证实荒漠区啮齿类群落的共存和个体大小的关系,认为个体小的种类在栖息地中分布范围小且受到种间竞争的制约。Kotler(1984)研究了荒漠区啮齿类群落的结构,认为啮齿类群落受到捕食危险或资源的限制,当各生境捕食危险不同时,捕食能够形成猎物的群落结构、动物逃避捕食者的特化及其对危险生境利用的特化,减少了种间竞争,促进了不同种群的共存。Brown 和 Munger(1985)研究食物增加、物种迁移对群落结构的影响,认为有限的食物资源和种间竞争是影响荒漠区啮齿类群落的主要因素之一。Brown 和 Zeng(1989)研究了荒漠区啮齿类群落及其中物种的共存机制,并提出环境的选择、食物效益的季节变化等 4 种机制。Johanna 和 Micheal(1991)对小型哺乳动物群落与栖息地演替的效应进行了研究。Brown 和 Harney(1993)对啮齿动物群落和种群栖息地异质性进行了研究,Morton 等(1994)对北美和澳大利亚荒漠的小型哺乳动物群落结构进行了专门的比较研究。Kelt 和 Brown(1996)对北美大陆的荒漠小型哺乳动物群落结构进行了比较研究。Paul(1997)对 Prairie 草原啮齿动物竞争策略和捕食风险与群落结构的关系进行了探讨。

二、群落格局、过程、尺度研究

　　关于群落格局(community pattern),出于不同的研究目的有着不同的研究内容。啮齿动物群落格局研究,主要集中在群落的组成(composition)、分布(distribution)、聚集结构(assemblage structure)、生境联系(habitat association)、多样性(diversity)、均匀性(evenness)、动态(dynamics)、组成成分的密度(density)和丰富度(richness)等方面(Mackinon et al. 2001；Brady and Slade 2001；Utrera et al. 2000；Mark and David 2000；McCarthy and Lindenmayer 1999)。为了揭示啮齿动物群落格局及其成因机制，往往需要就啮齿类的栖息地选择、捕食作用、资源利用、种间竞争、个体运动及干扰等生态学过程作深入、系统的研究。目前，国内对于啮齿动物群落的研究多数是集中在区域尺度上和较短的时期内(武晓东等2003a；武晓东和付和平 2000；艾尼瓦尔·铁木尔等 1999；刘伟等 1999；米景川等1990；刘季科等 1979)，而国外的一些学者对啮齿动物群落格局、过程在大、中、小一系列尺度上的干扰效应进行过分析探讨。Krohne(1997)研究了小型哺乳动物的集合种群动态，认为群落中集合种群内部过程的持续性在局域尺度比更大尺度的作用更明显。Brady 和 Slade(2001)、Williams 等(2002)均发现在不同尺度下啮齿动物群落格局和过程所表现的干扰效应具有很大的差异。Robert 和 Wiens(2001)对荒漠啮齿动物根格卢鼠(*Dipodomys spectabilis*)在美国新墨西哥州半荒漠草原上空间格局的多尺度分布进行了研究。由于干扰在群落水平上的影响更接近人类的感官尺度(邬建国 2000)，因此在这一组织尺度上群落格局、过程的干扰效应易于被人们所观察和研究。影响群落格局、过程的干扰因素多种多样，长期以来，人类活动影响下的生态环境已突出显现了强有力的人为干扰效应(丁圣彦 2004；江洪等 2003)。因此，人为干扰对于啮齿动物群落格局、过程的影响已成为诸多学者热衷研究的一项重要内容(武晓东和付和平 2006；张明海和李言阔 2005；李俊生等 2003；戴昆等 2001；刘伟等 1999；钟文勤等 1998；边疆晖等 1994)。

近年来，我国学者就垦植和放牧等主要的人为干扰因素在区域尺度上对啮齿动物群落格局、过程的影响进行了专门研究。边疆晖等(1994)、李希来等(1996)、刘伟等(1999)等通过对高寒草甸地区不同放牧条件下植物与啮齿动物相互关系的研究，揭示了放牧对啮齿动物群落所产生的干扰效应。他们认为对于同样的生态干扰过程，啮齿动物群落格局不同，所反映的干扰机制也不同：随着放牧强度的增大，适应隐蔽生境的根田鼠(*Microtus oeconomus*)和甘肃鼠兔(*Ochotona cansus*)数量减少，即根田鼠和甘肃鼠兔的密度与放牧强度呈负相关；随着放牧强度的增大，喜食地下根的高原鼢鼠(*Myospalax baileyi*)的数量增加，即高原鼢鼠的密度与放牧强度呈正相关；栖息地地形是影响喜马拉雅旱獭(*Marmota himalayana*)的重要因素，其数量与放牧无明显相关关系；生境及物种多样性和均匀性是高原鼠兔(*Ochotona curzoniae*)密度的主要调控因子，中等放牧水平下其密度最高。艾尼瓦尔·铁木尔等(1999)及艾尼瓦尔和张大铭(1998)运用多元统计分析方法对不同景观下的啮齿动物群落进行了分析，也发现了由人为干扰而引发沙鼠和跳鼠等荒漠固有种类逐渐被灰仓鼠和小家鼠所替代的群落演替格局。姜运良等(1994)、黎道洪和罗蓉(1996)、赵亚军等(1997)在区域尺度上研究了农牧业生产活动对于啮齿动物群落格局、过程的干扰效应，在这一尺度上群落的干扰效应主要表现为结构组成和演替格局的变化。戴昆等（2001）通过物种分布、进化形态等群落特征描述了荒漠啮齿类群落在冰期—间冰期等全球尺度下干扰所产生的效应。

啮齿动物群落格局、过程的干扰与尺度的关系，一般反映在小、中、大三个尺度域上。关于尺度划分，国内外有许多学者提出不同的看法（崔保山和杨志峰2003；戴昆等2001；吕一河和傅伯杰2001；陈利顶和傅伯杰2000；Farnthworth 1998；Holling 1992；Morris 1987）。Holling（1992）提出的尺度划分方法如下。①小尺度：时间从几天到几十年，空间从几厘米到上百米。干扰的内容：捕食、微栖息地变化及捕杀等小范围的人类活动。干扰效应：密度、分布、变化动态，反映某一特定小尺度上生物及非生物因子对啮齿动物群落动态的影响。②中尺度：时间从上百年到几百年，空间从几百米到几百公里。干扰的内容：水流、病害、放牧及农业生产等人类经济活动。干扰效应：物种丰富度、多样性差异、种间关系、生境联系、群落结构及演替等，反映啮齿动物群落对中尺度上环境变化的响应。③大尺度：时间从上千年到几千年，空间从上千公里到几千公里。干扰的内容：大的地形变化、地质活动及全球范围的人类活动。干扰效应：物种分类地位、生态、形态、生理和遗传学特征等，反映啮齿动物群落对大尺度上环境的系统进化的适应。

尺度分析方法在景观生态学和植物生态学中的应用较多（张峰等 2003；崔保山和杨志峰 2003；孙丹峰 2003；沈泽昊 2002；John et al. 2002；Robert and Wiens 2001；吕一河和傅伯杰 2001；Boulinier et al. 2001；辛晓平等 2000；陈玉福等 2000；David et al. 2000；Fox B J and Fox M D 2000；Lindenmayer et al. 1999；Farnthworth 1998；Barbara et al. 1998；Williams 1997；Holling 1992；Menge and Olson 1990；Morris 1987；Krummel et al. 1987）。但是，随着人们对于动物群落格局、过程及其干扰在不同尺度域下的尺度效应差异的认识，尺度分析方法已逐步被运用到了啮齿动物群落研究中（Williams et al. 2002；Mackinon et al. 2001；Brady and Slade 2001；Steen et al. 1996；Dunstan et al. 1996；Patterson and Brown 1991；Kirkland 1990；Buechner 1989）。不同尺度下啮齿动物所表现的不同的群落特征效应已充分表明尺度分析方法对于了解啮齿动物群落的格局、过程及其干扰在不同尺度上的变化效应的必要性。群落是一个与时空尺度紧密相关的生态学实体，特定的时空尺度域总是与特定的群落相对应，不同尺度下的群落在多样性、均匀性等方面有不同的特征（王永繁等2003；赵志模和郭依泉1990）。由于所采用的研究尺度不同，在群落格局及生态过程上所表现出的干扰的性质也就不尽相同，有关这方面的研究已取得了一些成果（武晓东和付和平2006；戴昆等2001；Utrera et al. 2000；刘伟等1999；赵亚军等1997）。

科学研究的发展过程是从定性研究到定量研究的过程。从近年来啮齿动物生态学研究中可知，啮齿类种群生态学的研究已经成功地利用了多种数学模型，包括 GIS 技术的应用，使啮齿类种群生态学研究达到了日益客观、日益精确的水平，促进了啮齿类种群生态学的成熟和发展。如周立志等(2000，2001，2002)应用 GIS 技术分别研究了大沙鼠的地理分布、沙鼠亚科动物的区域分异和中国干旱区啮齿动物的分布与环境因子的关系。李玉春等(2005)研究了中国翼手目动物的分布与环境因子的影响。啮齿类群落生态学的研究也必将从定性描述走向精确定量研究，这种趋势已在群落研究中有所展现。国内已经有许多学者利用计算机技术和数学原理研究了干旱地区啮齿类群落结构和多样性(武晓东等 2003a；艾尼瓦尔•铁木尔等 1999；艾尼瓦尔和张大铭 1998；杨春文等 1991；米景川等 1990；蒋光藻和谭向红 1989；张洁 1984；诸葛阳 1984；周庆强等 1982；刘季科等 1979)。刘定震等(1994)应用统计学的方法，借助应用软件研究了荒漠区啮齿类群落的结构与环境因子之间的关系。武晓东等(2004)、武晓东和付和平(2005)利用 GIS 技术对内蒙古阿拉善荒漠区和内蒙古半荒漠与荒漠区的啮齿动物及其地带性群落的分布进行了研究，是国内首次尝试在较广阔的区域尺度上研究啮齿类群落的分布特征。随着科学的发展，计算机广泛地应用于生态学研究中，特别是近年来如分形分析、小波分析等非线性科学方法在生态学研究中的应用，更加促进了定量研究的发展。啮齿动物群落的研究业已形成了由定性研究到定量研究的必然趋势。

格局、过程、尺度和干扰都是与生物群落紧密相关的几个重要的生态学范式，虽然我国啮齿动物群落生态学的研究起步较晚，但是近年来我国学者在其方法、理论、应用等的定性研究方面做了大量工作。然而与格局、过程、尺度和干扰相结合的啮齿类群落生态学定量研究仍是我国广大生态学工作者需要努力的一个重要方面。尺度理论和尺度分析方法是了解不同尺度下啮齿动物群落格局和过程的相互关系，以及不同尺度下啮齿动物群落的干扰效应的重要途径。因此，格局、过程和尺度理论对于啮齿动物群落生态学的丰富和发展有着重要意义。

第五节　不同干扰和空间尺度下荒漠啮齿动物群落研究背景

首先对阿拉善荒漠啮齿动物区系进行了全面调查，明确了该荒漠区啮齿动物区系组成、种类分布特征。在此基础上进行定位研究，定位点设在受人为干扰最为明显的阿拉善左旗南部，选择具有代表性的开垦区、轮牧区、过牧区和禁牧区 4 种不同类型的干扰区，在 1hm²、10hm² 和 40hm² 三个主要的空间尺度上，对不同干扰下啮齿动物的生态位特征、群落格局与动态、动植物群落相互关系、动物群落与气候因子关系、优势种群敏感性反应等进行多尺度定性和定量研究，在 1hm²、10hm²、20hm²、30hm² 和 40hm² 5 个空间尺度上，应用分形理论、小波分析等非线性方法对荒漠啮齿动物群落进行研究，进而明确野外取样尺度，并且对不同干扰下荒漠啮齿动物群落格局—过程—尺度进行分析，明确荒漠生态系统在生境破碎化过程中，不同干扰条件下啮齿动物群落在不同的空间尺度上生态过程的变动特征，试图阐明啮齿动物群落在不同组织尺度和空间尺度上与荒漠生态系统结构与功能的关系，在理论上对啮齿动物群落研究新方法进行探索，同时揭示啮齿类群落在脆弱荒漠生态系统中对于不同干扰条件的反应特征，进一步从景观生态学的理论角度，通过定量研究来探讨荒漠啮齿动物群落在不同干扰条件下生态过程变动的内在机制和规律。从而为制定荒漠生态系统恢复与保护策略、草地畜牧业的可持续利用，以及区域性有害动物的预测、预报和综合治理提供科学依据。

内蒙古阿拉善地区的生态环境以荒漠景观为主，与其他地带性草原景观相比，生物种类与数量都相对较少，生态系统结构简单，生态功能较为脆弱，对于空间活动范围广、持续时间长的人为干扰的反应极为敏感。因此，该地区生态环境在我国北方具有明显的独特性。近年来由于气候变化、超载过牧等原因，生态环境破碎化十分严重，给当地的社会经济生活造成严重影响。此外，由于人类活动所导致的动物栖息地的破碎化使栖息地斑块变成了景观的永久性结构，空间缀块的镶嵌分布已成为该地区景观中的显著特征。生物种群和群落的栖息地破碎化效果研究对于生物区系的保护和管理变得日益重要(李明辉等 2003)，因此，深入探讨该地区生物成分与荒漠生态系统的结构与功能的关系、加速退化生态系统的恢复是当务之急。研究该地区啮齿动物群落格局在不同人为干扰下的动态变化特征，对于深入了解荒漠生态系统的结构与功能及退化生态系统的恢复与治理具有重要意义。当今有关啮齿动物群落生态学的研究多集中于对等级缀块动态范式(paradigm of hierarchical patch dynamics)这一理论的定性研究和发展上(周红章等 2000)。把人为干扰引发栖息地破碎化过程与不同尺度下啮齿动物群落格局与过程的定量研究结合起来，对于景观生态学、保护生物学和恢复生态学理论的丰富和发展同样具有重要的理论意义和实践意义。

第二章 阿拉善荒漠区概况与研究方法

第一节 阿拉善荒漠区域环境特征及调查样地设置

我国自然生态条件较差，脆弱生态系统分布范围广、面积大，生态环境的退化引起各国学者的广泛关注，退化生态系统的恢复与重建也成为当前生态学研究的热点之一。阿拉善荒漠是我国典型的温带荒漠和干旱脆弱生态系统，行政区划属内蒙古阿拉善盟，包括阿拉善左旗、阿拉善右旗及额济纳旗。地理坐标为 97°10′E～106°12′E，37°24′N～42°25′N，东北与巴彦淖尔市相接，东南与宁夏回族自治区相连，西南和甘肃省接壤，北与蒙古国毗邻，总面积 269 879km²，总草地面积 175 350km²，牲畜总头数 15 万头（只），是我国重要的骆驼和绒山羊基地。

本区地形为南北倾斜，南高北低，东、南、西部分别被贺兰山、龙首山、马鬃山环抱，北部被蒙古高原阻隔，形成闭塞的阿拉善高原内陆区。最低海拔 820m，最高为贺兰山主峰，达 3556m。地形复杂，主要为戈壁、沙漠、湖盆、低山丘陵等。本区唯一的内陆水系弱水（黑河）最终注入居延海。著名的乌兰布和、巴丹吉林和腾格里三大沙漠横贯全境，面积占总面积的 30.92%。境内水源十分短缺，气候为典型的高原大陆性气候，冬季严寒、干燥，夏季酷热、风力强劲。其独特的气候特征为降水量极少，年降水量为 40～200mm（贺兰山区可达 400mm 左右），但蒸发量为 3000～4700mm，是降水量的 15～117.5 倍。草地的植被盖度很低，植物种类十分贫乏，荒漠处于一种水热极不平衡的状态中，这样的生态系统一旦受到破坏，就会迅速退化甚至崩溃。近年来由于人为干扰的日趋严重，阿拉善荒漠生态系统已经到了极脆弱的状态，草地生态系统退化严重，由于连年的超载、过牧、开垦土地、上游水系截水，草场严重退化、沙化，鼠害大面积发生，仅 1996 年鼠害面积就达 446.9 万 hm²，占可利用草场面积的 45.67%，更为严重的是，沙尘暴不断发生而日趋严重，引起党中央和国务院的高度重视，2000 年国务院决定紧急启动环京津风沙源治理工程。该地区的生态建设关系到我国的生态安全，是我国在实施西部大开发战略、全面建设小康社会过程中北方生态防线建设的重要组成部分。

该荒漠区自然条件的特征突出表现在以下几个方面。

1. 干旱的气候条件。由于深居内陆，东南湿润季风环流的作用微小，全年降水主要集中在 6～9 月，占年降水量的 75%～80%；年度间降水量的变化很大，如巴彦浩特镇 1967 年降水量达 261.6mm，但 1957 年仅 59.4mm，前者是后者的 4.4

倍。降水总量少，年季分配不均。

2. 年积温较高，温湿同期，温差大。年均温 7～10℃，≥0℃积温 3670～3930℃，≥5℃积温 3520～3780℃，≥10℃积温 3220～3480℃。由于积温偏高，全年内温度最高的月份与雨季同期，因此有利于许多喜暖作物与牧草生长。由于年温差与日温差较大，7～9 月的日均温可达 16～24℃，极端最低气温−36～−28℃，最高可达 38～42℃，因此有利于植物体内物质的积累。

3. 风大沙多，地表风蚀强烈。全年平均风速 3m/s 上下，全年大风次数多达300 次，其中，1～3 月达 80 次以上。4～5 月更多达 150 次上下，平均 4 次/d，因此春季 2～5 月是地表发生侵蚀最严重的季节。

4. 地面蒸发作用很强，表土积盐现象明显。本区大气干燥，蒸发作用很强，水面蒸发多年平均值 2377.1mm，为降水量的 16.7 倍。其中 5～7 月的蒸发作用最强，每月蒸发量达 330～380mm，强烈的蒸发导致土壤盐分向表层积聚，这是造成土地盐渍化的气候因素。

由于沙源丰富，风力强大，必然在沙漠中塑造了高低起伏不同的沙丘(山)、沙丘链、丘间凹地与风蚀坑穴等地貌单元的交错分布。风力的侵蚀与堆积作用使土地处于沙漠化与局部绿洲化的动态过程中。荒漠区的绿洲盐渍化比较普遍，盐化土约达 50%，原生的盐渍低地大多出现在湖盆外围、丘间凹地等地形部位。其土壤盐分组成有苏打盐土、硫酸盐土、氯化物盐土等。因土壤盐分组成与含量不同，而形成不同的盐生植被(如盐爪爪荒漠植被、柽柳盐生灌丛、碱蓬一年生群落等)或成为裸盐地。

由于地理位置、气候和土壤等生态因素的制约，阿拉善荒漠植被稀疏，植物种类贫乏，结构单调，植被覆盖度低，一般只有 1%～20%，主要以旱生、超旱生和盐生的灌木、半灌木、小灌木为主，多年生优良禾本科牧草和豆科牧草较少，主要建群植物以藜科、菊科和蒺藜科的种数居多，其次为蔷薇科、柽柳科，形成荒漠特有的植被特征。近 30 年来由于超载过牧，生态系统严重受损。其突出表现是生物组成的恶化与生物产量下降。20 世纪 60 年代草牧场中草本植物产量可占总产量的 30%以上，而目前只占 13%左右；特别是家畜喜食的多年生牧草由13.18%下降到 2.02%。

具有重要生态防护功能和资源价值的梭梭生态系统，近 40 年来一直处于衰退过程中，各类梭梭群落分布总面积减少了 40.1%，其中沙地梭梭群落减少了66.94%，而由于鼠害而减少的占 35.2%。

啮齿动物区系调查是在阿拉善盟三个行政区域内，依据该荒漠区天然草场的10 个亚类划定取样范围，由于在整个阿拉善地区同一亚类往往分布范围较为广阔，因此在同一亚类中又综合植被、土壤、水分、地形地貌类型的代表性设置和布局样地(图 2.1)，每个样地面积 10hm^2，采用铗日法统计啮齿动物数量。

图 2.1　阿拉善荒漠区样地设置示意图

Fig.2.1　The sketch map of selected sites in Alashan Desert region

第二节　定位研究区环境特征及样地设置

定位研究区域位于内蒙古阿拉善左旗南部的荒漠景观中，地理坐标为 104°10′E～105°30′E，37°24′N～38°25′N，地处腾格里沙漠东缘。植被稀疏，结构单调，覆盖度低，一般仅 1%～25%。植物种类贫乏，主要以旱生、超旱生和盐生的灌木、半灌木、小灌木和小半灌木为主，多年生优良禾本科牧草和豆科牧草较少。建群植物以藜科、菊科和蒺藜科为主。地形较为平坦。气候为典型的高原大陆性气候，冬季严寒、干燥，夏季酷热，昼夜温差大，极端最低气温–36℃，最高气温 42℃。年平均气温 8.3℃，无霜期 156 天。年降水量 75～215mm，极不均匀，主要集中在 7～9 月。年蒸发量 3000～4000mm。土壤为灰漠土和灰棕土，总的特点是淋溶作用微弱，土质松散、瘠薄，表土有机质含量 1%～1.5%，含有较多的可溶性盐。

研究区面积 30km×25km。草场类型属于温性荒漠类的沙质荒漠亚类，这一亚类在阿拉善荒漠分布范围最为广阔，占该亚类在内蒙古分布面积的 82.17%（中华人民共和国农业部畜牧兽医司和全国畜牧兽医总站 1996；《内蒙古草地资源》编委会 1990），具有明显的代表性。在此本底植被条件下，依据该地区对草地利用方式的不同，选择 4 种不同干扰条件的生境作为取样样区(图 2.2)。

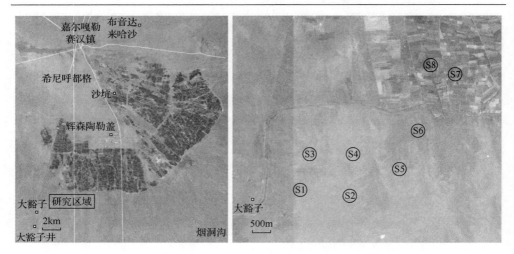

图 2.2　不同干扰条件研究区样地设置示意图

Fig.2.2　The sketch map of selected sites in research region under different disturbance

　　1. 开垦区，在原生植被基础上，1994 年开垦。植被主要以人工种植的梭梭（*Haloxylon ammodendron*）、沙拐枣（*Calligonum mongolicum*）等半灌木、小灌木和多年生牧草花棒（*Hedysarum scoparium*）、紫花苜蓿（*Medicago sativa*）等为主，伴生有小蓬（*Nanophyton erinaceum*）、雾冰藜（*Bassia dasyphylla*）等一年生杂类草，植被盖度可达 65%。土壤为灰漠土，水分含量 2.77%～10.58%。

　　2. 轮牧区，在原生植被基础上，1995 年开始采取围栏轮牧的利用方式。轮牧小区（面积 55.2hm²）划分为两个，轮牧 40～50 只羔羊；轮牧大区（面积 173.3hm²）划分为 3 个，轮牧 50～60 只成年羊，均为半个月轮牧一个区。植被以翼果霸王（*Zygophyllum pterocarpum*）建群，其次为红砂（*Reaumuria soongorica*）、刺叶柄棘豆（*Oxytropis aciphylla*）等多年生小灌木，伴生有骆驼蓬（*Peganum nigellastrum*）、雾冰藜等一年生植物，植被盖度 24.5%。土壤为灰漠土，水分含量 2.46%～9.32%。

　　3. 过牧区，在原生植被基础上，自由放牧利用。本研究进行的三年中夏季放牧的羊数量为 550～620 只（羔羊占 1/3），而合理载畜量为 100～110 只。植被以白刺（*Nitraria* sp.）、霸王（*Zygophyllum xanthoxylon*）建群，伴生有红砂、刺叶柄棘豆、糙隐子草（*Cleistogenes squarrosa*）等多年生植物和碱蓬（*Suaeda glauca*）、条叶车前（*Plantago lessingii*）等一年生植物，植被盖度较低，为 8.5%。土壤为灰漠土，表面严重沙化，水分含量 4.66%～12.46%。

　　4. 禁牧区，在原生植被基础上，自 1997 年开始围封禁牧，到本研究开始的 2002 年已禁牧 5 年以上。植被以红砂、珍珠猪毛菜（*Salsola passerina*）建群，其次为霸王、驼绒藜（*Ceratoides latens*）、狭叶锦鸡儿（*Caragana stenophylla*）、油蒿（*Artemisia ordosica*）等小灌木，草本以白草（*Pennisetum flaccidum*）为优势，其次为糙隐子草，伴生有雾冰藜等植物，植被盖度较高，为 29.5%。土壤为灰漠土，水分含量 4.40%～8.22%。

第三节　研　究　方　法

一、取样方法

区系调查：野外调查于 1998 年、1999 年两年的 8～9 月进行，在整个阿拉善荒漠区按照不同草地亚类划定调查范围，综合植被、土壤、水分、地形地貌的代表性，野外设置 65 个样方，每个样方 10hm²，布放 400～500 铗日，铗距 5m，行距 50m，持续 24h。鼠铗为铁制中型标准板铗，以新鲜花生米作诱饵。捕到的标本均进行称重和体尺测量，并解剖其胃容物，了解其繁殖状况。两个年度共布放 31 469 个有效铗日，捕获标本 1019 只。样地分布如图 2.1 所示。依据捕获数据分别计算了不同生境中啮齿动物的分种捕获率、平均捕获率和不同啮齿动物群落中分种的丰富度。

标志重捕法：在阿拉善左旗南部可利用草场中（面积为 3393km²）选择了 4 种不同干扰样区 8 个（图 2.2），用 GPS 定位每个样区中心（S1～S8），样区之间的距离为 0.22～3.89km，在每个样区中心建立 1 个固定的标志重捕样地，样地面积为 1hm²。每个标志重捕样地以方格式布笼，笼距 15m×15m，每个网格点上布设 1 个活捕笼（42cm×17cm×13cm），以新鲜花生米为饵。每年 4～10 月每月初连捕 4 天。剪趾法标志，记录捕获个体种名、性别、繁殖状况、体重及捕获位置笼子的行列号。捕获率和丰富度以每天最新捕到的动物个体 4 天合并计算，重复捕获的个体数被扣除。

铗日法统计：按不同季度，同时考虑到不同种类啮齿动物的出蛰期、活动期、繁殖期和入蛰期，对 4 种不同干扰条件的啮齿类数量在不同尺度下进行统计。在 4 种不同干扰条件的生境中另外选择了对应的 4 条线路取样，每种干扰条件 1 条线路，开垦线路面积 180hm²，轮牧线路面积 173.3hm²，过牧线路面积 146.6hm²，禁牧线路面积 206.6hm²。每条线路 4 个样方，品字形随机布放，间隔 1km，每个样方 10hm²，布放 500 铗日，铗距 5m，行距 50m，持续 24h，鼠铗为铁制标准中型板铗，以新鲜花生米作诱饵。捕到的标本均进行称重和体尺测量，并解剖其胃容物，了解其繁殖状况。同时保证标志取样和铗捕取样互不影响，调查分别在每年的 4 月、7 月、10 月的月初进行，记录所捕个体的种名、性别、体重、繁殖状况并解剖其胃容物。依据捕获数据分别计算了不同干扰生境中啮齿动物的分种捕获率、平均捕获率和分种的丰富度、生物量比例。

植被调查：植被取样与动物取样伴随进行，在动物取样样区内随机取样，灌木样方面积为 10m×10m，草本样方面积为 1m×1m，均重复 3 次，分别记录植物的种类、高度、盖度、密度，并测定地上生物量的干鲜重。灌木鲜重测定当年新生枝条，草本鲜重测定地面以上当年新生枝条。干重为风干重。

土壤取样：土壤取样与植被取样伴随进行，分别测量 0～2cm、2～5cm、5～10cm、10～15cm、15～20cm 土壤的硬度、水分含量和 pH。土壤硬度使用土壤硬度仪野外测定，数据单位：1ppsi=6.89kPa。水分含量是将土壤样品在实验室远红外 105℃烘干 1.5h 后测定。

气象资料：收集的气象资料包括 2000～2004 年 5 年 4～10 月当地的上、中、下旬降雨量，旬平均降雨量，上、中、下旬气温，旬平均气温，月极端温度等项指标。全部气象资料来自阿拉善盟气象局，其最近的气象站阿拉善盟孪井滩气象站距离定位研究区平均 5.5km。

数据处理：在生态位测度比较分析中，将 1998 年、1999 年两年 8～9 月和 2002 年 8～9 月生境相近似的样地合并处理；在不同干扰条件生态位特征分析中，将 2002～2004 年每年 4 月、7 月、10 月的铗捕数据对应合并处理，分别代表春、夏、秋三个季节。20～40hm² 尺度数据则将样方依次合并处理。

本研究关于"小尺度"和"大尺度"的划分：本研究主要对 1hm²、10hm² 和 40hm² 三个空间尺度上 4 种不同干扰条件下的荒漠啮齿动物群落的生态学特征进行对比分析。为增强直观可比性，在行文中的"小尺度"是指 1hm² 取样尺度；"大尺度"是指 40hm² 取样尺度；对其他分析尺度则进行了标明。

二、数据分析方法

数据分析是在 1hm²、10hm²、40hm² 三个主要空间尺度上，对 4 种不同干扰条件下荒漠啮齿动物群落组成格局、多样性、均匀性、相似性、生态位特征、群落组成种与干扰、尺度及生境之间的相互关系等方面进行了比较、相关分析。啮齿动物群落多样性分析，应用中国科学院动物研究所开发的 Biodiversity Mapping1.2 软件进行处理。对啮齿动物群落组成种与干扰、尺度及生境之间相互关系的分析，分别采用主成分分析（PCA）、典型相关分析（CCA）、对应分析（CA）、方差分析、生态位指数分析等方法，应用 SAS8.1 软件处理。应用 SPSS12.0 进行聚类分析。应用分形分析对取样尺度进行了研究。应用 MATLAB6.5 计算软件进行小波分析。

第三章 荒漠啮齿动物种类、分布及其干扰与群落特征

第一节 阿拉善荒漠啮齿动物区系及种类分布特征

一、啮齿动物区系组成

据实地调查所获标本，阿拉善荒漠区啮齿动物分别属于 2 目 6 科，共 24 种。其中间颅鼠兔(*Ochotona cansus*)和肥尾心颅跳鼠(*Salpingotus crassicauda*)为内蒙古新记录(武晓东和付和平，2002)。该荒漠区啮齿类区系组成如表 3.1 所示。

就整个阿拉善荒漠区来看，子午沙鼠、五趾跳鼠(*Allactaga sibirica*)和三趾跳鼠同为优势种。子午沙鼠平均捕获率为 25.5%。在以白刺(*Nitraria* sp.)、霸王(*Zygophyllum xanthoxylon*)、红砂(*Reaumuria soongorica*)为建群种的沙地和固定沙丘生境中虽有分布，但数量较低，捕获率为 5.5%~10%。而在人为干扰的生境中，其数量明显增高，特别是在阿拉善左旗南部农业开发区的农田和人工草地生境中，子午沙鼠的捕获率高达 66.2%。而在同一地区的天然草地中，捕获率为 28.6%。在种类组成上，农田和人工草地生境中除子午沙鼠外，还分布有黑线仓鼠(*Cricetulus barabensis*)、长尾仓鼠(*Cricetulus longicaudatus*)、短尾仓鼠(*Allocricetulus eversmanni*)、小毛足鼠、五趾跳鼠，人工草地中除上述种类外还有三趾跳鼠。而同一地区的天然草地中却没有长尾仓鼠的分布。由此可看出，在不同人为干扰的生境中，无论是种类组成还是优势种数量均发生了明显改变。

五趾跳鼠和三趾跳鼠的平均捕获率分别为 17.8%和 18.8%，除贺兰山山地外，在所布设样方的各类生境中，这两种啮齿类表现出共栖的特征，但就整个阿拉善荒漠区来看，五趾跳鼠更具广栖性。而在以胡杨(*Populus euphratica*)、多枝柽柳(*Tamarix ramosissima*)为建群种的沙地生境中，三趾跳鼠分布甚少。

在整个阿拉善荒漠区，长耳跳鼠(*Euchoreutes naso*)的平均捕获率为 5.8%，集中分布于额济纳旗除农田以外的各类生境中。在这一地区，长耳跳鼠与五趾跳鼠、三趾跳鼠、巨泡五趾跳鼠(*Allactaga bullata*)共栖，虽不占有明显的优势，但在以梭梭(*Haloxylon ammodendron*)、白刺、红砂为建群种的砾质沙地中数量较高，捕获率达 6%，表现出更为典型的对荒漠生境的适应性特征。

在所获巨泡五趾跳鼠标本中有 8 号与马勇等(1987)所描述的新疆巴里坤亚种(*Allactaga bullata balikunica*)(Barbara et al. 1998)无论头骨还是尾穗特征均相一致。在新疆该亚种仅分布于天山与北塔山之间，且苏联的 Сокпов (1981)据蒙古国外阿尔泰戈壁的标本发表的新种 *Allactaga nataliae* 与该亚种十分近似。本次所

获 8 号标本均捕自额济纳旗马鬃山苏木由南向北一带。生境中植被稀疏，零星可见白刺、红砂，基质为砾质戈壁滩，海拔 1000～1100m。

表 3.1　阿拉善荒漠区啮齿类区系组成

Table 3.1　The fauna composition of rodents in Alashan Desert

鼠种	分布地		
	阿拉善左旗	阿拉善右旗	额济纳旗
兔形目 Lagomorpha			
兔科 Leporidae			
1. 草兔 *Lepus capensis*	＋	＋	＋
鼠兔科 Ochotonidae			
2. 间颅鼠兔 *Ochotona cansus*	＋		
啮齿目 Rodentia			
松鼠科 Sciuridae			
3. 喜马拉雅旱獭 *Marmota himalayana*		＋	
4. 草原黄鼠 *Spermophilus dauricus*	＋		
仓鼠科 Cricetidae			
5. 子午沙鼠 *Meriones meridianus*	＋	＋	＋
6. 长爪沙鼠 *Meriones unguiculatus*	＋		
7. 大沙鼠 *Rhombomys opimus*	＋	＋	＋
8. 黑线仓鼠 *Cricetulus barabensis*	＋	＋	
9. 短尾仓鼠 *Allocricetulus eversmanni*	＋	＋	＋
10. 长尾仓鼠 *Cricetulus longicaudatus*	＋	·＋	＋
11. 灰仓鼠 *Cricetulus migratorius*		＋	＋
12. 柽柳沙鼠 *Meriones tamariscinus*			＋
13. 小毛足鼠 *Phodopus roborovskii*	＋	＋	＋
鼠科 Muridae			
14. 大林姬鼠 *Apodemus speciosus*	＋		
15. 社鼠 *Rattus confucianus*	＋		
16. 褐家鼠 *Rattus norvegicus*	＋	＋	＋
17. 小家鼠 *Mus musculus*	＋	＋	＋
跳鼠科 Dipodidae			
18. 五趾跳鼠 *Allactaga sibirica*	＋	＋	＋
19. 五趾心颅跳鼠 *Cardiocranius paradoxus*	＋	＋	＋
20. 三趾跳鼠 *Dipus sagitta*	＋	＋	＋
21. 三趾心颅跳鼠 *Salpingotus kozlovi*	＋	＋	＋
22. 长耳跳鼠 *Euchoreutes naso*	＋	＋	＋
23. 巨泡五趾跳鼠 *Allactaga bullata*	＋	＋	＋
24. 肥尾心颅跳鼠 *Salpingotus crassicauda*		＋	

注：“＋”表示有分布

喜马拉雅旱獭（*Marmota himalayana*）分布于阿拉善右旗阿拉腾朝格苏木境内龙首山西端海拔 2210m 的克氏针茅（*Stipa krylovii*）、冷蒿（*Artemisia frigida*）草场中。洞口直径 20～25cm，洞口集中区域 2500m² 内可见 5～7 个。

二、种类分布特征

动物的分布型可反映动物发生、演化及生态适应的尺度。张荣祖(1997)根据我国陆生脊椎动物特点将分布型归纳为 9 类。马勇等(1987)、卢浩泉等(1988)则依据农业害鼠的分布特点进一步将我国啮齿动物划分为 16 个分布型。据以上观点并结合本研究所获取的野外资料，将阿拉善地区的啮齿动物划分为 9 个分布型，具体分布见表 3.2。

表 3.2　阿拉善地区啮齿动物的分布及分布型

Table 3.2　The distribution and distribution types of rodents in Alashan region

种类	分布生境								
	I	II	III	IV	V	VI	VII	VIII	IX
(一)耐旱型									
1. 青藏寒旱型									
喜马拉雅旱獭 *Marmota himalayana*									+
2. 亚洲中部广布的温旱型									
子午沙鼠 *Meriones meridianus*	+	+	+		+	+	+	+	
大沙鼠 *Rhombomys opimus*		+	+						
三趾跳鼠 *Dipus sagitta*	+	+	+		+	+	+		
草兔 *Lepus capensis*	+	+			+	+		+	
3. 都兰—西南亚温旱型									
灰仓鼠 *Cricetulus migratorius*								+	
柽柳沙鼠 *Meriones tamariscinus*								+	
4. 蒙新—哈萨克温旱型									
五趾跳鼠 *Allactaga sibirica*	+	+	+		+	+	+	+	
短尾仓鼠 *Allocricetulus eversmanni*	+				+	+	+	+	
5. 蒙新温旱型									
长耳跳鼠 *Euchoreutes naso*		+						+	
小毛足鼠 *Phodopus roborovskii*		+			+	+	+		
五趾心颅跳鼠 *Cardiocranius paradoxus*		+							
三趾心颅跳鼠 *Salpingotus kozlovi*	+						+		
肥尾心颅跳鼠 *Salpingotus crassicauda*	+								
巨泡五趾跳鼠 *Allactaga bullata*	+	+	+						
长尾仓鼠 *Cricetulus longicaudatus*			+	+		+			+
6. 东蒙温旱型									
草原黄鼠 *Spermophilus dauricus*	+								
长爪沙鼠 *Meriones unguiculatus*	+								
(二)喜湿型									
7. 东亚温湿型									
黑线仓鼠 *Cricetulus barabensis*		+				+			+

续表

种类	分布生境								
	I	II	III	IV	V	VI	VII	VIII	IX
大林姬鼠 *Apodemus speciosus*				+					
8. 北方温湿型									
间颅鼠兔 *Ochotona cansus*				+					
社鼠 *Rattus confucianus*				+					
(三)广布的伴人种									
9. 伴人种									
褐家鼠 *Rattus norvegicus*								+	
小家鼠 *Mus musculus*							+	+	

注: I 为白刺、霸王沙地; II 为梭梭、绵刺石砾沙地; III 为盐爪爪盐化地; IV 为青海云杉山地; V 为天然草地; VI 为人工草地农田; VII 为固定半固定沙丘; VIII 为胡杨、柽柳沙地; IX 为针茅、冷蒿山地。"+"表示有分布

由表 3.2 可知，该地区的啮齿动物分为 3 个基本类型，即耐旱型、喜湿型和广布的伴人种。耐旱型动物构成了该地区的主体，在种数上占到 75%，分布范围广，除贺兰山青海云杉(*Picea crassifolia*)山地这一特殊生境外，其余生境均有分布。喜湿型的种数少，只占 16.7%，分布局限于贺兰山和局部隐域性生境。第 3 类是伴人种，基本分布于居民集中的村庄及其附近。

1. 青藏寒旱型。只有喜马拉雅旱獭 1 种。仅分布于阿拉善荒漠区最南端的龙首山山地草场中，海拔 2210m，植被以针茅(*Stipa* sp.)、冷蒿(*Artemisia frigida*)建群，表现出明显的草原景观特征，与荒漠生境截然不同。

2. 亚洲中部广布的温旱型。共 4 种，包括子午沙鼠、大沙鼠(*Rhombomys opimus*)、三趾跳鼠和草兔(*Lepus capensis*)。其中子午沙鼠分布于该荒漠区的各类生境中，且在局部生境中占有绝对的优势。三趾跳鼠的分布范围虽不及子午沙鼠，但除贺兰山、龙首山山地特殊生境和以胡杨(*Populus euphratica*)、多枝柽柳(*Tamarix ramosissima*)建群的生境外，其余生境均有分布，特别是在固定沙丘生境中能形成明显的优势。大沙鼠集中栖息于以梭梭(*Haloxylon ammodendron*)、盐爪爪(*Kalidium* sp.)建群的沙丘戈壁和盐化灌丛中，呈岛状分布。草兔相对集中的区域是阿拉善左旗南部农业开发区，调查期间其密度较高，这与食物丰富有重要关系。

3. 都兰—西南亚温旱型。有 2 种，灰仓鼠(*Cricetulus migratorius*)和柽柳沙鼠(*Meriones tamariscinus*)。这两个种是典型的荒漠种，仅分布于以胡杨、柽柳建群的沙地生境中，但捕获率不高。

4. 蒙新—哈萨克温旱型。这一分布型与蒙新温旱型接近，该荒漠区有 2 种，五趾跳鼠和短尾仓鼠。五趾跳鼠遍布于该荒漠区的各类生境(除贺兰山和龙首山山地外)，与三趾跳鼠、巨泡五趾跳鼠、长耳跳鼠常表现为共栖。但在砾质沙地生境中五趾跳鼠常占有一定的优势。短尾仓鼠主要分布于阿拉善左旗南部农业开发区，数量不多。

5. 蒙新温旱型。共 7 种，是种数最多的分布型。其中典型的荒漠种类有长耳跳鼠、三趾心颅跳鼠(*Salpingotus kozlovi*)、肥尾心颅跳鼠 3 种，荒漠、半荒漠种类有小毛足鼠、五趾心颅跳鼠(*Cardiocranius paradoxus*)、巨泡五趾跳鼠和长尾仓鼠 4 种。因此，此分布型在该荒漠区具有一定的代表性。此分布型的相对集中分布生境是以白刺(*Nirtraria* sp.)、霸王(*Zygophyllum* sp.)建群的沙地和以梭梭、绵刺(*Potaninia mongolica*)建群的石砾沙地。在这两类生境中该分布型的长耳跳鼠占有绝对优势。就整个阿拉善荒漠区来看，长耳跳鼠从阿拉善左旗的北部哈日奥布格一带向西到额济纳旗的各类生境均有分布，肥尾心颅跳鼠的分布界线在阿拉善右旗东部(付和平等 2002)。这两个典型荒漠种类的分布区对重新认识该荒漠区的动物地理区划地位有一定意义(武晓东等 2003b)。

6. 东蒙温旱型。有草原黄鼠(*Spermophilus dauricus*)和长爪沙鼠 2 种。草原黄鼠主要分布于阿拉善左旗中南部的贺兰山山前草场中，局部形成较高的密度，日间可见其活动频繁，是此类草场的主要害鼠。典型的半荒漠种类长爪沙鼠在整个荒漠区的分布极少，1998 年和 1999 年两个年度的调查中捕获标本 1 只，定位研究中也只在开垦区捕到。

7. 东亚温湿型。有黑线仓鼠和大林姬鼠(*Apodemus speciosus*) 2 种，前者在盐化灌丛和人工草地农田生境中有分布，捕获率不高。后者仅于贺兰山林地中捕到，捕获量较高，为 44.2%。

8. 北方温湿型。共 2 种，包括间颅鼠兔和社鼠(*Rattus confucianus*)。集中分布于贺兰山青海云杉林地的林缘灌丛中。2 种啮齿类在生境中共栖，但数量并不高，捕获量均为 4.2%。

9. 伴人种。有褐家鼠和小家鼠 2 种，分布于居民点及其附近。

三、关于阿拉善荒漠区啮齿动物分布

啮齿动物区系和种类分布研究是资源管理、生物多样性研究和保护生物学的基础性工作，对于了解自然生物群落的起源、发展、各种静态和动态特征，相互间联系，特别是在自然资源管理和保护上具有重要的理论和实际意义，同时也为制定区域性综合治理措施提供重要的依据。

有关啮齿动物的地理分布的研究，国内有大量报道(张荣祖 1999，1997；侯兰新和马良贤 1998；侯兰新等 1996；张显理和于有志 1995；黄文几等 1995；秦长育 1991；马勇等 1987；冯祚建等 1986；王思博和杨赣源 1983；郑涛 1982；赵肯堂 1981；郑作新等 1959)，均对不同地区或区域的啮齿动物区系和种类分布进行了详细描述。内蒙古阿拉善地区属于我国典型的荒漠区，其生态地理环境具有独特的代表性，是典型的生态脆弱地带。关于内蒙古阿拉善荒漠区啮齿动物的地理分布，王定国(1988)、孙庆(1997)分别有过不同程度的描述，但均是零星调查的结果。因此，对该区域的啮齿动物区系和种类分布特征进行系统的研究是一项非常重要的基础工作。

通过本研究可知，阿拉善荒漠区计有啮齿动物 2 目 6 科，共 24 种，占内蒙古已记录种数的 44.4%，特别是跳鼠科动物占现有种数的 87.5%，是内蒙古跳鼠科动物的集中分布区。

本研究对阿拉善地区啮齿动物分布型的划分主要依据并综合了卢浩泉等（1988）和马勇等（1987）的观点。阿拉善荒漠区在地理位置上接近亚洲内陆中心，在气候、水文、土壤、植被等方面都表现出典型的荒漠地带性，啮齿动物以耐旱型为主体。从分布型上看蒙新温旱型所占种类最多，是该荒漠区的主要分布型，可视为代表分布型。

马勇等（1987）在对新疆北部啮齿动物进行研究的基础上，在分布型的划分原则中指出：在动物的地理分布上，区域性特征常比景观特征的意义更大。贺兰山山脉地处我国北方中温带地区，是宁夏与内蒙古阿拉善地区的分界线，最高海拔3556m，其水、热条件的区域性特征既明显又独特。受此影响，植物和动物的垂直分布十分明显，均显著有别于相邻地区。而间颅鼠兔与社鼠仅在贺兰山阴坡林缘灌丛中捕到，就这 2 种分布型的划分，经与国内相关资料对比分析（马勇等 1987；张荣祖 1999，1997），认为无论划分为现有的哪一种类型，均不能确切反映其分布的区域性特征。基于此，将这两个种划分为北方温湿型。

阿拉善荒漠区啮齿动物分为 3 个基本类型，9 个分布型。即耐旱型、喜湿型和广布的伴人种。耐旱型构成了该地区的主体，包括 6 个分布型：①青藏寒旱型；②亚洲中部广布的温旱型；③都兰—西南亚温旱型；④蒙新—哈萨克温旱型；⑤蒙新温旱型；⑥东蒙温旱型。在上述 6 种分布型中该地区以蒙新温旱型为代表型。喜湿型包括东亚温湿型和北方温湿型两个分布型，集中分布于贺兰山和局部隐域性生境中。广布的伴人种有褐家鼠和小家鼠。

第二节　荒漠啮齿动物群落生态位分析

一、荒漠啮齿动物生态位测度比较

生态位（niche）研究是群落生态学研究中非常活跃的一个领域。关于生态位的概念虽有不同的表述，但内容实质基本相同。生态位是指生物在生物群落中的作用（孙儒泳 2001），或是指每个种在群落中的时空位置及其机能关系，群落中的每一个种群必须具有其自己的生态位。一般认为，在一个稳定的群落中没有任何两个种占据同一生态位，并在同一时间内利用着同样的资源（宋永昌 2001）。群落是一个相互作用的、生态位分化的种群系统，群落中种群在空间、时间和资源的利用及相互作用方面都趋向于相互补充而不是直接竞争。传统的生态学理论认为，如果两个种生态位相似，必然发生种间竞争，结果可以向两个方向发展：一是一个种完全排挤掉另一个种；二是使其中的一个种占有不同的空间，利用不同的资源，在生态位上产生分隔（尚玉昌 2002；宋永昌 2001；Putman and Wratten 1994）。这种分隔表现在不同营养级、不同空间、不同时间等，结果是两种之间形成平衡而共存（尚玉昌 2002；孙儒泳 2001；Putman and Wratten 1994；Petraitis 1981；Abrans 1980）。

　　生态位理论和资源利用是分不开的，阿拉善荒漠生态环境条件十分严酷，动物的可利用资源在数量和质量上与湿润区、半干旱区存在差异。通过生态位的研究，可以深入认识动物种群在群落中的地位和作用。有关生态位宽度和生态位重叠已有多种测度方法（尚玉昌 2002；孙儒泳 2001；Putman and Wratten 1994；Petraitis 1981；Abrans 1980），这些方法的合理性和可操作性一直被许多生态学工作者所关注。由于各种方法有不同的含义与侧重点，而常用的生态位测度方法又大都应用于各种植物群落，关于荒漠啮齿动物的生态位测度方法的研究报道较少。本研究运用区系调查结果和 2002 年对应样地补充数据，分别用三种常用的生态位计算方法，对阿拉善荒漠区啮齿动物的生态位宽度和生态位重叠进行了测度分析，并利用主成分分析（PCA）对生态位重叠指数的计算结果进行了论证，从而确定适合于荒漠啮齿动物的生态位测度方法。阿拉善荒漠区 11 种主要啮齿动物的数量及分布见表 3.3。

表 3.3　阿拉善荒漠区 11 种主要啮齿动物在各生境中的样地数量平均值（只）及分布

Table 3.3　The average value and distribution of 11 species rodents in different habitats in Alashan Desert

种类	分布生境						
	I	II	III	IV	V	VI	VII
1. 子午沙鼠 *Meriones meridianus*	1.88	3.88	3.29	0.86	15.86	3.75	4.00
2. 短尾仓鼠 *Allocricetulus eversmanni*	0.25	0.00	0.00	0.14	2.00	0.13	0.14
3. 长尾仓鼠 *Cricetulus longicaudatus*	0.00	0.00	0.14	0.00	0.86	0.00	0.00
4. 黑线仓鼠 *Cricetulus barabensis*	0.00	0.00	0.00	0.00	2.43	0.00	0.00
5. 小毛足鼠 *Phodopus roborovskii*	0.63	0.63	0.14	1.57	0.71	6.13	0.00
6. 三趾跳鼠 *Dipus sagitta*	2.13	3.00	1.00	1.43	0.71	14.63	0.29
7. 五趾跳鼠 *Allactaga sibirica*	7.00	6.25	3.71	0.43	0.57	0.88	0.43
8. 长耳跳鼠 *Euchoreutes naso*	0.00	5.00	0.00	0.00	0.00	0.00	2.00
9. 三趾心颅跳鼠 *Salpingotus kozlovi*	0.50	0.00	0.00	0.00	0.00	1.25	0.00
10. 肥尾心颅跳鼠 *Salpingotus crassicauda*	0.25	0.00	0.00	0.00	0.00	0.00	0.00
11. 巨泡五趾跳鼠 *Allactaga bullata*	0.63	0.88	0.14	0.00	0.00	0.00	0.00
样地数合计	8	8	7	7	7	8	7
1998 年秋季	2	2	2	2	2	2	3
1999 年秋季	4	4	3	3	3	3	2
2002 年秋季	2	2	2	2	2	3	2

　　注：I 为白刺、霸王沙地；II 为梭梭、绵刺石砾沙地；III 为盐爪爪盐化地；IV 为天然草地；V 为人工草地农田；VI 为固定半固定沙丘；VII 为胡杨、柽柳沙地

对于物种的生态位宽度(niche breadth),采用 Shannon-Wiener 生态位宽度指数(Putman and Wratten 1994),计算公式如下:

$$B_{swi}=[\lg\textstyle\sum N_{ij}-(1/\textstyle\sum N_{ij})(\textstyle\sum N_{ij}\lg N_{ij})]\lg r \tag{3.1}$$

式中,B_{swi} 为 i 种的生态位宽度,B_{swi} 值的大小为 0～1;N_{ij} 为 i 种利用 j 资源等级的数值;r 为生态位的资源等级数。

Simpson 生态位宽度指数(Putman and Wratten 1994),计算公式如下:

$$B_{si}=1-\textstyle\sum P_{ij}^2 \tag{3.2}$$

式中,B_{si} 为 i 种的生态位宽度;P_{ij} 为 i 种利用 j 资源等级的比例。

Levins 生态位宽度指数(Putman and Wratten 1994),计算公式如下:

$$B_{li}=1/r\textstyle\sum P_{ij}^2 \tag{3.3}$$

式中,r 定义同公式(3.1),P_{ij} 定义同公式(3.2)。

对于啮齿类的生态位重叠(niche overlap),运用 Colwell 和 Futuyma (1971)提出的生态位指数(Jhon and James 1990),计算公式如下:

$$C_{ik}=1-1/2\textstyle\sum \mid N_{ij}/N_i-N_{kj}/N_k\mid \tag{3.4}$$

式中,C_{ik} 为 i 种和 k 种之间的生态位重叠指数,C_{ik} 数值的大小为 0～1;N_{ij} 为 i 种在 j 资源等级中的数值;N_i 为 i 种在所有资源等级中的数值;N_{kj} 为 k 种在 j 资源等级中的数值;N_k 为 k 种在所有资源等级中的数值。

Pianka 生态位重叠指数(Putman and Wratten 1994),计算公式如下:

$$C_p=\textstyle\sum P_{ij}P_{kj}/(\textstyle\sum P_{ij}^2\textstyle\sum P_{kj}^2)1/2 \tag{3.5}$$

式中,C_p 为 i 种和 k 种之间的生态位重叠指数;P_{ij} 和 P_{kj} 分别为 i 种和 k 种利用 j 资源等级的比例。

Levins 生态位重叠指数(Jhon and James 1990),计算公式如下:

$$C_l=\textstyle\sum P_{ij}P_{kj}/\textstyle\sum (P_{ij}^2) \tag{3.6}$$

式中,P_{ij} 和 P_{kj} 定义同公式(3.5)。

依据表 3.3 计算 11 种啮齿动物的空间生态位宽度指数列于表 3.4,样地分布频率列于表 3.5,生态位重叠指数列于表 3.6～表 3.8。

表 3.4　阿拉善荒漠区 11 种主要啮齿动物的空间生态位宽度指数

Table 3.4　The niche breadth indices of 11 species principal rodents in Alashan Desert

生态位宽度指数	子午沙鼠	五趾跳鼠	三趾跳鼠	小毛足鼠	巨泡五趾跳鼠	短尾仓鼠	三趾心颅跳鼠	长耳跳鼠	长尾仓鼠	黑线仓鼠	肥尾心颅跳鼠
B_{swi}	0.842	0.751	0.641	0.612	0.468	0.459	0.307	0.306	0.208	0.000	0.000
B_{si}	0.723	0.722	0.570	0.571	0.563	0.418	0.409	0.409	0.240	0.000	0.000
B_{li}	0.516	0.513	0.332	0.333	0.327	0.245	0.242	0.242	0.187	0.143	0.143

从表 3.4 可以看出，生态位宽度指数最高的是子午沙鼠，用三种公式计算的结果分别为 0.842、0.723、0.516。从分布上来看(表 3.3)，子午沙鼠在 7 种生境中均有分布，且以生境 V 的数量最高(15.86)，生境Ⅳ的数量最低(0.86)，差异较大；其余生境中相差不大，平均值为 1.88～4.00，说明该种对 7 种资源等级的利用具有一定的选择性。五趾跳鼠的生态位宽度指数次之，三种计算结果分别为 0.751、0.722 和 0.513，该种在 7 种生境中均有分布且数量差异不大(表 3.3)，因此对 7 种资源的利用具有一定的普遍性，但较子午沙鼠的生态位宽度要窄。从表 3.4 还可知，以 Shannon-Wiener 生态位宽度指数和 Simpson 生态位宽度指数计算的黑线仓鼠和肥尾心颅跳鼠的生态位宽度指数均为 0，但这并不等于这两个种不利用资源，而是对资源等级的利用单一，生态位宽度非常窄。至于在单一资源条件下生态位宽度指数的计算，则要将单一资源继续细划为不同的等级，在这一尺度上测定单一研究种群意义较大。从表 3.4 中还可看出，以 Shannon-Wiener 指数计算的各个种的生态位宽度指数大小顺序与以 Simpson 指数和 Levins 指数计算的顺序不同，而以 Simpson 指数和 Levins 指数计算的结果大小顺序却相同。以 Shannon-Wiener 指数计算的结果显示三趾跳鼠的生态位宽度值较小毛足鼠的大，而后两种公式的计算结果却相反。阿拉善荒漠区 11 种主要啮齿动物在所设置 52 个样地中的分布频率列于表 3.5。由表 3.5 可知，三趾跳鼠出现的样地数是 25 个，频率为 48.1%，小毛足鼠则只有 11 个，频率为 21.2%，远小于三趾跳鼠的出现频率。因此，三趾跳鼠对荒漠区生境的适应性较小毛足鼠更强；另外，从对这两个种的胃内容物解剖记录来看，三趾跳鼠的有绿色(植物茎、叶)、褐色(根)、红色(昆虫)、白色(种子)等食物成分，而小毛足鼠只有绿色和白色成分，颊囊中全部是种子。因此，三趾跳鼠的食性亦较小毛足鼠的广泛；就两个种在个体大小及活动能力和范围上来看，三趾跳鼠明显大于小毛足鼠(卢浩泉等 1988；马勇等 1987；赵肯堂 1981)。因此，三趾跳鼠的生态位宽度应大于小毛足鼠。所以基于 Shannon-Wiener 指数计算的结果较为准确地反映了荒漠啮齿动物的生物学特性，更适宜于荒漠啮齿动物生态位宽度的测度。

项目	子午沙鼠	五趾跳鼠	三趾跳鼠	小毛足鼠	巨泡五趾跳鼠	短尾仓鼠	三趾心颅跳鼠	长耳跳鼠	长尾仓鼠	黑线仓鼠	肥尾心颅跳鼠
分布样地数	32	30	25	11	9	8	7	6	5	3	2
频率/%	61.5	57.7	48.1	21.2	17.3	15.4	13.5	11.5	9.62	5.77	3.85

表 3.6   阿拉善荒漠区 11 种主要啮齿动物的空间生态位重叠指数(C_{ik})
Table 3.6   The niche overlap indices of 11 species principal rodents in Aiashan Desert(C_{ik})

	子午沙鼠	短尾仓鼠	长尾仓鼠	黑线仓鼠	小毛足鼠	三趾跳鼠	五趾跳鼠	长耳跳鼠	三趾心颅跳鼠	肥尾心颅跳鼠	巨泡五趾跳鼠
子午沙鼠	1.000										
短尾仓鼠	0.657	1.000									
长尾仓鼠	0.627	0.752	1.000								
黑线仓鼠	0.473	0.752	0.859	1.000							
小毛足鼠	0.344	0.238	0.086	0.072	1.000						
三趾跳鼠	0.397	0.237	0.074	0.031	0.860	1.000					
五趾跳鼠	0.390	0.213	0.170	0.030	0.240	0.374	1.000				
长耳跳鼠	0.235	0.053	0.000	0.000	0.064	0.142	0.346	1.000			
三趾心颅跳鼠	0.168	0.142	0.000	0.000	0.689	0.722	0.332	0.000	1.000		
肥尾心颅跳鼠	0.056	0.094	0.000	0.000	0.064	0.092	0.363	0.000	0.286	1.000	
巨泡五趾跳鼠	0.257	0.094	0.085	0.000	0.142	0.264	0.772	0.533	0.286	0.382	1.000

表 3.6 是基于 Colwell 和 Futuyma(1971)提出的生态位指数的生态位重叠计算结果,从表 3.6 可知,生态位重叠最高的种对有两对,即小毛足鼠和三趾跳鼠,长尾仓鼠和黑线仓鼠;生态位重叠指数分别为 0.860 和 0.859,占表 3.6 所列 55 个种对的 3.6%。生态位重叠指数为 0 或几乎等于 0 的种对有 10 对,分别为长尾仓鼠与长耳跳鼠、三趾心颅跳鼠、肥尾心颅跳鼠;黑线仓鼠与五趾跳鼠、长耳跳鼠、三趾心颅跳鼠、肥尾心颅跳鼠、巨泡五趾跳鼠;长耳跳鼠与三趾心颅跳鼠、肥尾心颅跳鼠,占总对数的 18.2%。而生态位重叠指数大于 0.5 的种对有 10 对,占总对数的 18.2%。这一计算结果的总趋势是最大限度的生态位重叠种对比例小,而生态位趋于分化(0 指数)的种对比例较大。

表 3.7 是基于 Pianka 生态位重叠指数的计算结果,从表 3.7 可知,生态位重叠最高的种对有 9 对,分别为子午沙鼠和短尾仓鼠、长尾仓鼠;短尾仓鼠和长尾仓鼠、黑线仓鼠;长尾仓鼠和黑线仓鼠;小毛足鼠和三趾跳鼠、三趾心颅跳鼠;三趾跳鼠和三趾心颅跳鼠;五趾跳鼠和巨泡五趾跳鼠。上述各种对生态位重叠指

数为 0.918~0.986，占表 3.7 所列 55 个种对的 16.4%。生态位重叠指数为 0 或几乎等于 0 的种对有 11 对，分别为短尾仓鼠和长耳跳鼠；长尾仓鼠与长耳跳鼠、三趾心颅跳鼠、肥尾心颅跳鼠、巨泡五趾跳鼠；黑线仓鼠与长耳跳鼠、三趾心颅跳鼠、肥尾心颅跳鼠、巨泡五趾跳鼠；长耳跳鼠与三趾心颅跳鼠、肥尾心颅跳鼠，占总对数的 20.0%。而生态位重叠指数大于 0.5 的种对有 14 对，占总对数的 25.5%。这一计算结果的总趋势是最大限度的生态位重叠种对比例大，而生态位趋于分化（0 指数）的种对的比例也较大。

表 3.7　阿拉善荒漠区 11 种主要啮齿动物的空间生态位重叠指数（C_p）

Table 3.7　The niche overlap indices of 11 species principal rodents in Alashan Desert（C_p）

	子午沙鼠	短尾仓鼠	长尾仓鼠	黑线仓鼠	小毛足鼠	三趾跳鼠	五趾跳鼠	长耳跳鼠	三趾心颅跳鼠	肥尾心颅跳鼠	巨泡五趾跳鼠
子午沙鼠	1.000										
短尾仓鼠	0.931	1.000									
长尾仓鼠	0.918	0.972	1.000								
黑线仓鼠	0.898	0.985	0.986	1.000							
小毛足鼠	0.351	0.198	0.112	0.110	1.000						
三趾跳鼠	0.327	0.134	0.058	0.047	0.980	1.000					
五趾跳鼠	0.356	0.152	0.115	0.057	0.234	0.332	1.000				
长耳跳鼠	0.289	0.026	0.000	0.000	0.091	0.190	0.585	1.000			
三趾心颅跳鼠	0.235	0.106	0.000	0.000	0.921	0.946	0.338	0.000	1.000		
肥尾心颅跳鼠	0.106	0.123	0.000	0.000	0.098	0.140	0.688	0.000	0.327	1.000	
巨泡五趾跳鼠	0.264	0.071	0.021	0.000	0.138	0.247	0.941	0.748	0.214	0.578	1.000

表 3.8 是基于 Levins 生态位重叠指数的计算结果，从表 3.8 可知，生态位重叠最高的种对有 1 对，为小毛足鼠和三趾跳鼠，生态位重叠指数为 0.979，占表 3.8 所列 55 个种对的 1.8%。生态位重叠指数为 0 或几乎等于 0 的种对有 11 对，分别为短尾仓鼠和长耳跳鼠；长尾仓鼠与长耳跳鼠、三趾心颅跳鼠、肥尾心颅跳鼠、巨泡五趾跳鼠；黑线仓鼠与长耳跳鼠、三趾心颅跳鼠、肥尾心颅跳鼠、巨泡五趾跳鼠；长耳跳鼠与三趾心颅跳鼠、肥尾心颅跳鼠，占总对数的 20.0%。而生态位重叠指数大于 0.5 的种对有 11 对，占总对数的 20.0%。这一计算结果的总趋势是最大限度的生态位重叠种对比例小，而生态位趋于分化（0 指数）的种对的比例较大，与表 3.6 基于 Colwell 和 Futuyma（1971）提出的生态位指数的生态位重叠计算结果趋势较为一致。

表 3.8　阿拉善荒漠区 11 种主要啮齿动物的空间生态位重叠指数（C_l）

Table 3.8　The niche overlap indices of 11 species principal rodents in Alashan Desert（C_l）

	子午沙鼠	短尾仓鼠	长尾仓鼠	黑线仓鼠	小毛足鼠	三趾跳鼠	五趾跳鼠	长耳跳鼠	三趾心颅跳鼠	肥尾心颅跳鼠	巨泡五趾跳鼠
子午沙鼠	1.000										
短尾仓鼠	0.643	1.000									
长尾仓鼠	0.554	0.851	1.000								
黑线仓鼠	0.473	0.752	0.860	1.000							
小毛足鼠	0.282	0.231	0.149	0.168	1.000						
三趾跳鼠	0.262	0.156	0.077	0.072	0.979	1.000					
五趾跳鼠	0.356	0.219	0.191	0.108	0.291	0.413	1.000				
长耳跳鼠	0.198	0.025	0.000	0.000	0.078	0.162	0.401	1.000			
三趾心颅跳鼠	0.161	0.105	0.000	0.000	0.785	0.807	0.232	0.000	1.000		
肥尾心颅跳鼠	0.056	0.094	0.000	0.000	0.064	0.092	0.363	0.000	0.286	1.000	
巨泡五趾跳鼠	0.211	0.082	0.027	0.000	0.137	0.245	0.751	0.869	0.249	0.874	1.000

　　为比较三种公式所计算的生态位重叠指数，以表 3.6～表 3.8 的数据为基础，分别建立 11×11 分析矩阵，对每个矩阵均进行 PCA，用以对每种啮齿类与其他种的生态位重叠指数进行排序，以选取能够更加准确反映荒漠区啮齿动物生物学特性的结果。表 3.6～表 3.8 数据的 PCA 结果列于表 3.9。变量 X_1～X_{11} 下角标分别代表的啮齿动物种类：1 为子午沙鼠，2 为短尾仓鼠，3 为长尾仓鼠，4 为黑线仓鼠，5 为小毛足鼠，6 为三趾跳鼠，7 为五趾跳鼠，8 为长耳跳鼠，9 为三趾心颅跳鼠，10 为肥尾心颅跳鼠，11 为巨泡五趾跳鼠。由表 3.9 可知，三种指数的 PCA 前两个主成分的方差累积贡献率均达到 76% 以上，可以满足数值化标准的要求（薛薇 2001；裴喜春和薛河儒 1998），三种指数的第一主成分中变量系数绝对值最大的均为 X_2、X_3、X_4 三个变量，是第一主成分特征向量中的主导因子，对应的动物种类为短尾仓鼠、长尾仓鼠和黑线仓鼠，这三种啮齿类在荒漠区的相对湿润生境中分布得较为集中（孙庆 1997；王定国 1988；卢浩泉等 1988；马勇等 1987；赵肯堂 1981），在人工草地农田生境中这三种啮齿动物的数量平均值高于其他生境也说明了这一点。三种指数的第二主成分中变量系数绝对值最大的均为 X_5、X_6、X_9 三个变量，是第二主成分特征向量中的主导因子，对应的动物种类为小毛足鼠、三趾跳鼠和三趾心颅跳鼠，这三种啮齿类在荒漠区的相对干旱和多沙地带的生境中分布较为集中（孙庆 1997；王定国 1988；卢浩泉等 1988；马勇等 1987；赵肯堂 1981），在固定半固定沙丘生境中这三种啮齿动物的数量平均值高于其他生境也说明了这一点。

表 3.9　三种生态位重叠指数值的主成分分析（PCA）

Table 3.9　The principal component analysis of the three kinds of niche overlap indices values

变量	Colwell 和 Futuyma 指数		Pianka 指数		Levins 指数	
	第一主成分	第二主成分	第一主成分	第二主成分	第一主成分	第二主成分
X_1	−0.3118	0.0648	−0.3856	−0.0327	−0.3264	−0.0207
X_2	−0.4095	0.0626	−0.3955	−0.0283	−0.4099	−0.0182
X_3	−0.4203	−0.0264	−0.3954	−0.0481	−0.4133	−0.0449
X_4	−0.4228	−0.0078	−0.3976	−0.0404	−0.4116	−0.0255
X_5	0.1554	0.5194	0.1280	0.4946	0.1194	0.5124
X_6	0.2068	0.4724	0.1887	0.4554	0.1930	0.4681
X_7	0.2744	−0.2377	0.3075	−0.3077	0.2587	−0.2303
X_8	0.1593	−0.3411	0.1942	−0.3178	0.2054	−0.2985
X_9	0.2685	0.4231	0.2117	0.4444	0.2238	0.4462
X_{10}	0.2208	−0.1723	0.2516	−0.1738	0.2612	−0.2495
X_{11}	0.3016	−0.3412	0.2965	−0.3446	0.3258	−0.3335
方差累积						
贡献率/%	48.66	76.11	56.23	88.10	50.41	80.88

　　基于以上分析，取第一主成分轴和第二主成分轴建立二维坐标，得散点图图 3.1～图 3.3，其中 11 种啮齿类分别以数字代表。从图 3.1～图 3.3 可以看出，11 种啮齿动物生物学特性相似的均聚到了一起，基本上可划分为三类，第一类（5、6、9）所占两个主成分均较高，可视为耐旱种类；第二类（1、2、3、4）所占两个主成分均较低，可视为较湿润种类；第三类（7、8、10、11）介于一类和二类之间。1 虽然适宜于荒漠生境，但在人工草地和农田中的种群数量最高，亦偏于荒漠生境中的较湿润种类，因此 1 与 2、3、4 最为接近。而图 3.1 反映出 3、4 最为接近，图 3.3 反映出 2、4 最为接近，只有图 3.2 较为准确地反映了上述关系。图 3.1 和图 3.3 虽然反映了不同种类的相似性，但两个图中 7 与 11 均相距较远。从分布生境来看，虽然 11 的分布较 7 为窄，但两个种往往在生境中共栖，而且与其他种类相比，7 与 11 的生物学特性相似程度更大（孙庆 1997；王定国 1988；卢浩泉等 1988；马勇等 1987；赵肯堂 1981），所以图 3.1 和图 3.3 对 7 与 11 之间的关系表示欠妥。图 3.2 中，生物学特性相似的种类更加明显地聚集为一类，共分为三类，而且较为准确地体现了上述 1 与 2、3、4 和 7 与 11 之间的关系，这一排序结果相对较为合理，从分布生境和生物学特性上均可给出更为合理的解释。综合以上分析认为，图 3.2 较为准确地反映了阿拉善荒漠区主要啮齿动物的生物学特性，所以 Pianka 指数更适合于荒漠区啮齿动物的生态位重叠测度。

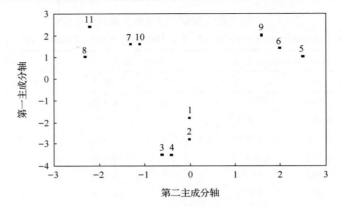

图 3.1　Colwell 和 Futuyma 生态位重叠

Fig.3.1　Niche overlap measure of Colwell and Futuyma

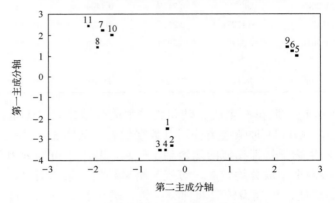

图 3.2　Pianka 生态位重叠

Fig.3.2　Niche overlap measure of Pianka

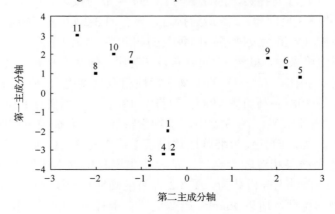

图 3.3　Levins 生态位重叠

Fig.3.3　Niche overlap measure of Levins

二、不同干扰下荒漠啮齿动物生态位特征

对不同干扰维荒漠啮齿动物群落生态位的季节特征，分别采用以下两种方法进行了计算分析。

生态位宽度指数（niche breadth index），采用 Shannon-Wiener 生态位宽度指数，计算公式为

$$B_i = [\lg N_i - (\sum N_i \lg N_{ij})/N_i]/\lg r \tag{3.7}$$

式中，B_i 为 i 种的生态位宽度指数，N_i 为 i 种利用所有资源等级的数值之和，N_{ij} 为 i 种利用 j 级资源的数值，r 为生态位的资源等级数。

生态位重叠指数（niche overlap index），以 Pianka 重叠指数进行计算，计算公式为

$$O_{ik} = \sum P_{ij} P_{kj}/(\sum P_{ij}^2 \sum P_{kj}^2)1/2 \tag{3.8}$$

式中，O_{ik} 为 i 种和 k 种的生态位重叠指数，P_{ij}、P_{kj} 分别为 i 种和 k 种利用 j 级资源等级的比例。

由于 4 种不同干扰生境的植被、土壤水分等动物可利用资源条件存在明显差异，因此，将 4 种不同干扰生境作为 4 种资源利用梯度，进行生态位季节特征分析。以 2002～2004 年每年 4 月、7 月、10 月的铗捕数据对应合并处理，分别代表春、夏、秋三个季节，选择在 40hm² 空间尺度上，计算 4 种不同干扰下荒漠啮齿动物群落生态位指数，结果见表 3.10 和表 3.11。

表 3.10　啮齿动物群落在 4 种不同干扰生境中的生态位宽度指数
Table 3.10　The niche breadth indices of the rodent communities in different disturbance habitats

	草原黄鼠	五趾跳鼠	三趾跳鼠	子午沙鼠	长爪沙鼠	黑线仓鼠	短尾仓鼠	小毛足鼠	三趾心颅跳鼠	五趾心颅跳鼠
春季	0.4056	0.8956	0.6101	0.8006	0.3610	0.5057	0.4955	0.7858	0.0000	—
夏季	0.6772	0.9254	0.4711	0.9719	0.2675	0.7060	0.8363	0.7061	0.4056	0.0000
秋季	0.0000	0.8355	0.4770	0.8745	0.0000	0.6353	0.7610	0.7569	0.0000	—

由表 3.10 可知，在春季生态位宽度指数最高的是五趾跳鼠，为 0.8956；子午沙鼠的次之，为 0.8006；三趾心颅跳鼠的最低，为 0。需要指出的是，本研究 3 个年度中春季野外铗捕均在 4 月 5～12 日进行。在 3 个年度春季布放的 2.4 万铗日中均未捕到五趾心颅跳鼠，说明该种在阿拉善荒漠 4 月上旬仍未出蛰，这一点与有关文献（赵肯堂 1981）描述的该种在 4 月上旬出蛰有所不同。

在夏季生态位宽度指数最高的是子午沙鼠，为 0.9719；五趾跳鼠次之，为 0.9254；五趾心颅跳鼠的最低，为 0。这与春季相比出现了明显的变化。

秋季生态位宽度指数最高的有两种啮齿类，子午沙鼠和五趾跳鼠，生态位宽度指数分别为 0.8745 和 0.8355。短尾仓鼠和小毛足鼠次之，分别为 0.7610 和 0.7569。本研究在 3 个年度的秋季野外铗捕均于 10 月 5~12 日进行。三个年度布放的 2.4 万铗日均未在这一时间段捕到五趾心颅跳鼠，表明该种在阿拉善荒漠区 10 月上旬已进入冬眠期，这一结果与有关文献（赵肯堂 1981）的描述一致。因此，在阿拉善荒漠区秋季生态位宽度指数最低的是草原黄鼠、长爪沙鼠和三趾心颅跳鼠三个种，均为 0。这与春季和夏季具有明显的区别，生态位出现了更为显著的分化。

综上所述，在 4 种不同干扰条件下，春、夏、秋三个不同季节荒漠啮齿动物生态位宽度指数由大到小变化的顺序分别是，春季，五趾跳鼠＞子午沙鼠＞小毛足鼠＞三趾跳鼠＞黑线仓鼠＞短尾仓鼠＞草原黄鼠＞长爪沙鼠＞三趾心颅跳鼠；夏季，子午沙鼠＞五趾跳鼠＞短尾仓鼠＞小毛足鼠＞黑线仓鼠＞草原黄鼠＞三趾跳鼠＞三趾心颅跳鼠＞长爪沙鼠＞五趾心颅跳鼠；秋季，子午沙鼠＞五趾跳鼠＞短尾仓鼠＞小毛足鼠＞黑线仓鼠＞三趾跳鼠＞草原黄鼠、长爪沙鼠、三趾心颅跳鼠。因此，荒漠啮齿动物的生态位宽度在不同干扰条件下会随着不同生态时间(季节)的变化出现显著的改变，这种变化的结果固然与不同种类的生物学特性分不开，但不同季节的可利用资源的相对丰富度的变化和不同干扰条件下可利用资源的再分配模式具有重要作用。

表 3.11　啮齿动物群落在 4 种不同干扰生境中的生态位重叠指数

Table 3.11　The niche overlap indices of the rodent communities in different disturbance habitats

	草原黄鼠	五趾跳鼠	三趾跳鼠	子午沙鼠	长爪沙鼠	黑线仓鼠	短尾仓鼠	小毛足鼠	五趾心颅跳鼠
春季 五趾跳鼠	0.3902								
三趾跳鼠	0.4494	0.5920							
子午沙鼠	0.5470	0.6092	0.2242						
长爪沙鼠	0.5369	0.1663	0.1149	0.8780					
黑线仓鼠	0.3033	0.3836	0.0506	0.9572	0.8764				
短尾仓鼠	0.7408	0.6699	0.9170	0.2616	0.1894	0.0158			
小毛足鼠	0.8980	0.9022	0.7208	0.4803	0.3111	0.2100	0.9034		
三趾心颅跳鼠	0.0000	0.2154	0.8757	0.0439	0.0000	0.0000	0.6247	0.3010	

续表

	草原黄鼠	五趾跳鼠	三趾跳鼠	子午沙鼠	长爪沙鼠	黑线仓鼠	短尾仓鼠	小毛足鼠	五趾心颅跳鼠
夏季									
五趾跳鼠	0.4665								
三趾跳鼠	0.8734	0.6202							
子午沙鼠	0.6068	0.7621	0.4609						
长爪沙鼠	0.2172	0.0721	0.0549	0.7284					
黑线仓鼠	0.1851	0.5388	0.0985	0.8821	0.6629				
短尾仓鼠	0.6452	0.6236	0.8004	0.7785	0.3694	0.6302			
小毛足鼠	0.9291	1.0000	0.6630	0.5803	0.1365	0.2119	0.4488		
五趾心颅跳鼠	0.6751	0.3373	0.9453	0.3435	0.0344	0.0614	0.8109	0.3840	
三趾心颅跳鼠	0.6405	0.5143	0.9047	0.4865	0.0326	0.2946	0.9189	0.4012	0.9487
秋季									
五趾跳鼠	0.3187								
三趾跳鼠	0.4145	0.9309							
子午沙鼠	0.2427	0.4880	0.2370						
长爪沙鼠	0.0000	0.0000	0.0000	0.7325					
黑线仓鼠	0.0342	0.4060	0.0598	0.9411	0.5742				
短尾仓鼠	0.0000	0.5711	0.3101	0.9492	0.6667	0.9411			
小毛足鼠	0.4665	0.9805	0.9851	0.3813	0.0648	0.2158	0.4363		
三趾心颅跳鼠	0.0000	0.8367	0.9100	0.1430	0.0000	0.0410	0.3333	0.8683	

由表 3.11 可知，在春季五趾跳鼠与小毛足鼠、三趾跳鼠与短尾仓鼠、子午沙鼠与黑线仓鼠、短尾仓鼠与小毛足鼠 4 个种对的生态位重叠指数最高，分别为 0.9022、0.9170、0.9572 和 0.9034，均接近于 1，几乎完全重叠。充分说明这 4 个种对在春季对不同干扰下的资源利用趋于一致，而且能够共存。而三趾心颅跳鼠与草原黄鼠、长爪沙鼠、黑线仓鼠，以及短尾仓鼠与黑线仓鼠 4 个种对的生态位重叠指数均为 0 或几乎等于 0，即完全不重叠，表明这 4 个种对的啮齿动物在春季对不同干扰下的生境资源利用完全不同，即不存在资源利用竞争。由表 3.11 还可知，表中所列 36 个种对中，生态位重叠指数大于 0.5 的种对有 16 对，占总数的 44.4%，表明在春季荒漠啮齿动物对生境中资源利用的趋同性较弱，这可能与上一年度部分种类的食物储备有关。

夏季生态位重叠指数最高的种对有 6 对，均大于 0.9，而五趾跳鼠与小毛足鼠的达到了 1,即完全重叠。其他 5 对分别为草原黄鼠与小毛足鼠(0.9291);三趾跳鼠与五趾心颅跳鼠(0.9453)、三趾心颅跳鼠(0.9047);短尾仓鼠与三趾心颅跳鼠(0.9189);五趾心颅跳鼠与三趾心颅跳鼠(0.9487)。这与春季相比有了明显增加,原因一是夏季该地区植被进入旺盛生长季,啮齿动物的可利用食物资源的丰富度相对增加;二是在该荒漠区,即使在植物生长季,其资源条件仍相对较为单一,又限制了啮齿动物对资源利用的多样化,出现生态位高度重叠的结果。而生态位重叠指数等于 0 的种对没有,即生态位的分化与春季相比亦发生了变化,由春季的 4 个种对减少为 0 个种对,这种变化与食物资源的再次分配和相对丰富度增加有关。表中所列 45 个种对中,生态位重叠指数大于 0.5 的种对有 25 对,占总数的 55.6%,表明在夏季荒漠啮齿动物对生境中资源利用的趋同性较春季强。

秋季生态位重叠指数大于 0.9 的种对有 7 对,分别为五趾跳鼠与三趾跳鼠(0.9309)、小毛足鼠(0.9805);三趾跳鼠与小毛足鼠(0.9851)、三趾心颅跳鼠(0.9100);子午沙鼠与黑线仓鼠(0.9411)、短尾仓鼠(0.9492);黑线仓鼠与短尾仓鼠(0.9411)。这比夏季又有所增加。而生态位重叠指数为 0 的种对有 6 对,分别为草原黄鼠与长爪沙鼠、短尾仓鼠、三趾心颅跳鼠;长爪沙鼠与五趾跳鼠、三趾跳鼠、三趾心颅跳鼠。这比夏季增加了 6 对。以上最大限度的生态位重叠指数种对和 0 指数种对的增加,说明在秋季既出现了部分种类对资源利用的相对集中,又出现了部分种类明显的生态位分化。在表中所列 36 个种对中,生态位重叠指数大于 0.5 的有 13 对,占总数的 36.1%,比夏季(55.6%)和春季(44.4%)有显著下降,表明荒漠啮齿动物在秋季对栖息地资源利用的趋同性明显减弱,而趋异性增强。

综上所述,春、夏、秋三个不同季节荒漠啮齿动物的生态位重叠指数的变化趋势是,在不同干扰条件下,春、夏、秋三个季节,荒漠啮齿动物最大限度的生态位重叠指数种对数量在不断增加,由 4 对增加到 7 对。表现出不同干扰维部分荒漠啮齿动物对资源利用的明显趋同性。在三个季节中,共有 17 个种对的生态位重叠指数大于 0.9,均接近于 1。特别是五趾跳鼠与小毛足鼠的生态位重叠指数,在三个季节中均大于 0.9,甚至在夏季达到了 1,两个种的生态位完全重叠。这就给我们提出了一个问题:不同的两个种是否可以占有同一个生态位?

春、夏、秋三个季节中,0 指数种对的数量变化较大,春季有 4 对,夏季没有出现,秋季为 6 对,同时长爪沙鼠与三趾心颅跳鼠的生态位重叠指数始终最低,春、秋季为 0,夏季为 0.0326,接近于 0。三个季节生态位重叠指数大于 0.5 的种对所占总数的比例亦相差较大,夏季(55.6%)明显高于春季(44.4%)和秋季(36.1%)。从表 3.11 中不难看出,在不同干扰条件下,春、夏、秋三个不同季节荒漠啮齿动物最大限度的生态位重叠指数种对和 0 指数种对的种类均发生了显著变化，而只有两个种对未发生变化，即重叠指数大于 0.9 的种对五趾跳鼠与小毛足鼠和重叠指数最低种对长爪沙鼠与三趾心颅跳鼠。可以认为，在不同干扰条件下，荒漠啮齿动物的生态位重叠和生态位分化随着不同生态时间(季节)的变化会发生明显的改变，春、秋季的生态位重叠程度低，分化程度高，且秋季较春季分化程度更高；与之相反，夏季的生态位重叠程度高，而分化程度低。在 4 种不同干扰条件下，随着不同生态时间(季节)的变化，五趾跳鼠与小毛足鼠的生态位重叠始终最高，对不同干扰条件下的资源利用趋于一致，而且始终在生境中共存。长爪沙鼠与三趾心颅跳鼠的生态位分化始终最为明显，不存在资源利用竞争。

一个群落中，种群在生态位维上的分布取决于对环境资源的利用，在生态位空间中聚集在一起的种类，既不是随机的，又不是偶然的。由生态相似的种类构成的类群是群落的一个重要结构特征。Root(1967)首次提出集团(guild)的概念，他认为，集团是以相似方式利用相同等级的环境资源的种类的一个类群。不考虑分类地位而在生态位需求中显著重叠。而且，概念的焦点集中在有竞争相互作用的种类上，不考虑它们的分类相互关系。这个概念的关键问题是：①种类是集合的；②集团内种类间的相似性是由它们所利用的资源而定的(生态位需要)，远比它们的分类更重要；③在集团内竞争很重要。基于对这一概念的理解，在群落的集团结构中，一般是生活方式相似、在生态位空间中聚集在一起的种类形成集团，在集团占有的生态位中，竞争使其产生生态位分离。因此，对不同干扰维荒漠啮齿动物生态位重叠进行聚类分析，以此对不同群落集团进行划分，明确其分布格局。

依据表 3.11 数据，对三个季节不同干扰维荒漠啮齿动物生态位重叠进行聚类分析，结果如图 3.4 所示。

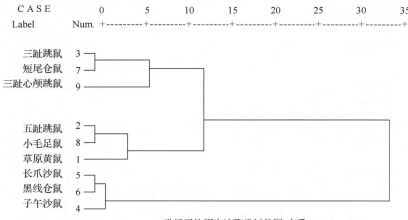

类间平均距离法聚类树状图(春季)

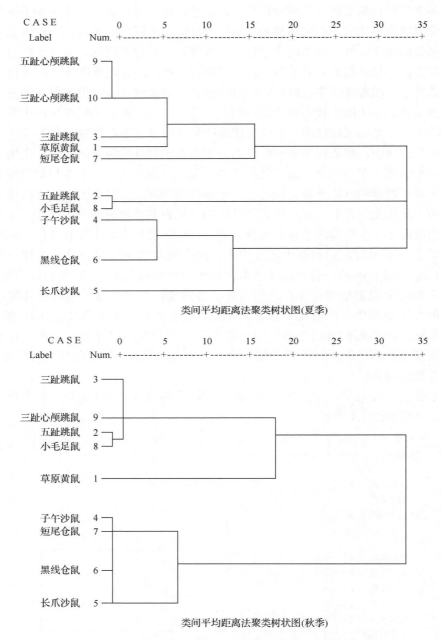

类间平均距离法聚类树状图(夏季)

类间平均距离法聚类树状图(秋季)

图 3.4　不同干扰维荒漠啮齿动物生态位重叠聚类分析图

Fig. 3.4　The figure of cluster analysis for niche overlap of desert rodents under different disturbance

由图 3.4 可知，以欧氏距离(Euclidean distance)的类间平均距离(between-groups linkage)为统一标准(阳含熙和卢泽愚 1981)(啮齿动物对不同干扰维生境资源利用程度)，春、夏、秋三个季节可分别将不同干扰下的啮齿动物群落划分为 2 或 3 个集团。

春季以类间平均距离为 6 划分的 3 个集团分别为：G1，由三趾跳鼠、短尾仓鼠和三趾心颅跳鼠组成；G2，由五趾跳鼠、小毛足鼠和草原黄鼠组成；G3，由长爪沙鼠、黑线仓鼠和子午沙鼠组成。

夏季以类间平均距离为 17 划分的 3 个集团分别为：G1，由五趾心颅跳鼠、三趾心颅跳鼠、三趾跳鼠、草原黄鼠和短尾仓鼠组成；G2，由五趾跳鼠、小毛足鼠组成；G3，由子午沙鼠、黑线仓鼠和长爪沙鼠组成。

秋季以类间平均距离为 20 划分的两个集团分别为：G1，由三趾跳鼠、三趾心颅跳鼠、五趾跳鼠、小毛足鼠和草原黄鼠组成；G2，由子午沙鼠、短尾仓鼠、黑线仓鼠和长爪沙鼠组成。

啮齿动物群落集团的划分与资源的利用关系密切，通过不同干扰维群落的集团划分，可以明确其以相似方式利用相似资源的分布格局，这就是集团结构。

由于不同集团结构的不同分布格局，啮齿动物群落在不同资源维以集团的形式出现，各自占有一定的资源空间，形成一个协调的、完整的层次，从而保证了集团内部成分对资源的充分利用，也保证了群落内的能量流动和物质循环。因此，从这个意义上说，集团不仅是结构单位，也是功能单位，群落功能就是通过集团来实现的，同时也表现出集团结构上的生态分割。

三、关于阿拉善荒漠啮齿动物生态位

(一)生态位分析

就阿拉善荒漠区 11 种主要啮齿动物的空间生态位宽度指数来看，子午沙鼠、五趾跳鼠和三趾跳鼠较高，为 0.641～0.842。在生境条件较为单一和相对严酷的荒漠地区，这三种啮齿类表现出对荒漠生境较强的适应性。从表 3.3 可知，这三种啮齿类在 7 类生境中均有分布，而且在 52 个样地中的丰富度最高(73.7%)，又均为夜行性(马勇等 1987；赵肯堂 1981)，如果其生态位时间维没有明显差异，则只有在空间生态位上出现不同程度的分化，才会在相同资源等级利用中共存。

从 11 种主要啮齿动物的空间生态位重叠指数来看，大于 0.9 的种对有 9 对(表 3.7)，其中短尾仓鼠、长尾仓鼠和黑线仓鼠 3 种之间及三趾跳鼠与小毛足鼠的生态位重叠指数最高，分别为 0.972～0.986 和 0.980。前三种啮齿类在生境的选择上均较为喜湿而不耐旱，因此在荒漠区主要分布于非地带性的隐域性生境中，特别是在人工草地和农田中数量明显增高(Connell 1978)，三种啮齿类均为夜行性(马勇等 1987；赵肯堂 1981），且个体差异不大，所以只有对资源等级的利用存在明显分化才能在生境中共存。三趾跳鼠与小毛足鼠在荒漠区属于相对耐旱的种类，这两种啮齿类的生物学特性存在明显差异（马勇等 1987；赵肯堂 1981），但生态位重叠程度高，表明其对资源的利用趋于一致。

在较为喜湿的啮齿类中，长尾仓鼠和黑线仓鼠与典型的荒漠种类长耳跳鼠、三趾心颅跳鼠、肥尾心颅跳鼠、巨泡五趾跳鼠的生态位重叠指数为 0 或近于 0，表明前两种与后 4 种荒漠啮齿动物的资源利用完全不同，存在明显的差异，生态位分化显著，不存在资源利用竞争。与此类似，长耳跳鼠与三趾心颅跳鼠、肥尾心颅跳鼠的生态位分化亦十分明显。

Shannon-Wiener 指数、Simpson 指数和 Levins 指数三种生态位宽度指数均可用于荒漠啮齿动物的生态位宽度指数测度，通过分析比较认为 Shannon-Wiener 指数更适宜于荒漠啮齿动物空间生态位宽度的测度。Colwell 和 Futuyma 指数、Levins 指数和 Pianka 指数三种生态位重叠指数均可反映荒漠啮齿动物生物学特性的相似程度及空间生态位结构，但 Pianka 指数更能准确反映阿拉善荒漠区主要啮齿动物的生物学特性，在空间生态位重叠测度上较其他方法有更为合理的生态学解释，分析认为 Pianka 指数更适合于荒漠区啮齿动物的空间生态位重叠测度。

（二）干扰与生态位

生态位研究已被许多生态学工作者所关注（Hames et al. 2001；Gaston 2000a，2000b；Hector et al. 1999；Jackson 1997；Holling 1992；Hubbell and Foster 1986；Frontier 1985），目前国内的研究多集中于对植物群落中不同种群的多维生态位分析（Hames et al. 2001；Gaston 2000a，2000b；Hector et al. 1999；Hooper et al. 1997；Holling 1992；Hubbell and Foster 1986），为不同资源的合理利用提供了一定的科学依据。内蒙古阿拉善荒漠区位于亚洲内陆中心，是我国典型的温带荒漠和干旱脆弱生态系统，生态环境条件十分严酷，动物的可利用资源在数量和质量上与湿润区、半干旱区存在差异，啮齿动物的分布具有明显的区域性特征（孙庆 1997；马勇等 1987；赵肯堂 1981）。近年来人为干扰不断加重，使得该地区的荒漠化日益严重。依赖于植物生存的动物种群和群落格局随之受到干扰的明显影响。干扰总是作用于一定的生态学过程而且相互联系非常紧密，并对过程产生影响。干扰所产生的生态效应也总是通过一定的过程变化而表现出来，它是干扰力介入、干预并渗透到各生态因子之间的相互作用在生态过程上表现的反馈效应，是干扰结果的具体表现。有研究认为，干扰的一个突出作用是导致生态系统中各类资源的改变和生态系统结构的重组，干扰的生态环境影响有利有弊，不仅取决于干扰本身的性质，还取决于干扰作用的客体，适度的干扰可以促进生物多样性和生物资源的保护（陈利顶和傅伯杰 2000）。因此，基于生境的不同干扰水平即是影响动物空间分布的重要因素。干扰同时也具有一定的尺度效应，以不同的研究尺度考察某一相同性质的干扰，所表现的干扰性质、特征及效应也不一定相同。通过对干扰效应的分析，可以更好地探究干扰的性质、特征及发生、发展规律。本研究通过在阿拉善荒漠区选择的 4 种不同人为干扰生境类型，对啮齿动物生态位及其与可利用资源之间的关系进行探讨，分析不同干扰条件下动物种群在群落中的地位和作用，可以揭示荒漠啮齿动物群落格局及动态与人为干扰影响荒漠区生物多样性的生态过程的关系。

(三)竞争与生态位

不同的两个种是否可以占有同一个生态位？生态位概念可以很好地解释资源利用方式明显不同的物种间的共存，生态学相似的物种可以占有同一生态位。Hubbell 和 Foster(1986)关于热带雨林群落的研究，Den Boer(1986)关于白桦林地表甲虫的研究，以及 Van der Maarel 和 Sykes(1993)关于欧洲石灰岩草地群落的研究，Lamont 和 Bergl(1991)关于澳大利亚西部灌木群落的研究，都发现一个生态位一个物种的理论不能提供令人满意的解释。在他们的工作中，许多物种看起来共同享有同一个生态位。张大勇和姜新华(1997)提出群落内物种多样性发生与维持的一个假说，取消了传统理论中一个种一个生态位的限制，他们认为，由于多个物种可占有同一生态位，历史因素、偶然事件及物种侵入次序都将影响群落结构。尤其重要的是，群落将是非饱和的，即新的外来物种可随时侵入并与现存的某些种共享同一生态位。在许多情形下，可能很难对群落内生态位进行计数，生态位数量取决于怎样定义群落，因为生态位本身就是一个很难定量的模糊概念。事实上，占有不同生态位的物种之间也可能存在相互影响、相互制约，只是它们之间的相互作用强度远低于生态位内物种之间的相互作用强度。他们同时认为，生态学中确定同资源集团(guild)的方法可以平行地移植过来，用于确定一个群落内现有生态位的数量(张大勇和姜新华 1997)。本研究对不同干扰维荒漠啮齿动物生态位的研究结果也支持了以上假说的观点：多个物种可占有同一生态位。

竞争现象直到目前为止，还难以在自然界中直接进行观察(尚玉昌 1998)，特别是小型哺乳动物的种间和种内竞争更是如此，所以深入分析共存物种之间在不同空间条件和不同季节的资源再分配问题对研究生态位与竞争的关系显得非常重要。就阿拉善荒漠区三个年度的研究来看，上述啮齿动物最大限度的生态位重叠指数种对和 0 指数种对的种类在不同空间条件和不同季节存在明显区别，这种区别从竞争的角度分析，可以认为生态位重叠和分化趋势有变化的种类，其种间竞争程度较强；反之，则较弱。一般认为，竞争强度应当与在特定资源梯度上所观察到的生态位重叠值成正比(尚玉昌 1998；王刚等 1984)。而本研究特定资源梯度没有改变，之所以出现在不同季节特定资源梯度上最大限度的生态位重叠和分化的变化，是因为资源量、资源满足生物需要的程度及对取食有影响的食物形态差异(植物的根、茎、叶、种子和小型昆虫等)可能决定了动物生态位的改变，从而出现生态位移动(niche shift)，导致竞争种类之间生态位分离和共存物种之间在不同空间条件下和不同季节的资源再分配。因此，可利用资源在不同季节的变化是影响啮齿动物种间竞争和生态位改变的重要因素。

(四)资源利用与生态位

生态位宽度是一个生物所利用的各种资源之总和，生态位越宽，该物种的特化程度就越小，也就是说它更倾向于一个泛化物种；相反，一个物种的生态位越窄，该物种的特化程度就越强，更倾向于是一个特化物种(尚玉昌 1998)。就阿拉善荒漠区的啮齿动物来看，在不同空间条件下与不同季节，物种的生态位宽度有非常明显的变化(表 3.10)。因此，通过生态位宽度指标的测度，可以明确在一定生态尺度下啮齿动物的泛化与特化种也是相对的，在不同的空间条件下与不同季节存在替代现象。这种特征上的变化可以认为是动物对环境变化做出的短期的生态反应。

减少竞争的方式一般有两种：其一，减少生态位的重叠；其二，扩大生态位的宽度。前者通过形态、生理、行为的变化来改变对资源的利用，其结果是物种的特化；后者通过扩大资源利用范围，减少种间相遇的可能性，其结果是物种的泛化。一般认为，资源丰富对特化者有利，资源短缺对泛化者有利。

(五)生态尺度与生态位

尺度是生态学中一个重要的基本概念，已受到广泛关注(丁圣彦 2004)。对任何一种生态学过程做出认识、评价和预测均需要有正确的生态尺度。生态位测度，在不同干扰条件下如何选择合适的生态尺度，也是与本研究有关的问题之一。有的学者认为(丁圣彦 2004)，理论上尺度选择应该是把生物、非生物和人类过程关联起来的最佳尺度，但是尺度选择却经常按照人的感知能力或技术和逻辑关系的限制来完成。实际上尺度选择往往由于受到时间、空间、环境及研究对象的性质和复杂程度等因素的影响而被制约。因此，一些学者对生态尺度进行了不同程度的划分(丁圣彦 2004；吕一河和傅伯杰 2001；邬建国 2000；Delcourt et al. 1983)，再根据不同的研究对象和目的进行必要的尺度和等级转换，同时这种转换要符合数值化处理和标准的要求。本研究在每种干扰下设置 4 个 10hm² 的样地，以 40hm² 尺度测度了不同季节啮齿动物生态位，与小尺度样地(如 1hm²)和更大尺度样地的测度结果可能存在差异，但这也是一种生态学过程在一定尺度域中具体性质的反映。这就又给我们提出一个问题：在广大的荒漠区，不同干扰条件在何种尺度和不同尺度在何种干扰条件下的生态学过程的生态学意义更具代表性？这也是本研究要探讨的一个重要问题。

第三节　荒漠啮齿动物群落与生态因子的关联

一、啮齿动物群落

依据区系调查的"样地-种多度(捕获率)"原始数据矩阵,应用快速聚类方法,并结合生境中地带性植被类型的综合特征,该荒漠区啮齿动物可划分为 6 个地带性群落(武晓东等 2003a)。

群落Ⅰ:小毛足鼠+三趾跳鼠+子午沙鼠群落。该群落分布于荒漠区的沙地及流动沙丘生境中,沙地建群植物为绵刺(*Potaninia mongolica*)、红砂(*Reaumuria soongorica*)、白刺(*Nirtraria* sp.),流动沙丘中分布有斑块状的白刺。该群落由 6 种啮齿类组成,小毛足鼠在群落中占绝对优势,丰富度为 48.5%,三趾跳鼠和子午沙鼠次之,分别为 21.2%和 19.2%。

群落Ⅱ:长尾仓鼠+大林姬鼠群落。该群落集中分布于贺兰山的青海云杉(*Picea crassifolia*)林地和林缘灌丛中。由于受贺兰山植被垂直分布的影响,该群落的生境与其他生境相比植物种类最丰富,土壤较为湿润,海拔 2550m,完全有别于水平的荒漠地带性群落。该群落由 4 种啮齿类组成,长尾仓鼠和大林姬鼠在生境中表现为明显的共栖,数量差异并不明显,这与丰富的可利用资源有关。两种啮齿类在群落中丰富度分别为 47.4%和 44.2%。

群落Ⅲ:五趾跳鼠+子午沙鼠+三趾跳鼠群落。该群落在荒漠区的分布最为广阔,生境基质以沙地为主,仅有少量盐化灌丛。建群植物以白刺、绵刺、红砂为主。表现为明显的地带性分布特征,该群落由 17 种啮齿类组成,五趾跳鼠、子午沙鼠和三趾跳鼠的丰富度分别为 29.4%、22.2%和 19.5%。

群落Ⅳ:三趾跳鼠+小毛足鼠+子午沙鼠群落。该群落主要分布于荒漠区的固定沙丘地带,生境中植被稀疏,建群植物分布极不均匀,呈斑块状,但土壤水分含量较高。该群落由 5 种啮齿类组成,三趾跳鼠占绝对优势,丰富度为 69.7%。

群落Ⅴ:长耳跳鼠+五趾跳鼠群落。生境基质为砾质沙地,植被极其稀疏,土壤水分含量极低,生境条件严酷,主要建群植物为梭梭(*Haloxylon ammodendron*)、白刺。群落由 5 种啮齿类组成,长耳跳鼠优势明显,丰富度为 54.7%,五趾跳鼠为 20.3%。

群落Ⅵ:子午沙鼠+黑线仓鼠群落。集中分布于人工草地及农田中,生境中土壤水分相对适中,植物组成单一,与群落Ⅰ、Ⅱ、Ⅳ相比,啮齿类数量和种类明显偏高,这与人为干扰的加重有相当大的关系。群落由 7 种啮齿类组成,子午沙鼠占绝对优势,丰富度为 66.5%。

以上地带性啮齿动物群落是基于阿拉善荒漠区大地理范围内与地带性植被相

结合的划分。在此基础上，本研究以不同干扰和尺度下群落组成成分为分析依据。

二、植物群落

分布在阿拉善荒漠中的植物种类共有 612 种，分属于 72 科 322 属（周志宇 1990）。组成成分以菊科、蒺藜科、柽柳科、蔷薇科和藜科为最多。按照植物生物学特性来分析，强旱生的灌木与半灌木是最主要的生活型，其次是旱生多年生草本植物，一年生植物种类也比较丰富，中生乔木树种只有胡杨、沙枣，盐生植物与泌盐性植物是重要的生态类群，在沼泽低地上也分布着一些中生、湿生与水生草本植物。

在上述植物区系背景上所发育的天然植被，主要是地带性荒漠植被的多种生态变型，在沼泽地上分布着草本沼泽群落，在盐化低地上，因盐分的差异，分布着盐化草甸、盐生灌丛与盐生荒漠等群落类型，在流动沙地上只有稀疏的先锋植物。

荒漠植被的群落类型，主要是适应不同的地表组成物质而发育形成的。沙漠区分布最广的是油蒿（*Artemisia ordosica*）沙质荒漠、籽蒿（*Artemisia sphaerocephala*）沙质荒漠、小果白刺（*Nitraria sibirica*）沙质荒漠。这些群落一般可达到郁闭和半郁闭的结构，形成固定、半固定沙地。沙漠区北部的许多沙层较浅的沙地上，发育成沙冬青（*Ammopiptanthus mongolicus*）沙质荒漠。

在大陆性干旱气候条件下，由于地形部位与地表组成物质的不同，分别形成了不同的草场类型。分布最广的是灌木、半灌木荒漠所构成的固定、半固定沙地草场与薄层复沙地草场。北部山地是由灌木与半灌木植物所组成的石砾质山地草场。在盐渍低地，是多种盐生植物所构成的草场。在星散分布的湖盆与下湿地地区，形成许多小面积的草甸与沼泽草场。阿拉善荒漠区的天然草场可分为 16 个类型，如表 3.12 所示。

表 3.12　阿拉善荒漠区天然草场的类型[①]

Table 3.12　The types of natural grassland in Alashan Desert

天然草牧场类型	面积/万 hm²	占草地总面积的比例/%	占沙漠区总面积的比例/%
1. 小针茅、红砂、葱类沙砾质山地草场	1.24	2.1	1.0
2. 霸王柴、松叶猪毛菜砾石质丘陵低山草场	4.92	8.2	4.0
3. 红砂、珍珠柴砾石质丘陵低山草场	5.65	9.4	4.6
4. 油蒿固定、半固定沙地草场	8.28	13.5	6.6
5. 白沙蒿、白刺固定、半固定沙地草场	9.44	15.7	7.7
6. 白刺覆沙地草场	6.16	10.2	5.0
7. 沙冬青覆沙地草场	4.25	7.1	3.5
8. 柠条锦鸡儿、猫头刺覆沙地草场	2.42	4.0	1.9

续表

天然草牧场类型	面积/万 hm²	占草地总面积的比例/%	占沙漠区总面积的比例/%
9. 猫头刺覆沙地草场	2.28	3.8	1.8
10. 梭梭覆沙地草场	1.04	1.8	0.9
11. 沙竹、沙米、花棒半流动沙地草场	3.08	5.1	2.5
12. 芦苇、香蒲沼泽低地草场	1.86	3.1	1.5
13. 盐爪爪盐渍低地草场	2.88	4.8	2.3
14. 柽柳、白刺覆沙盐渍低地草场	2.72	4.6	2.2
15. 芨芨草、白刺、苦豆子盐化低地草场	2.26	3.7	1.7
16. 碱蓬、盐角草盐渍低地草场	1.77	2.9	1.3
总计	60.25	100	48.5

①此表引自刘仲龄先生2005年《阿拉善生态环境的综合整治应以绿洲建设为中心》学术讲座内容

三、啮齿动物群落与植物群落的相关性

生态系统功能与其中的动植物群落特征密切相关。为了进一步研究荒漠生态系统在不同干扰条件下动物群落和植物群落之间的相互影响和变动关系，本研究对选择的4种干扰类型（开垦区、轮牧区、过牧区、禁牧区），在小尺度样地(1hm²)和大尺度样地(40hm²)两个研究尺度上应用典型相关分析(CCA)方法，分析动植物群落之间的相关性。在每种干扰类型中动物群落变量组由群落组成种的丰富度（捕获量比例）、生物量比例构成，植物群落变量组由灌木的高度、盖度、密度及地上生物量（干重）和草本的高度、盖度、密度及地上生物量（干重）构成，进行两组变量整体之间的相关性分析。

(一)小尺度样地4种不同干扰下动物群落与植物群落的典型相关分析

不同干扰条件下小尺度样地啮齿动物群落组成如表3.13所示。进行典型相关分析时，对表3.13进行相应转换，以 $X_1 \sim X_{16}$ 分别代表动物变量组的变量，其中：X_1 为五趾跳鼠的丰富度；X_2 为五趾跳鼠的生物量比例；X_3 为三趾跳鼠的丰富度；X_4 为三趾跳鼠的生物量比例；X_5 为子午沙鼠的丰富度；X_6 为子午沙鼠的生物量比例；X_7 为黑线仓鼠的丰富度；X_8 为黑线仓鼠的生物量比例；X_9 为小毛足鼠的丰富度；X_{10} 为小毛足鼠的生物量比例；X_{11} 为长爪沙鼠的丰富度；X_{12} 为长爪沙鼠的生物量比例；X_{13} 为短尾仓鼠的丰富度；X_{14} 为短尾仓鼠的生物量比例；X_{15} 为草原黄鼠的丰富度；X_{16} 为草原黄鼠的生物量比例。

以 $X_{17} \sim X_{24}$ 分别代表植物变量组的变量，其中：X_{17} 为灌木高度；X_{18} 为灌木盖度；X_{19} 为灌木密度；X_{20} 为灌木地上生物量；X_{21} 为草本高度；X_{22} 为草本盖度；X_{23} 为草本密度；X_{24} 为草本地上生物量。

首先对 4 种干扰类型中啮齿动物群落构成的变量组进行 PCA,结果见表 3.14。

由表 3.14 可知小尺度样地的 4 种干扰类型中啮齿动物群落变量组在前 3~4 维主成分的累积方差贡献率均达到 70%以上,各变量在前 3~4 维主成分上的因子负荷量最大者分别如下。

开垦区为:黑线仓鼠丰富度(X_7),小毛足鼠生物量比例(X_{10}),草原黄鼠生物量比例(X_{16})和五趾跳鼠丰富度(X_1)。

轮牧区为:草原黄鼠丰富度(X_{15}),三趾跳鼠丰富度(X_3),小毛足鼠生物量比例(X_{10})和短尾仓鼠丰富度(X_{13})。

过牧区为:小毛足鼠生物量比例(X_{10}),五趾跳鼠生物量比例(X_2)和草原黄鼠丰富度(X_{15})。

禁牧区为:子午沙鼠丰富度(X_5),五趾跳鼠丰富度(X_1)和黑线仓鼠丰富度(X_7)。

附表 1~附表 4(见附录)是 4 种不同干扰类型(小尺度)中动物群落与植物群落的典型相关分析结果。由此可知,4 种干扰类型的第一或第二典型相关变量其累积方差贡献率均超过 70%以上(开垦区为 82.47%;轮牧区为 86.79%;过牧区为 77.12%;禁牧区为 78.08%),说明其第一及第二典型相关变量即可代表动物和植物两变量组整体的 77%以上的信息量。各种干扰类型的显著性检验为开垦区达到显著差异($P<0.05$),其他三种均达到极显著差异水平($P<0.01$),多变量的多种统计检验也均达到极显著水平。

表 3.13　不同干扰条件下小尺度样地啮齿动物群落组成

Table 3.13　The component species of rodent communities under different disturbance in sites of small scale

	鼠种	五趾跳鼠	三趾跳鼠	草原黄鼠	小毛足鼠	子午沙鼠	黑线仓鼠	短尾仓鼠	长爪沙鼠	Σ
2002	禁牧区	0.094	0.132	0.038	0.415	0.264	0.057	0	0	1
	过牧区	0.216	0.353	0.020	0.196	0.157	0.059	0	0	1
	轮牧区	0.116	0.101	0.029	0.101	0.638	0	0.015	0	1
	开垦区	0.057	0	0.094	0.113	0.434	0.302	0	0	1
2003	禁牧区	0.116	0.036	0.063	0.071	0.616	0.098	0	0	1
	过牧区	0.047	0.103	0.094	0.131	0.598	0.028	0	0	1
	轮牧区	0.087	0.039	0.039	0.231	0.567	0.019	0.019	0	1
	开垦区	0.010	0	0.010	0.031	0.265	0.561	0	0.122	1
2004	禁牧区	0.113	0.024	0.036	0.191	0.566	0.071	0	0	1
	过牧区	0.110	0.238	0.043	0.055	0.524	0.031	0	0	1
	轮牧区	0.032	0.011	0.021	0.149	0.723	0.064	0	0	1
	开垦区	0.208	0	0.017	0.033	0.625	0.067	0	0.050	1

注：表中数据为丰富度

表 3.14　不同干扰条件下（小尺度）动物群落变量组的 PCA

Table 3.14　The PCA analysis of rodent communities under different disturbance（small scale）

干扰方式	开垦区	轮牧区	过牧区	禁牧区
变量	P_1、P_2、P_3、P_4、X_5、X_6、X_{14}、X_2、X_7、X_9	P_1、P_2、P_3、P_4、P_5、X_4、X_{11}、X_9、X_{13}、X_7、X_5	P_1、P_2、P_3、P_4、P_5、X_3、X_5、X_1、X_{11}、X_{15}、X_{10}	P_1、P_2、P_3、X_3、X_6、X_{14}、X_7
累积方差贡献率	0.8682	0.7922	0.8413	0.7905

注：表中 P_1，P_2，…，P_n 为主成分变量。下同

因此，对于 4 种不同干扰条件下动物群落与植物群落之间的相互关系可得到如下公式。

开垦区：$FSD1=-0.3757X_1-0.2968X_7+0.5667X_{10}+0.8248X_{16}$

$FSD2=0.2125X_1-0.1066X_7+0.7796X_{10}-0.4107X_{16}$

$ZB1=-0.1904X_{17}-0.7512X_{18}+0.1193X_{19}+0.1514X_{20}$

$-0.0177X_{21}+0.8085X_{22}-0.4137X_{23}+0.6803X_{24}$

$ZB2=-0.7844X_{17}+0.4921X_{18}-0.9180X_{19}-0.0599X_{20}$

$$-0.4040X_{21}-0.5155X_{22}+0.5320X_{23}+0.6388X_{24} \tag{3.9}$$

轮牧区：$FSD1=0.0801X_3-0.1650X_{10}+0.9772X_{13}-0.0340X_{15}$

$ZB1=0.0558X_{17}+0.6066X_{18}+0.0001X_{19}+0.0370X_{20}$

$$-0.1687X_{21}-0.5893X_{22}+0.0664X_{23}+0.6651X_{24} \tag{3.10}$$

过牧区：$FSD1=0.6307X_2+0.7942X_{10}-0.1822X_{15}$

$ZB1=-0.6983X_{17}-0.1369X_{18}+0.6355X_{19}+0.7070X_{20}$

$$-0.0607X_{21}+0.5450X_{22}+0.3681X_{23}+0.2200X_{24} \tag{3.11}$$

禁牧区：$FSD1=-0.5337X_1-0.4736X_5+0.5849X_7$

$ZB1=0.1399X_{17}+1.5946X_{18}-0.4196X_{19}+0.1628X_{20}$

$$-0.0670X_{21}-0.7438X_{22}+0.3149X_{23}-0.0993X_{24} \tag{3.12}$$

由公式（3.9）可知，开垦区动物群落变量指标的第一和第二典型变量主要由 X_{16}（草原黄鼠的生物量比例）和 X_{10}（小毛足鼠的生物量比例）决定，植物群落变量指标的第一典型变量主要由 X_{18}（灌木的盖度）和 X_{22}（草本的盖度）决定，第二典型变量主要由 X_{19}（灌木的密度）和 X_{24}（草本的地上生物量）决定。X_{16}、X_{10} 和 X_{18}、X_{19} 符号相反，表明存在负相关关系，即草原黄鼠和小毛足鼠生物量比例越大，灌木的盖度和密度越小，而 X_{16}、X_{10} 和 X_{22}、X_{24} 的符号相同，表明存在正相关关系，即草本的盖度和地上生物量越大，草原黄鼠和小毛足鼠的生物量比例越大。

由公式(3.10)可知，轮牧区动物群落变量指标的第一典型变量主要由 X_{13}(短尾仓鼠的丰富度)决定，植物群落变量指标的第一典型变量主要由 X_{22}(草本的盖度)和 X_{24}(草本的地上生物量)决定，X_{13} 和 X_{22} 符号相反，表明存在负相关关系，即短尾仓鼠的丰富度越大，草本的盖度越小，而 X_{13} 和 X_{24} 的符号相同，表明存在正相关关系，即草本的地上生物量越大，短尾仓鼠的丰富度越大。

由公式(3.11)可知，过牧区动物群落变量指标的第一典型变量主要由 X_{10}(小毛足鼠的生物量比例)决定，植物群落变量指标的第一典型变量主要由 X_{17}(灌木的高度)和 X_{20}(灌木的地上生物量)决定，X_{10} 和 X_{17} 的符号相反，表明存在负相关性，即小毛足鼠生物量比例越大，灌木的高度越小，反之则越大；X_{10} 与 X_{20} 的符号相同，表明存在正相关关系，即小毛足鼠的生物量比例越大，灌木的地上生物量越大，反之则越小。

由公式(3.12)可知，禁牧区动物群落变量指标的第一典型变量主要由 X_7(黑线仓鼠的丰富度)决定，植物群落变量指标的第一典型变量主要由 X_{18}(灌木的盖度)和 X_{22}(草本的盖度)决定，X_7 与 X_{18} 符号相同，表明存在正相关关系，即灌木的盖度越大，黑线仓鼠的丰富度越大。X_7 和 X_{22} 的符号相反，表明存在负相关关系，即草本的盖度越小，黑线仓鼠的丰富度越大。

(二)大尺度样地 4 种不同干扰下动物群落与植物群落的典型相关分析

对 4 种干扰类型大尺度样地动物群落构成的变量组进行 PCA，结果见表 3.15。

表 3.15　不同干扰条件下(大尺度)动物群落变量组的 PCA
Table 3.15　The PCA of rodent communities under different disturbance(large scale)

干扰方式	开垦区	轮牧区	过牧区	禁牧区
变量	P_1、P_2、P_3、P_4、X_5、X_6、X_{14}、X_2、X_7、X_9	P_1、P_2、P_3、P_4、P_5、X_4、X_{11}、X_9、X_{13}、X_7、X_5	P_1、P_2、P_3、P_4、P_5、X_3、X_1、X_{11}、X_{15}、X_5、X_{10}	P_1、P_2、P_3、X_6、X_{14}、X_7
累积贡献率	0.8270	0.8074	0.8140	0.8111

由表 3.15 可知，大尺度样地的 4 种干扰类型中啮齿动物群落变量组在前 3～5维主成分的累积方差贡献率均达到 80%以上，各变量在前 3～5 维主成分上的因子负荷量最大者分别如下。

开垦区：子午沙鼠的丰富度(X_5)，黑线仓鼠的丰富度(X_7)，子午沙鼠的生物量比例(X_6)，小毛足鼠的丰富度(X_9)，短尾仓鼠的生物量比例(X_{14})，五趾跳鼠的生物量比例(X_2)。

轮牧区：三趾跳鼠的生物量比例(X_4)，子午沙鼠的丰富度(X_5)，黑线仓鼠的丰富度(X_7)，小毛足鼠的丰富度(X_9)，长爪沙鼠的丰富度(X_{11})，短尾仓鼠的丰富度(X_{13})。

过牧区：五趾跳鼠的丰富度(X_1)，三趾跳鼠的丰富度(X_3)，子午沙鼠的丰富度(X_5)，小毛足鼠的生物量比例(X_{10})，长爪沙鼠的丰富度(X_{11})，草原黄鼠的丰富度(X_{15})。

禁牧区：三趾跳鼠的丰富度(X_3)，子午沙鼠的生物量比例(X_6)，黑线仓鼠的丰富度(X_7)，短尾仓鼠的生物量比例(X_{14})。

附表5～附表8(见附录)是4种不同干扰类型(大尺度样地)动物群落与植物群落的典型相关分析结果。由此可知，4 种干扰类型的第一典型相关变量其累积方差贡献率较之小尺度样地的小，只达到 45%～70%(开垦区为 70.97%；轮牧区为59.76%；过牧区为 52.16%；禁牧区为 45.26%)，而第二和第三典型相关变量的累积方差贡献率均可达到 76%以上，可以满足数值化标准的要求。各种干扰类型的显著性检验表明，轮牧区达到显著差异水平($P<0.05$)，开垦区和禁牧区达到极显著差异水平($P<0.01$)，多变量的多种统计检验也均达到显著或极显著差异水平。而过牧区的动物群落与植物群落的相关关系显著性检验较差，未能达到显著性水平($P>0.05$)，其分析结果可以作为参考。因此，对于 4 种不同干扰条件下动物群落与植物群落之间的相互关系可得到如下公式。

开垦区：
$$FSD1=0.5505X_2+0.0317X_5+0.1554X_6+0.1207X_7-0.1921X_9+1.0078X_{14}$$
$$FSD2=-0.8802X_2-0.0590X_5+0.1550X_6-0.2060X_7-0.1622X_9+0.2366X_{14}$$
$$ZB1=0.2240X_{17}-0.4594X_{18}-0.3933X_{19}+0.5072X_{20}$$
$$+0.2475X_{21}+1.2203X_{22}-0.1572X_{23}-0.1086X_{24}$$
$$ZB2=-0.1975X_{17}-1.0875X_{18}+1.2921X_{19}-0.8171X_{20}$$
$$-1.0074X_{21}+0.3357X_{22}+0.1843X_{23}+1.0266X_{24} \tag{3.13}$$

轮牧区：
$$FSD1=0.1479X_4-0.7038X_5+0.1642X_7-0.8835X_9+0.1371X_{11}+0.0755X_{13}$$
$$FSD2=-0.0678X_4+0.4595X_5+0.6464X_7-0.3503X_9-0.5520X_{11}+0.0060X_{13}$$
$$ZB1=-1.9117X_{17}+1.7440X_{18}-0.3879X_{19}+0.0845X_{20}$$
$$+0.3205X_{21}-4.5239X_{22}-0.5019X_{23}+5.2561X_{24}$$
$$ZB2=-1.4400X_{17}+2.0632X_{18}-0.3163X_{19}-0.7958X_{20}$$
$$+0.3925X_{21}-7.2438X_{22}-0.4026X_{23}+7.0557X_{24} \tag{3.14}$$

过牧区：
$$FSD1=0.3572X_1+1.0969X_3-0.0091X_5+0.4234X_{10}-0.1653X_{11}-0.1964X_{15}$$
$$FSD2=-1.2636X_1-2.6430X_3-2.2714X_5-2.1896X_{10}-0.0744X_{11}+0.2076X_{15}$$
$$ZB1=-0.5963X_{17}+0.7427X_{18}-1.7975X_{19}-0.2337X_{20}$$
$$+0.4793X_{21}+1.7321X_{22}+0.7466X_{23}-0.6532X_{24}$$
$$ZB2=-0.0805X_{17}+0.5297X_{18}-0.3211X_{19}+0.2901X_{20}$$
$$+0.9208X_{21}-0.0920X_{22}+0.1814X_{23}-0.0120X_{24} \tag{3.15}$$

$$禁牧区：FSD1=-0.3626X_3+0.4930X_6+0.7793X_7-0.1978X_{14}$$
$$FSD2=-0.2059X_3-0.1773X_6-0.0227X_7+0.8765X_{14}$$
$$FSD3=0.9048X_3-0.0767X_6+1.0145X_7+0.0553X_{14}$$
$$ZB1=0.4009X_{17}-0.4838X_{18}-0.1734X_{19}-0.1618X_{20}$$
$$+0.1491X_{21}-0.3018X_{22}+0.7381X_{23}+0.3870X_{24}$$
$$ZB2=0.2650X_{17}+1.9959X_{18}-0.6662X_{19}-0.5627X_{20}$$
$$+0.7053X_{21}-1.3189X_{22}-1.1648X_{23}+1.2995X_{24}$$
$$ZB3=0.2251X_{17}-0.1058X_{18}+0.0899X_{19}-0.5048X_{20}$$
$$-0.1922X_{21}+0.7561X_{22}-2.3409X_{23}+2.6334X_{24} \tag{3.16}$$

由公式(3.13)可知，大尺度样地的开垦区动物群落变量指标的第一典型变量主要由 X_{14}(短尾仓鼠的生物量比例)决定，第二典型变量主要由 X_2(五趾跳鼠的生物量比例)决定，其植物群落变量指标的第一典型变量主要由 X_{22}(草本的盖度)决定，第二典型变量主要由 X_{19}(灌木的密度)决定。X_{14} 与 X_{22}、X_{19} 的符号相同，说明存在正相关关系，即草本的盖度越大，灌木的密度越高，短尾仓鼠的生物量比例越大，X_2 与 X_{22}、X_{19} 的符号相反，说明存在负相关关系，即草本的盖度越大，灌木的密度越高，五趾跳鼠的生物量比例越低。

由公式(3.14)可知，大尺度样地的轮牧区其动物群落变量指标的第一典型变量主要由 X_9(小毛足鼠的丰富度)决定，第二典型变量主要由 X_7(黑线仓鼠的丰富度)决定，其植物群落变量指标的第一典型变量主要由 X_{24}(草本地上生物量)决定，第二典型变量主要由 X_{22}(草本的盖度)决定。X_9 与 X_{24} 的符号相反，说明存在负相关关系，与 X_{22} 的符号相同，说明存在正相关关系，即草本地上生物量越高或草本的盖度越低，小毛足鼠的丰富度越小。X_7 与 X_{22} 的符号相反，说明存在负相关关系，与 X_{24} 的符号相同，说明存在正相关关系，即草本的盖度越低或草本地上生物量越高，黑线仓鼠的丰富度越高。

由公式(3.15)可知，大尺度样地的过牧区其动物群落变量指标的第一和第二典型变量均主要由 X_3(三趾跳鼠的丰富度)决定，由于本区动物群落与植物群落的相关性未达显著水平，而第一典型变量所占信息量远比第二典型变量大，因此分析只考虑第一典型变量。其植物群落变量指标的第一典型变量主要由 X_{19}(灌木的密度)决定，第二典型变量主要由 X_{21}(草本的高度)决定。X_3 与 X_{19} 的符号相反，说明存在负相关关系，即灌木的密度越高，三趾跳鼠的丰富度越小。X_3 与 X_{21} 的符号相同，说明存在正相关关系，即草本的高度越高，三趾跳鼠的丰富度越大。

由公式(3.16)可知，大尺度样地的禁牧区其动物群落变量指标的第一典型变量主要由 X_7(黑线仓鼠的丰富度)决定，第二典型变量主要由 X_{14}(短尾仓鼠的生物量比例)决定，第三典型变量主要由 X_7(黑线仓鼠的丰富度)决定，其植物群落变量指标的第一典型变量主要由 X_{23}(草本的密度)决定,第二典型变量主要由 X_{18}(灌木的盖度)决定,第三典型变量主要由 X_{24}(草本的地上生物量)决定。X_7、X_{14} 与 X_{23}、X_{18}、X_{24} 的符号相同,说明存在正相关关系,即较大尺度下禁牧干扰区,草本的密度、地上生物量越大,灌木的盖度越高,黑线仓鼠的丰富度和短尾仓鼠的生物量比例越大。

在两种观察尺度域上,动物群落变量与植物群落变量的典型相关分析表现为动物群落变量与草本关系最为突出,在分析的两个尺度的 8 个样地中,除小尺度样地的过牧区外,其他 7 个样地均与草本关系密切,且绝大多数样地动物群落变量与草本的盖度和地上生物量呈负相关关系,这说明荒漠生态系统中在各种干扰条件下,草本的特性,特别是草本的盖度和地上生物量对啮齿动物群落格局及其动态变化起到关键作用,其值越大,啮齿动物群落组成种的丰富度(数量)和生物量比例就越小。

就同一种干扰条件下的两种尺度域上的情况看,动物群落和植物群落的相关性表现出的较突出的特点是在禁牧区和开垦区喜湿的种类(黑线仓鼠和草原黄鼠)与植被的相关性显著,在轮牧区和过牧区喜旱的种类(小毛足鼠和三趾跳鼠)与植被的相关性显著,且与草本呈负相关关系。

四、啮齿动物与气候因子的相关性

气候因子是影响啮齿动物群落格局的主要非生物因子,为了进一步探讨荒漠啮齿动物群落与气候因子的关系,本研究选取了降雨量、极端温度、气温作为气候因子,以动物群落主成分选取的变量作为动物群落变量,以研究区 2002~2004 年 4~10 月的旬(上、中、下旬)及旬均降雨量、月极端温度、旬(上、中、下旬)及旬均气温作为气候因子变量,分别进行两组变量的典型相关分析(全部气象数据由阿拉善盟气象局提供)。

(一)小尺度下啮齿动物与降雨量的相关性

小尺度($1hm^2$)下,只有在开垦干扰和过牧干扰下,啮齿动物群落主成分变量与降雨量的典型相关达到显著性水平($P<0.05$;$P<0.01$)。而且一维变量的累积方差贡献率分别达到了 95.15%和 84.84%,符合数值化标准的要求,计算结果见附表 9、附表 10(见附录)。

由附表 9 可知,在开垦干扰下,啮齿动物群落主成分变量与研究区的旬降雨量典型相关的一维变量就达到了显著性水平($P<0.05$),动物群落变量的一维变量由 X_{10}(小毛足鼠的生物量比例)决定,降雨量变量的一维变量由 X_{17}(月上旬降雨量)决定。公式如下:

$$FSD = 0.2746X_1 + 0.2244X_7 + 0.9800X_{10} + 0.0567X_{16}$$
$$JS = 1.0560X_{17} - 0.1125X_{18} + 0.3632X_{19}$$
$$\text{(3.17)}$$

由公式(3.17)知，X_{10} 与 X_{17} 符号相同，是正相关关系。在阿拉善荒漠区一般年份降雨量主要集中在 6~9 月，也就是说，荒漠区在开垦干扰下，月上旬的降雨量对小毛足鼠在动物群落中的生物量比例有明显影响，而且是正相关关系。

由附表 10 可知，在过牧干扰下，啮齿动物群落主成分变量与研究区的旬降雨量典型相关的一维变量也达到了显著性水平（$P < 0.01$），动物群落变量的一维变量由 X_2（五趾跳鼠的生物量比例）决定，降雨量变量的一维变量由 X_{20}（旬均降雨量）决定。公式如下：

$$FSD = -0.7661X_2 + 0.6181X_{10} - 0.1250X_{15}$$
$$JS = -199.43X_{17} - 112.22X_{18} - 293.08X_{19} + 369.02X_{20}$$
$$\text{(3.18)}$$

由公式(3.18)知，X_2 与 X_{20} 符号相反，是负相关关系。即在荒漠区过牧干扰下，旬均降雨量对五趾跳鼠在动物群落中的生物量比例有显著影响，而且是负相关关系。也就是说随着旬均降雨量的增加，五趾跳鼠在动物群落中所占的生物量比例会显著减少，反之，则增加。

(二)大尺度下动物与降雨量的相关性

大尺度（40hm^2）下，4 种不同干扰条件下的啮齿动物群落均与降雨量有显著相关关系，并且均在一维变量达到 0.05 或 0.01 显著水平，一维或二维的累积方差贡献率也分别达到了 70%以上，符合数值化标准的要求。4 种不同干扰下的典型相关分析结果列于附表 11~附表 14（见附录）。

由附表 11 可知，在开垦干扰下，动物群落变量与降雨量变量在一维达到 0.05 显著水平，而且累积方差贡献率达到了 70%以上，符合数值化标准的要求，动物群落变量组一维变量由 X_7（黑线仓鼠的丰富度）决定，降雨量变量组一维变量由 X_{19}（月下旬降雨量）决定，得如下公式。

开垦干扰：$FSD = -0.7048X_2 - 1.9070X_5 - 0.1367X_6 - 2.5590X_7 + 0.1402X_9 - 0.6585X_{14}$
$$JS = 0.1339X_{17} - 0.0174X_{18} + 1.0112X_{19}$$
$$\text{(3.19)}$$

由公式(3.19)可知，在开垦干扰下 X_{19}（月下旬降雨量）对 X_7（黑线仓鼠的丰富度）有明显的影响，X_7 与 X_{19} 符号相反，是负相关关系。即随着研究区 4~10 月下旬降雨量的增加，黑线仓鼠的丰富度有明显减小的趋势；反之，则增加。

由附表 12 可知，在轮牧干扰下，动物群落变量与降雨量变量在一维达到 0.05 显著水平，在前二维累积方差贡献率达到了 80%以上，能够符合数值化标准的要求，动物群落变量组一维变量由 X_9（小毛足鼠的丰富度）决定，降雨量变量组一维变量由 X_{19}（月下旬降雨量）决定，动物群落变量组二维变量由 X_4（三趾跳鼠的生物量比例）决定，降雨量变量组二维变量由 X_{18}（月中旬降雨量）决定，得如下公式。

轮牧干扰：$FSD_1 = 0.0115X_4 + 0.2451X_5 + 0.0423X_7 + 1.0153X_9 - 0.2052X_{11} - 0.1486X_{13}$

$JS_1 = 0.1787X_{17} + 0.5281X_{18} + 0.7994X_{19}$

$FSD_2 = 0.7896X_4 - 0.1360X_5 - 0.3354X_7 + 0.3606X_9 + 0.3828X_{11} + 0.1435X_{13}$

$JS_2 = -0.0468X_{17} - 0.7703X_{18} + 0.6200X_{19}$ (3.20)

由公式（3.20）知，在轮牧干扰下一维变量组 X_{19}（月下旬降雨量）对 X_9（小毛足鼠的丰富度）有明显的影响，X_9 与 X_{19} 符号相同，是正相关关系。即随着研究区 4～10 月下旬降雨量的增加，小毛足鼠的丰富度也增加，反之则减小；二维变量组 X_{18}（月中旬降雨量）对 X_4（三趾跳鼠的生物量比例）有明显影响，X_4 与 X_{18} 符号相反，是负相关关系。即随着研究区 4～10 月中旬降雨量的增加，三趾跳鼠在动物群落中的生物量比例会明显减少，反之，则增加。

由附表 13 可知，在过牧干扰下，动物群落变量与降雨量变量在一维达到 0.01 显著水平，而且累积方差贡献率达到了 70%以上，符合数值化标准的要求，动物群落变量组一维变量由 X_3（三趾跳鼠的丰富度）决定，降雨量变量组一维变量由 X_{20}（旬均降雨量）决定，得如下公式。

过牧干扰：$FSD = -0.2963X_1 - 0.9380X_3 + 0.1438X_5 - 0.2450X_{10} + 0.1328X_{11} + 0.1443X_{15}$

$JS = -77.694X_{17} - 39.331X_{18} - 89.457X_{19} + 127.966X_{20}$ (3.21)

由公式（3.21）可知，在过牧干扰下 X_{20}（旬均降雨量）对 X_3（三趾跳鼠的丰富度）有显著的影响，X_3 与 X_{20} 符号相反，是负相关关系。即随着研究区 4～10 月旬均降雨量的增加，三趾跳鼠的丰富度会显著减小，反之，则增加。

由附表 14 可知，在禁牧干扰下，动物群落变量与降雨量变量在一维达到 0.01 显著水平，而且累积方差贡献率达到了 80%以上，完全符合数值化标准的要求，动物群落变量组一维变量由 X_3（三趾跳鼠的丰富度）决定，降雨量变量组一维变量由 X_{20}（旬均降雨量）决定，得如下公式。

禁牧干扰：$FSD = -0.7571X_3 + 0.3609X_6 + 0.2860X_7 - 0.0079X_{14}$

$JS = -126.509X_{17} - 64.358X_{18} - 145.977X_{19} + 207.601X_{20}$ (3.22)

由公式（3.22）可知，在禁牧干扰下 X_{20}（旬均降雨量）对 X_3（三趾跳鼠的丰富度）有显著的影响，X_3 与 X_{20} 符号相反，是负相关关系，这一结果与过牧干扰完全相同。即随着研究区 4～10 月旬均降雨量的增加，三趾跳鼠丰富度显著减小，反之，则增加。

(三)小尺度下动物与气温的相关性

在小尺度下(1hm²),只有禁牧干扰区啮齿动物主成分变量与月极端温度的典型相关达到 0.05 的显著性水平。计算结果见附表 15(见附录)。

由附表 15 可知,在禁牧干扰下,动物群落变量与极端温度变量在一维达到 0.05 显著水平,而且累积方差贡献率达到了 70% 以上,完全符合数值化标准的要求,动物群落变量组一维变量由 X_1(五趾跳鼠的丰富度)决定,降雨量变量组一维变量由 X_{17}(月极端最高温度)决定,得如下公式。

$$\text{禁牧干扰:} \quad \text{FSD}=0.6738X_1-0.4684X_5+0.3362X_7$$
$$\text{JW}=1.4183X_{17}-0.6887X_{18} \tag{3.23}$$

由公式(3.23)可知,在禁牧干扰下 X_{17}(月极端最高温度)对 X_1(五趾跳鼠的丰富度)有显著的影响,X_1 与 X_{17} 符号相同,是正相关关系。即随着研究区 4～10 月极端最高温度的升高,五趾跳鼠的丰富度有增大的趋势,反之,则减小。

(四)大尺度下动物与气温的相关性

1. 动物与极端温度的相关性

在大尺度下(40hm²),开垦、过牧和禁牧三种干扰方式下,啮齿动物群落变量均与研究区 4～10 月极端温度变量的典型相关达到显著性水平。计算结果见附表 16～附表 18(见附录)。

由附表 16 可知,在开垦干扰下,啮齿动物群落一维变量与月极端温度一维变量的典型相关达到 0.01 显著性水平,累积方差贡献率达到 89% 以上,完全符合数值化标准的要求。可得如下公式。

$$\text{开垦干扰:} \quad \text{FSD}=0.5670X_2-1.4182X_5-0.4491X_6-1.1311X_7+0.1220X_9-0.0808X_{14}$$
$$\text{JW}=0.0585X_{17}+0.9582X_{18} \tag{3.24}$$

由公式(3.24)可知,啮齿动物群落一维变量由 X_5(子午沙鼠的丰富度)和 X_7(黑线仓鼠的丰富度)决定,月极端温度一维变量由 X_{18}(月极端最低温度)决定,并且 X_5 和 X_7 均与 X_{18} 符号相反,是负相关关系。即在荒漠区开垦干扰下,月极端最低温度越低,子午沙鼠和黑线仓鼠的丰富度越高,反之,则越低。

由附表 17 可知,在过牧干扰下,啮齿动物群落一维变量与月极端温度一维变量的典型相关达到 0.05 显著性水平,累积方差贡献率也达到 89% 以上,完全符合数值化标准的要求。可得如下公式。

$$\text{过牧干扰:} \quad \text{FSD}=-0.7340X_1-1.8914X_3-0.9763X_5-1.3305X_{10}+0.2426X_{11}+0.4990X_{15}$$

$$JW=-0.3429X_{17}+1.2097X_{18} \tag{3.25}$$

由公式(3.25)可知，啮齿动物群落一维变量由 X_3(三趾跳鼠的丰富度)决定，月极端温度一维变量由 X_{18}(月极端最低温度)决定，并且 X_3 与 X_{18} 符号相反，是负相关关系。即在荒漠区过牧干扰下，月极端最低温度越低，三趾跳鼠的丰富度越高，反之，则越低。

由附表18可知，在禁牧干扰下，啮齿动物群落一维变量与月极端温度一维变量的典型相关达到0.01显著性水平，累积方差贡献率也达到70%以上，完全符合数值化标准的要求。可得如下公式。

禁牧干扰：$FSD=-0.6645X_3-0.6061X_6-1.3831X_7+0.1452X_{14}$
$$JW=1.0751X_{17}-0.1118X_{18} \tag{3.26}$$

由公式(3.26)可知，啮齿动物群落一维变量由 X_7(黑线仓鼠的丰富度)决定，月极端温度一维变量由 X_{17}(月极端最高温度)决定，并且 X_7 与 X_{17} 符号相反，是负相关关系。即在荒漠区禁牧干扰下，月极端最高温度越高，黑线仓鼠的丰富度越低，反之，则越高。这一结果与开垦干扰下，黑线仓鼠的丰富度受月极端最低气温影响过程是一致的。

2. 动物与旬及旬均气温的相关性

只有大尺度下($40hm^2$)的 4 种干扰类型，啮齿动物群落主成分变量与研究区2002～2004年4～10月的旬及旬均气温变量的典型相关达到了显著性水平，小尺度下($1hm^2$)均未达到显著性水平。计算结果见附表19～附表22(见附录)。

由附表19可知，在开垦干扰下，啮齿动物群落一维变量与旬及旬均气温一维变量的典型相关达到0.05显著性水平，累积方差贡献率达到75%以上，完全符合数值化标准的要求。可得如下公式。

开垦干扰：$FSD=0.4078X_2-1.4923X_5+0.3819X_6-1.3526X_7+0.1343X_9+0.0352X_{14}$
$$QW=-14.6618X_{17}-14.3193X_{18}-17.6035X_{19}+44.9416X_{20} \tag{3.27}$$

由公式(3.27)可知，啮齿动物群落一维变量由 X_5(子午沙鼠的丰富度)和 X_7(黑线仓鼠的丰富度)决定，旬及旬均气温一维变量由 X_{20}(旬均气温)决定，并且 X_5 和 X_7 均与 X_{20} 符号相反，是负相关关系。即在荒漠区开垦干扰大尺度下，旬均气温越高，子午沙鼠和黑线仓鼠的丰富度越低，反之，则越高。

由附表20可知，在轮牧干扰下，动物群落变量与旬气温变量在一维达到0.01显著水平，在前二维累积方差贡献率达到了88%以上，能够符合数值化标准的要求，动物群落变量组一维变量由 X_9(小毛足鼠的丰富度)决定，旬及旬均气温变量组一维变量由 X_{19}(月下旬气温)决定，动物群落变量组二维变量由 X_4(三趾跳鼠的生物量比例)决定，旬及旬均气温变量组二维变量由 X_{18}(月中旬气温)决定，得如下公式。

轮牧干扰：$FSD_1=-0.4726X_4-0.0541X_5-0.3486X_7+0.7148X_9+0.3205X_{11}+0.1391X_{13}$

$\quad\quad\quad QW_1=0.5312X_{17}-1.4123X_{18}+1.6519X_{19}$

$\quad\quad\quad FSD_2=0.7259X_4-0.1523X_5-0.2319X_7+0.2650X_9+0.6575X_{11}+0.1297X_{13}$

$\quad\quad\quad QW_2=-1.3923X_{17}+2.6747X_{18}-0.7080X_{19}$　　　　　　　　　(3.28)

由公式(3.28)可知，在轮牧干扰下一维变量组 X_{19}(月下旬气温)对 X_9(小毛足鼠的丰富度)有明显的影响，X_9 与 X_{19} 符号相同，是正相关关系。即随着研究区 4～10 月下旬气温的升高，小毛足鼠的丰富度也增加，反之则减小；二维变量组 X_{18}(月中旬气温)对 X_4(三趾跳鼠的生物量比例)有明显影响，X_4 与 X_{18} 符号相同，是正相关关系。即随着研究区 4～10 月中旬气温的升高，三趾跳鼠在动物群落中的生物量比例会明显增加，反之，则减小。

由附表 21 可知，在过牧干扰下，啮齿动物群落一维变量与旬及旬均气温一维变量的典型相关达到 0.01 显著性水平，前二维累积方差贡献率也达到 85% 以上，完全符合数值化标准的要求。可得如下公式。

过牧干扰：$FSD_1=-0.3860X_1-1.1321X_3-0.1479X_5-0.5905X_{10}+0.2139X_{11}+0.4524X_{15}$

$\quad\quad\quad QW_1=-7.9781X_{17}-11.2983X_{18}-10.9608X_{19}+29.3795X_{20}$

$\quad\quad\quad FSD_2=1.1239X_1+2.4638X_3+2.3011X_5+2.1639X_{10}-0.0718X_{11}-0.0856X_{15}$

$\quad\quad\quad QW_2=11.9568X_{17}+8.9962X_{18}+15.0946X_{19}-34.2183X_{20}$　　　　(3.29)

由公式(3.29)可知，啮齿动物群落一维变量由 X_3(三趾跳鼠的丰富度)决定，旬及旬均气温一维变量由 X_{20}(旬均气温)决定，并且 X_3 与 X_{20} 符号相反，是负相关关系。即在荒漠区过牧干扰下，旬均气温越高，三趾跳鼠的丰富度越低，反之，则越高；动物群落变量组二维变量由 X_3(三趾跳鼠的丰富度)、X_5(子午沙鼠的丰富度)和 X_{10}(小毛足鼠的生物量比例)决定，旬及旬均气温变量组二维变量由 X_{20}(旬均气温)决定，二维变量组 X_{20}(旬均气温)对 X_3、X_5 和 X_{10} 有明显影响，并且 X_{20} 与 X_3、X_5 和 X_{10} 的符号相反，是负相关关系。即随着研究区 4～10 月旬均气温的升高，三趾跳鼠、子午沙鼠的丰富度和小毛足鼠在动物群落中的生物量比例三者均会明显降低，反之，则增加。

由附表 22 可知，在禁牧干扰下，啮齿动物群落一维变量与旬及旬均气温一维变量的典型相关达到 0.0001 的极显著水平，累积方差贡献率也达到 76% 以上，完全符合数值化标准的要求。可得如下公式。

禁牧干扰：$FSD=-0.4116X_3-0.3840X_6-1.2979X_7+0.1234X_{14}$

$\quad\quad\quad QW=-1.1174X_{17}+0.7692X_{18}+1.0852X_{19}$　　　　　　　　　(3.30)

由公式(3.30)可知，啮齿动物群落一维变量由 X_7(黑线仓鼠的丰富度)决定，旬及旬均气温一维变量由 X_{17}(月上旬气温)和 X_{19}(月下旬气温)决定，而且 X_7 与 X_{17} 符号相同，是正相关关系；与 X_{19} 符号相反，是负相关关系。即在荒漠区禁牧干扰下，月上旬气温越高，黑线仓鼠的丰富度越高，反之，则越低；月下旬气温越高，黑线仓鼠的丰富度越低，反之，则越高。

五、关于荒漠啮齿动物群落与生态因子相关性

典型相关分析(canonical correlation analysis)，也称典范分析或正则相关分析、典则分析，是研究两组指标(变量)间相关关系的一种多变量统计分析方法，其目的是寻找一组指标的线性组合与另一组指标的线性组合，使两者之间的相关达到最大。这两组指标是与相同研究对象有关系的不同指标，这两组典型变量彼此之间的最大相关就是第一个典型相关，而线性组合的系数就称为典型相关系数。

由于典型相关分析是将两组指标的每一组指标作为整体考虑，它比一般相关分析仅考虑一个指标与一个指标间的关系，或者一个指标与多个指标间的关系，向前迈进了一大步，更能反映现象的本质联系(阮桂海等 2003)。因此，典型相关分析能够广泛应用于变量群之间的相关分析研究。本研究应用此方法对不同干扰和尺度下动植物群落之间、动物群落与气候因子之间的相关性进行分析，就是力图找到动物群落变量与植物群落变量、动物群落变量与气候因子变量之间的本质联系。

不同人为干扰和尺度下荒漠啮齿动物群落与植物群落格局的变化及其与气候因子的变化关系报道较少，阿拉善荒漠生态系统受人为干扰严重，本研究的结果显示了在 4 种不同干扰条件下，荒漠啮齿动物群落与植物群落之间、动物群落与气候因子之间的变化关系，所确定的 4 种干扰类型只是一种干扰强度的定性分类。

在本研究中，观察的组织尺度是在群落这个尺度上，空间尺度设计为两个调查尺度，一个是较小的标志区(面积 1hm²)，另一个是较大的线路调查区(面积 10km²)。这两个不同观察尺度主要是根据野外取样技术上能够完成和按照人的感知能力进行选择。在标志区采用笼捕的方法调查，在线路样地采用铗日法调查。两种方法的捕获率经方差分析差异不显著($P>0.05$)。

从研究结果看，在两种观察尺度上(1hm² 和 40hm²)动物群落变量与植物群落变量的典型相关分析表现为动物群落变量与植物群落变量中的草本关系最为突出，在分析的两个尺度的样地中，除标志样地(1hm²)的过牧区外，其他样地均与草本关系密切，且绝大多数样地动物群落变量与草本的盖度和地上生物量呈负相关关系，这说明荒漠生态系统中在各种干扰条件下，啮齿动物群落与植物群落的整体相互关系，在不同的尺度上并没有表现出尺度效应，但在组成的鼠种上有差别。草本的特性，特别是草本的盖度和地上生物量对啮齿动物群落格局及其动态

变化起到关键作用，其值越大，啮齿动物群落组成种的丰富度（数量）和生物量比例就越小。

综合以上分析可知，对于气候因子，在两个观测尺度上的不同干扰下，旬降雨量对群落中不同的种类产生不同的影响，在小尺度开垦干扰下，上旬降雨量与小毛足鼠的生物量比例呈正相关关系；大尺度轮牧干扰下，下旬降雨量与小毛足鼠的丰富度呈正相关关系。小尺度过牧干扰下，旬均降雨量与五趾跳鼠的生物量比例呈负相关关系；大尺度过牧干扰和禁牧干扰下旬均降雨量与三趾跳鼠的丰富度同样呈负相关关系；大尺度轮牧干扰下，中旬降雨量与三趾跳鼠的生物量比例呈负相关关系；大尺度开垦干扰下，下旬降雨量与黑线仓鼠的丰富度呈负相关关系。

在两个观测尺度上，禁牧干扰下，月极端最高温度与小尺度的五趾跳鼠丰富度呈正相关关系；与大尺度的黑线仓鼠的丰富度呈负相关关系。大尺度开垦干扰下，月极端最低温度与子午沙鼠和黑线仓鼠的丰富度呈负相关关系；过牧干扰下与三趾跳鼠的丰富度同样呈负相关关系。

气温因子只在大尺度上对啮齿动物群落组成成分产生显著影响，月上旬气温与禁牧干扰下黑线仓鼠的丰富度呈正相关关系。中旬气温与轮牧干扰下三趾跳鼠的生物量比例呈正相关关系。下旬气温与轮牧干扰下小毛足鼠的丰富度呈正相关关系；与禁牧干扰下黑线仓鼠的丰富度呈负相关关系。旬均气温与开垦干扰下子午沙鼠和黑线仓鼠的丰富度呈负相关关系；与过牧干扰下三趾跳鼠、子午沙鼠的丰富度和小毛足鼠的生物量比例均呈负相关关系。

大尺度上，在禁牧干扰下，黑线仓鼠的丰富度与月上旬气温呈正相关关系，与月下旬气温呈负相关关系，与月极端最高温度呈负相关关系；在开垦干扰下，与月极端最低温度、旬均气温、月下旬降雨量均呈负相关关系。而三趾跳鼠在轮牧干扰下，受月中旬气温正相关影响，受中旬降雨量负相关影响；过牧干扰下，受旬均气温、月极端最低温度、旬均降雨量三者负相关影响；禁牧干扰下，受旬均降雨量负相关影响。因此，在大尺度上，黑线仓鼠和三趾跳鼠对 4 种不同干扰条件的敏感性反应中，气候因子也是主要的影响因素。

综合以上旬降雨量、月极端温度和旬气温 3 种气候因子在两个尺度 4 种干扰下对啮齿动物的影响可知，在小尺度下（1hm²），只有旬降雨量和月极端温度对动物产生显著性影响，而且主要集中在小毛足鼠、五趾跳鼠、三趾跳鼠、子午沙鼠和黑线仓鼠 5 个种上；在大尺度下（40hm²），则 3 种气候因子均对动物产生显著性影响，特别是旬气温因子只对大尺度上的啮齿动物产生显著性影响，主要集中在小毛足鼠、黑线仓鼠、三趾跳鼠和子午沙鼠 4 个种上，而对五趾跳鼠则无显著性影响。因此，气候因子与不同尺度和干扰下的啮齿动物的相关关系也表现出明显的尺度效应。

第四节　栖息地破碎化与荒漠啮齿动物群落格局的变化

一、不同干扰和尺度下啮齿动物群落格局与动态

2002～2004 年在研究区内 4 种不同干扰条件的样地共捕获啮齿动物 12 种，分属 4 科：跳鼠科(Dipodidae)，有五趾跳鼠(*Allactaga sibirica*)、三趾跳鼠(*Dipus sagitta*)、三趾心颅跳鼠(*Salpingotus kozlovi*)、五趾心颅跳鼠(*Cardiocranius paradoxus*)、肥尾心颅跳鼠(*Salpingotus crassicauda*)5 种；仓鼠科(Cricetidae)，有子午沙鼠(*Meriones meridianus*)、长爪沙鼠(*Meriones unguiculatus*)、黑线仓鼠(*Cricetulus barabensis*)、短尾仓鼠(*Ailocricetulus eversmanni*)、小毛足鼠(*Phodopus roborovskii*)5 种；松鼠科(Sciuridae)，有草原黄鼠(*Spermophilus dauricus*)1 种；鼠科(Muridae)，有小家鼠(*Mus musculus*)1 种。

4 种不同干扰条件大尺度样地(40hm^2)啮齿动物群落组成种的年际变动趋势如表 3.16 和图 3.5～图 3.7 所示。同时分析了小尺度样地(1hm^2)群落的变化特征，结果如表 3.17 和图 3.8～图 3.10 所示。

表 3.16　不同干扰条件下大尺度样地啮齿动物群落组成种变动特征(干扰程度)(2002～2004 年)

Table 3.16　The features of rodent communities pattern changed under different disturbance in large scale

物种	2002 年				2003 年				2004 年			
	禁牧区	过牧区	轮牧区	开垦区	禁牧区	过牧区	轮牧区	开垦区	禁牧区	过牧区	轮牧区	开垦区
草原黄鼠	0	0.014	0.023	0.003	0	0.014	0.026	0.008	0	0.016	0.032	0.003
五趾跳鼠	0.186	0.109	0.075	0.080	0.079	0.040	0.011	0.047	0.043	0.031	0.014	0.083
三趾跳鼠	0.047	0.547	0.425	0	0.006	0.285	0.084	0	0.009	0.388	0.123	0
五趾心颅跳鼠	0	0.003	0	0	0	0	0	0	0	0	0	0
三趾心颅跳鼠	0.007	0.012	0	0	0	0.003	0	0	0	0.023	0	0
肥尾心颅跳鼠	0	0.009	0	0	0	0	0	0	0	0	0	0
子午沙鼠	0.320	0.057	0.168	0.478	0.430	0.254	0.260	0.451	0.455	0.229	0.330	0.678
长爪沙鼠	0	0	0.009	0.035	0	0	0.004	0.054	0	0.004	0	0.023
黑线仓鼠	0.346	0.034	0.047	0.369	0.367	0.029	0.026	0.388	0.483	0.016	0.004	0.179
短尾仓鼠	0	0.034	0.009	0.006	0.006	0.009	0	0.005	0.009	0	0.014	0.007
小毛足鼠	0.095	0.163	0.238	0.022	0.112	0.368	0.591	0.037	0	0.291	0.484	0.027
小家鼠	0	0.023	0.005	0.006	0	0	0	0.011	0	0	0	0
Σ	1	1	1	1	1	1	1	1	1	1	1	1
动物种数	6	11	9	8	6	8	7	8	5	9	7	7

注：表中数据为丰富度

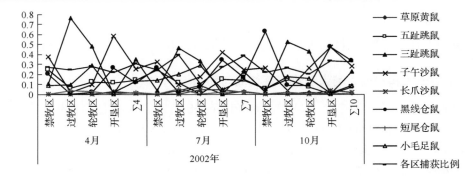

图 3.5　不同干扰条件下大尺度啮齿动物群落组成种季节变动特征（2002 年）

Fig. 3.5　The figure of component species seasonal changed of rodent communities under different disturbance in large scale（2002）

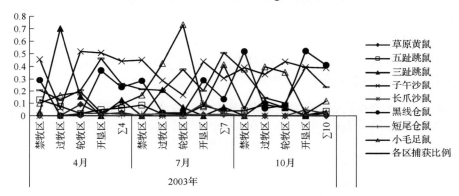

图 3.6　不同干扰条件下大尺度啮齿动物群落组成种季节变动特征（2003 年）

Fig. 3.6　The figure of component species seasonal changed of rodent communities under different disturbance in large scale（2003）

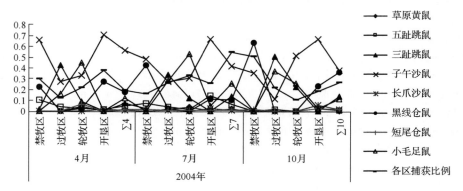

图 3.7　不同干扰条件下大尺度啮齿动物群落组成种季节变动特征（2004 年）

Fig. 3.7　The figure of component species seasonal changed of rodent communities under different disturbance in large scale（2004）

　　由表3.16可知，在不同干扰条件下，较大尺度范围上啮齿动物群落组成种的格局明显不同，从各个群落组成的鼠种数看，3个年度表现出的一致特征是禁牧区组成种数为5～6种，最少。相应受到干扰后的斑块(其他三个群落)组成种数均有增加，过牧区的组成鼠种数最高，为8～11种，轮牧区为7～9种，开垦区为7～8种；从组成鼠种的种类和数量上看，各个群落的差别很大：在开垦区最突出的特征是完全适应农田和半荒漠的鼠种——长爪沙鼠出现，子午沙鼠的数量最高，2002年其丰富度占47.8%，2003年占45.1%，2004年为67.8%，三趾跳鼠完全消失；在过牧区，严重沙化，三趾跳鼠和小毛足鼠的数量大量增加，2002年两种的丰富度为71.1%，2003年占65.2%，2004年占67.8%；轮牧区子午沙鼠和小毛足鼠的数量高，2002年两种的丰富度占40.7%，2003年占85.1%，2004年为81.4%，说明该种干扰类型的生境已出现严重的沙化；禁牧区突出的特征是子午沙鼠和黑线仓鼠的数量占优势，并且在3个年度中数量呈上升趋势，2002年两种的丰富度占66.5%，2003年占79.7%，2004年为93.8%。

　　从不同干扰区啮齿类群落组成种的数量变化看(图3.5～图3.7)，3年表现出一致的特征是，禁牧区黑线仓鼠的数量在4～10月一直处于上升趋势，在过牧区和轮牧区则各月的数量极低且几无变化；轮牧区和过牧区的三趾跳鼠和小毛足鼠在3年中4～10月一直数量较大，2002年三趾跳鼠在轮牧区和过牧区分别占47.37%和76.19%(4月)、32.6%和45.61%(7月)、42.47%和52.13%(10月)，2003年分别占15.45%和70.15%(4月)、6.63%和20.93%(7月)、6.25%和11.76%(10月)，2004年分别占8.15%和42.25%(4月)、11.73%和33.53%(7月)、22.55%和50.76%(10月)；小毛足鼠在轮牧区和过牧区2002年分别占28.42%和9.52%(4月)、6.52%和19.30%(7月)、15.07%和17.02%(10月)，2003年分别占19.09%和16.42%(4月)、73.12%和42.32%(7月)、35.42%和39.71%(10月)，2004年分别占44.85%和15.41%(4月)、52.73%和28.13%(7月)、25.75%和36.25%(10月)。

　　表3.17是2002～2004年不同干扰条件下小尺度样地啮齿动物群落组成种变动特征。由表3.17可知，在小尺度上(1hm²)，三年不同干扰区群落组成的鼠种数几乎一致，禁牧区和过牧区三年均为6种，开垦区为5～6种，但组成种的数量差别却很大，明显的特征是开垦区生境完全破碎，其群落的组成种的结构发生了实质性的变化，即适应农田的鼠种黑线仓鼠的数量从2002年到2003年明显增加，而在2004年则大幅度下降，2002年占全部鼠种捕获量的30.19%，2003年更高，达56.19%，超过了一半，2004年为6.71%，而适应沙地和荒漠生活的种类三趾跳鼠完全消失；另一个特征是，过牧区在超载过牧的情况下，原生植被已沙化极为严重，因此适应沙地的鼠种三趾跳鼠的数量大量增加，2002年占总捕获数的35.29%，2003年占10.32%，2004年占23.76%；轮牧区子午沙鼠的数量增加，2002年占总数的63.77%，2003年占56.72%，2004年为72.32%。

从不同干扰条件下小尺度样地群落组成种的变化特征看（图 3.8～图 3.10），优势种子午沙鼠在三个年度的不同干扰下均出现了不同的高峰，2002 年出现在开垦和轮牧干扰区；2003 年出现在轮牧、过牧和禁牧干扰区；2004 年在 4 种不同干扰区都出现了高峰。

综合以上分析可看出，在小尺度上（1hm²），所有种的捕获数量呈逐年上升趋势，而在大尺度上（40hm²），一个总的特点是每个种在 2003 年均为数量高峰，而 2002 和 2004 年均明显偏低。从以上动物群落格局的分析和动物的捕获情况可以初步看出不同研究尺度的差异。

表 3.17　不同干扰条件下小尺度样地啮齿动物群落组成种变动特征（2002～2004 年）

Table 3.17　The features of component species changed of rodent communities under different disturbance in small scale（2002～2004）

年度	鼠种	五趾跳鼠	三趾跳鼠	草原黄鼠	小毛足鼠	子午沙鼠	黑线仓鼠	短尾仓鼠	长爪沙鼠	Σ	组成种数
2002	禁牧区	0.094	0.132	0.038	0.415	0.264	0.057	0	0	1	6
	过牧区	0.216	0.353	0.020	0.196	0.157	0.059	0	0	1	6
	轮牧区	0.116	0.101	0.029	0.101	0.638	0	0.015	0	1	6
	开垦区	0.057	0	0.094	0.113	0.434	0.302	0	0	1	5
2003	禁牧区	0.116	0.036	0.063	0.071	0.616	0.098	0	0	1	6
	过牧区	0.047	0.103	0.094	0.131	0.598	0.028	0	0	1	6
	轮牧区	0.087	0.039	0.039	0.231	0.567	0.019	0.019	0	1	7
	开垦区	0.010	0	0.010	0.031	0.265	0.561	0	0.122	1	6
2004	禁牧区	0.113	0.024	0.036	0.191	0.566	0.071	0	0	1	6
	过牧区	0.110	0.238	0.043	0.055	0.524	0.031	0	0	1	6
	轮牧区	0.032	0.011	0.021	0.149	0.723	0.064	0	0	1	6
	开垦区	0.208	0	0.017	0.033	0.625	0.067	0	0.050	1	6

注：表中数据为丰富度

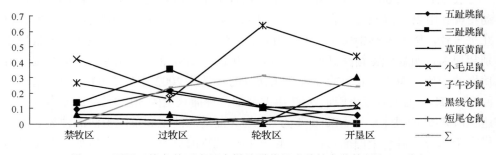

图 3.8　不同干扰条件下小尺度样地群落组成种的变化特征（2002 年）

Fig. 3.8　The changing characteristics of rodent communities under different disturbance in small scale（2002）

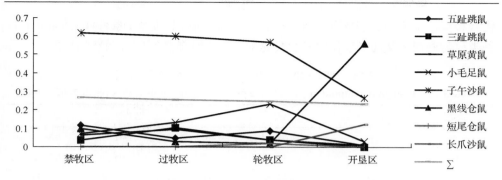

图 3.9 不同干扰条件下小尺度样地群落组成种的变化特征(2003 年)

Fig. 3.9 The changing characteristics of rodent communities under different
disturbance in small scale(2003)

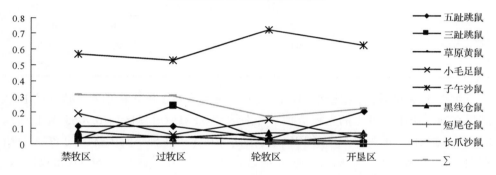

图 3.10 不同干扰条件下小尺度样地群落组成种的变化特征(2004 年)

Fig. 3.10 The changing characteristics of rodent communities under different
disturbance in small scale(2004)

二、群落优势种群在不同干扰下的敏感性分析

为了深入研究不同干扰条件下荒漠啮齿动物群落格局变动中,优势种群对不同干扰类型的敏感性反应特征,用群落组成种的丰富度及生物量比例组成变量矩阵,采用 PCA 方法分别在两个不同的尺度域上(1hm² 和 40hm²)对 3 个年度进行了分析,结果如表 3.18 和附表 23(见附录),以及表 3.19、表 3.20 和附表 24(见附录)所示。

排序过程是将样方或物种排列在一定的空间,使得排序轴能够反映一定的生态梯度,从而能够解释群落或物种的分布与环境之间的关系(梁士楚等 2004)。

本研究通过对不同干扰条件下每个啮齿类群落的组成种应用 PCA 法进行排序,就是将其在多维空间中的信息通过降维分析,找到在前三维(其累积贡献率已达到 75%,即在前三维的排序中可代表整体排序的 75%以上的信息量)主成分上负荷量最大的鼠种,这些鼠种在前三维空间的排序中起的作用最大,为群落中的优势种群，也说明这些鼠种与各自所在的群落环境(不同干扰条件)的关系比其他种类更为密切，从而推理出这些鼠种是对不同干扰条件反应最敏感的种群。

表 3.18　2002～2004 年小尺度样地主成分累积贡献率

Table 3.18　Principal component cumulative percentage in small scale sites in 2002～2004

年度	主成分	开垦区	轮牧区	过牧区	禁牧区
	1	0.4037	0.4675	0.5941	0.3887
2002	2	0.7219	0.7279	0.8005	0.7082
	3	0.8815	0.9065		0.9196
	1	0.4235	0.4708	0.4753	0.4436
2003	2	0.7688	0.6894	0.8526	0.7328
	3		0.8606		0.9218
	1	0.5112	0.4301	0.5500	0.5050
2004	2	0.6904	0.6369	0.8229	0.7505
	3	0.8560	0.8205		0.9530

由表 3.18 可看出，在较小的尺度域上(1hm²)，2002 年 4 种不同干扰区的 PCA 结果在前三维主成分上的累积贡献率分别达到 0.8815(开垦区)、0.9065(轮牧区)、0.8005(过牧区，前二维)和 0.9196(禁牧区)。2003 年 4 种不同干扰区的 PCA 分析在前三维主成分上的累积贡献率分别达到 0.9411(开垦区)、0.8606(轮牧区)、0.8526(过牧区，前二维)和 0.9218(禁牧区)。2004 年 4 种不同干扰区的 PCA 结果在前三维主成分上的累积贡献率分别达到 0.8560(开垦区)、0.8205(轮牧区)、0.8229(过牧区，前二维)和 0.9530(禁牧区)。由以上结果可看出，在 4 种不同的干扰区中啮齿动物群落的组成物种种群构成的变量在其前三维主成分上能充分反映出 80% 以上的信息量。通过以上分析可以确定啮齿动物群落的组成物种种群在前 3～4 维成分上贡献率最大的鼠种种群，即反映了 4 种干扰区鼠类群落中的优势鼠种对干扰条件反应的敏感性。

进一步分析各变量在前三维主成分上的因子负荷量(附表 23)可看出，在较小的尺度域上，开垦区内在前三维主成分上的因子负荷量：2002 年最大的为 X_7、X_8、X_9、X_{10} 和 X_{15}、X_{16}，2003 年在前三维主成分上的因子负荷量最大的为 X_5、X_7、X_1、X_2；2004 年开垦区前三维主成分上的因子负荷量最大的为 X_1、X_6，X_9、X_{10} 和 X_7、X_8，3 个年度因子负荷量最大的公共项为 X_7，即黑线仓鼠对于开垦区这样的干扰环境反应较为敏感。在轮牧区内在前三维主成分上的因子负荷量：2002 年最大的为 X_9、X_{10}、X_{13}、X_{14} 和 X_5、X_6，2003 年为 X_{15}、X_{16}、X_7、X_8 和 X_1、X_2，2004 年为 X_1、X_2，X_7、X_8 和 X_3、X_4，由此可看出各个鼠种在前三维主成分上均有反应，说明在轮牧区这种干扰条件下啮齿动物群落中各组成种群的敏感性反应无明显的单一种群。在过牧区内前二维主成分上(已超过 80%)的因子负荷量:2002 年最大的为 X_4、X_7,X_1、X_6,2003 年为 X_3、X_7,X_9、X_{16},2004 年为 X_{15}、X_{16},X_2、X_6。由三年中各变量的累积贡献率可知,X_3、X_4、X_6 和 X_{16} 在过牧干扰下表现得较突出,即啮齿动物群落中各组成种群中三趾跳鼠和子午沙鼠的反应较为敏感。在禁牧区前三维主成分上的因子负荷量:2002 年为 X_6、X_{16},X_7、X_8 和 X_3、X_4,2003 年为 X_5、X_{16},X_1、X_2 和 X_3、X_4,2004 年为 X_2、X_7,X_5、X_6 和 X_{15}、X_{16},由此看出在三年中 X_7 表现得较突出,这说明在禁牧干扰下分布的啮齿动物种群在群落中所起的作用相当,黑线仓鼠种群反应较为敏感。

在较大尺度域上(40hm^2),4 种不同干扰条件下啮齿动物群落中各动物种群的敏感性反应,结果如表 3.19 所示。

表 3.19　2002~2004 年大尺度样地主成分累积贡献率

Table 3.19　Principal component cumulative percentage in large scale sites in 2002~2004

年度	主成分	开垦区	轮牧区	过牧区	禁牧区
	1	0.2916	0.3431	0.3803	0.4769
2002	2	0.5373	0.6100	0.6164	0.7355
	3	0.7411	0.7691	0.7870	0.8493
	4	0.8973			
	1	0.3944	0.3394	0.3939	0.3581
2003	2	0.6486	0.6061	0.7008	0.6608
	3	0.8160	0.7581	0.8442	0.8355
	1	0.3400	0.3402	0.2711	0.5527
2004	2	0.6334	0.5803	0.4873	0.7871
	3	0.8433	0.7566	0.6580	
	4		0.9034	0.7931	

由表 3.19 可看出,在较大的尺度域上,2002 年 4 种不同干扰区的 PCA 结果在前三维主成分上的累积贡献率分别达到 0.7411(开垦区,前四维可达 0.8973)、0.7691(轮牧区)、0.7870(过牧区)和 0.8493(禁牧区)。2003 年 4 种不同干扰区的 PCA 结果在前三维主成分上的累积贡献率分别达到 0.8160(开垦区)、0.7581(轮牧区)、0.8442(过牧区)和 0.8355(禁牧区)。2004 年 4 种不同干扰区的 PCA 结果在前三维主成分上的累积贡献率分别达到 0.8433(开垦区)、0.7566(轮牧区)、0.7931(过牧区,前四维)和 0.7871(禁牧区前二维)。由以上结果可看出,在 4 种不同的干扰区中啮齿动物群落的组成物种种群构成的变量在其前三和四维主成分上能充分反映出 76%以上的信息量。通过以上分析可以确定啮齿动物群落的组成物种种群在前 3~4 维主成分上贡献率最大的种群。即反映了 4 种干扰的鼠类群落

中优势鼠种对干扰条件反应的敏感性。

进一步分析各变量在主成分上的因子负荷量，结果见附表 24（见附录）。

由附表 24 可看出，在较大的尺度域上，开垦区内主成分上的因子负荷量：2002 年最大的为 X_5、X_{14}，X_1、X_2，X_{15}、X_{16} 和 X_5、X_6，2003 年最大的为 X_5、X_7，X_1、X_2 和 X_9、X_{10}，2004 年为 X_1、X_2，X_{13}、X_{14} 和 X_5、X_6，由此看出 X_1、X_2 和 X_5、X_6 在三年中表现得尤为突出，说明在开垦区这种干扰类型中五趾跳鼠和子午沙鼠种群的反应较为敏感。在轮牧区内主成分上的因子负荷量：2002 年最大的为 X_3、X_4，X_6、X_{15} 和 X_1、X_2，2003 年最大的为 X_5、X_9，X_{15}、X_{16}，X_{11}、X_{12}，2004 年为 X_1、X_2，X_5、X_6，X_{13}、X_{14} 和 X_9、X_{10}，这表明，在轮牧区这种干扰条件下群落的各个鼠类种群的敏感性反应基本一致，无明显突出种群。在过牧区内主成分上的因子负荷量：2002 年最大的为 X_1、X_2，X_9、X_{10} 和 X_5、X_6，2003 年最大的为 X_3、X_4，X_{13}、X_{16} 和 X_1、X_2，2004 年为 X_{15}、X_{16}，X_3、X_4，X_9、X_{10} 和 X_1、X_2，由此看出，在三年中 X_1、X_2 和 X_3、X_4 表现尤为突出，这说明在过牧区这种干扰条件下突出的特点是五趾跳鼠和三趾跳鼠反应最为敏感。在禁牧区内主成分上的因子负荷量：2002 年为 X_7、X_8，X_{13}、X_{14} 和 X_6，2003 年最大的为 X_7、X_8，X_9、X_{14} 和 X_2、X_6，2004 年为 X_5、X_6，X_1、X_2 和 X_3、X_4，由此看出在三年中 X_7、X_8 表现突出，说明在禁牧区这种干扰条件下 3 个年度一致的特点是黑线仓鼠种群反应敏感。进一步对附表 23 和附表 24 进行综合分析，结果见表 3.20。

由表 3.20 可看出，在较小的尺度上（1hm²），2002～2004 年 3 个年度反映出的突出的特点是，在 4 种不同干扰条件下，啮齿动物群落中优势种群对不同干扰条件的反应表现为：在开垦区突出地表现为黑线仓鼠种群在 3 个年度的小尺度上，其在第一、第二和第三主成分上的因子负荷量均很大，说明荒漠生态系统的原生植被被开垦后，黑线仓鼠种群对这种干扰类型反应最为敏感，也就是说黑线仓鼠种群的出现和数量上升是对开垦这种干扰方式的明显适应，该种群可作为荒漠区原生植被开垦后的啮齿动物指示种群；在禁牧区这种干扰类型中黑线仓鼠和草原黄鼠种群表现出较突出的敏感反应，在 3 个年度中其在第一维主成分上的因子负荷量都大；在轮牧区在前三维主成分上各个鼠种均有表现，说明在轮牧干扰方式下组成啮齿动物群落的各个鼠种中没有突出的种群。从过牧区这种严重干扰类型看，在小尺度域上的 3 个年度中群落中各种群的敏感性反应有一个突出的特点是三趾跳鼠和草原黄鼠种群的因子负荷量在第一和第二主成分上均有较大表现，即三趾跳鼠种群和草原黄鼠种群对这种干扰类型有较强的敏感性反应。

表3.20　3个年度不同尺度下啮齿动物群落组成种对不同干扰条件敏感性反应的综合分析
Table 3.20　The comprehensive analysis of sensitive response of populations of rodent communities under different disturbance on different scales sites in three years

年度	项目	小尺度样地				大尺度样地			
		开垦区	轮牧区	过牧区	禁牧区	开垦区	轮牧区	过牧区	禁牧区
2002	累积贡献率	0.8815	0.9065	0.8005	0.9196	0.8973	0.7691	0.7870	0.8493
	P_1	X_7、X_8	X_9、X_{10}	X_4、X_7	X_6、X_{16}	X_5、X_{14}	X_3、X_4	X_1、X_2	X_7、X_8
	P_2	X_9、X_{10}	X_{13}、X_{14}	X_1、X_6	X_7、X_8	X_1、X_2	X_{15}、X_6	X_9、X_{10}	X_{13}、X_{14}
	P_3	X_{15}、X_{16}	X_5、X_6		X_3、X_4	X_{15}、X_{16}	X_1、X_2	X_5、X_6	X_5、X_6
	P_4					X_5、X_6			
2003	累积贡献率	0.7688	0.8606	0.8526	0.9218	0.8160	0.8901	0.8442	0.8355
	P_1	X_5、X_7	X_{15}、X_{16}	X_3、X_7	X_5、X_{16}	X_5、X_7	X_5、X_9	X_3、X_4	X_7、X_8
	P_2	X_1、X_2	X_7、X_8	X_9、X_{16}	X_1、X_2	X_1、X_2	X_{15}、X_{16}	X_{13}、X_{16}	X_9、X_{14}
	P_3		X_1、X_2		X_3、X_4	X_9、X_{10}	X_{11}、X_{12}	X_1、X_2	X_2、X_6
	P_4						X_7、X_8		
2004	累积贡献率	0.8560	0.8205	0.8229	0.9530	0.8433	0.9034	0.7931	0.7871
	P_1	X_1、X_6	X_1、X_{15}	X_{15}、X_{16}	X_2、X_7	X_2、X_1	X_1、X_2	X_{15}、X_{16}	X_5、X_6
	P_2	X_9、X_{10}	X_7、X_8	X_2、X_6	X_5、X_6	X_{13}、X_{14}	X_5、X_6	X_3、X_4	X_1、X_2
	P_3	X_7、X_8	X_3、X_4		X_{15}、X_{16}	X_5、X_6	X_{13}、X_{14}	X_9、X_{10}	X_3、X_4
	P_4						X_9、X_{10}	X_1、X_2	

注：X_1为五趾跳鼠丰富度；X_2为五趾跳鼠生物量比例；X_3为三趾跳鼠丰富度；X_4为三趾跳鼠生物量比例；X_5为子午沙鼠丰富度；X_6为子午沙鼠生物量比例；X_7为黑线仓鼠丰富度；X_8为黑线仓鼠生物量比例；X_9为小毛足鼠丰富度；X_{10}为小毛足鼠生物量比例；X_{11}为长爪沙鼠丰富度；X_{12}为长爪沙鼠生物量比例；X_{13}为短尾仓鼠丰富度；X_{14}为短尾仓鼠生物量比例；X_{15}为草原黄鼠丰富度；X_{16}为草原黄鼠生物量比例

在大的尺度上（40hm²），在开垦区突出地表现为五趾跳鼠种群和子午沙鼠种群的敏感性反应，在3个年度中其在第一、第二和第三主成分上的因子负荷量均很大。这与小尺度开垦区的敏感性反应种群明显不同；在禁牧区这种干扰类型中，在3个年度中，黑线仓鼠种群表现出突出的敏感反应；在过牧区，3个年度中较大尺度下表现突出一致的特点是五趾跳鼠和三趾跳鼠种群的敏感性反应很强；在轮牧区中，在两个尺度域上的3个年度中没有较一致的一种优势种群表现出突出的敏感性反应，在前三维和四维主成分上的因子负荷量包括了多个种群的反应，Connell（1978）提出了著名的中度干扰假说（intermediate disturbance hypothesis），即中度干扰导致最大的多样性，因为在适度干扰作用下，一些新的物种或外来物种尚未完成发育就又受到干扰，这样在群落中新的优势种始终不能形成，从而保持了较高的物种多样性。不同的物种对干扰的敏感性不同（马克明等2004）。从本研究分析的结果看，在PCA的排序中，该区中组成鼠类群落的各个鼠种在前三维主成分上均有表现，没有表现出一两个突出的鼠种。也就是说没有形成较明显的优势种群，能保持群落较高的物种多样性。理论和实际研究表明生物多样性趋于与生态系统功能(稳定性)呈正相关关系(李慧蓉 2004)。这说明了典型的荒漠生态系统中在这样的植被条件下，轮牧这样的适度的干扰条件(或使用方式)，能使啮齿动物群落形成较为稳定的群落格局。

三、关于荒漠啮齿动物群落格局

由于人类主导的景观变得更加普遍，人类的活动导致了栖息地的破碎化(habitat fragmentation)，结果自然栖息地的斑块(patch)变成了景观的永久结构特征。对生物群落和种的栖息地破碎化效果的了解、对于生物区系的保护和管理变得日益重要(Collings and Barrett 1997)。关于人类导致自然栖息地破碎化的效果讨论常常集中在自然群落的结构和功能的破碎化效果及对破碎化敏感的物种上，许多研究焦点已集中在栖息地(或岛屿)面积与生物数量的关系上(Nupp and Swihart 2000；White et al. 1997；Colliinge 1996；Wu and Loucks 1995；Turner 1989；Pickett and White 1985)。啮齿动物群落在栖息地破碎化过程中的变化特征，是当今群落生态学格局—过程—尺度研究的前沿性课题，在北美和澳大利亚集中做了一些研究(Johnson et al. 2002；Vázquez et al. 2000；Utrera et al. 2000；Bowers and Matter 1997；Forman 1995；McGarigal and Mars 1993)，国内有关生态学干扰下景观格局及生物群落的变化研究报道较少。吴波(2001)认为，不合理的人类活动是荒漠化扩展及景观拓展发生显著变化的主要驱动因素，在毛乌素地区，农牧民的生产活动(开垦草地、放牧、樵采等)直接作用于景观的空间尺度一般在 $1km^2$ 以下，时间尺度一般可以以年为单位(一年或几年)，这个尺度上的过程是导致荒漠化发生及整个景观发生变化的基本过程。贺达汉等(2001)发现，随着沙化程度的增加和人工固沙区植被演替时间的延长，昆虫群落组成的复杂化和多样性呈现负向和正向增加的变化趋势，但表现在群落组成或结构、演替时间与方向上并不完全一致，随着沙化程度的加重，群落中无天敌昆虫比率明显下降，在两个演替过程中，昆虫群落及稳定性表现出下降趋势，但群落优势种的组成和不稳定机制明显不同。

深入揭示栖息地破碎化和景观的斑块对动物群落在不同尺度域上的影响特征和动物群落对生态学干扰的敏感性反应，是当今国际上研究的趋势(Davies et al. 2001；Mackey and Currie 2001；Donovan and Lamberson 2001；Boulinier et al. 2001；Hames et al. 2001；Lindenmayer et al. 2000；Lomolino and Perault 2000)。我国的荒漠草地生态系统受人为干扰严重，干扰的强度变化较大。因此，研究荒漠啮齿动物群落在不同干扰条件下群落格局的动态特征和敏感性反应对于发展生态学理论和指导生产实践均具有重要的意义。

人为干扰是区别于自然干扰的一种主要干扰方式，是指人类生产、生活和其他社会活动形成的干扰体对自然环境和生态系统施加的各种影响，人为干扰体及其对生态系统影响的研究，已经成为现代生态学研究的热点(傅伯杰等2001)。干扰出现在从个体到景观的所有层次上，干扰是景观的一种主要的生态过程，它是景观异质性的主要来源之一，不同尺度、性质和来源的干扰是景观结构和功能变化的根据(陈利顶和傅伯杰2000)。Nupp和Swihart(2000)指出，关于人类导致自然栖息地破碎化效果的讨论，常常集中在自然群落的结构和功能的破碎化及破碎化敏感物种上，栖息地破碎化的效果可以认为是改变主要的物种。根据它们在对栖息地的面积、栖息地斑块的孤立性及边缘斑块的比例变化的敏感性，Nupp和Swihart(2000)假设对林地斑块的敏感性反应与6种小型哺乳动物个体大小的变化相反，进行检验。Hames等(2001)指出，人类引起的栖息地破碎化是与许多敏感性物种种群的下降相关联的，集合种群动态(meta-population dynamics)理论早已在寻求敏感物种对破碎化反应的驱动格局与过程，然而对这一理论的预测检验在脊椎动物中很少。

生态环境敏感性是指生态系统对各种变异和人类干扰的敏感程度，即生态系统在遇到干扰时，生态环境问题出现的概率大小(刘康等2003)。在自然状况下，各种生态过程维持着一种相对稳定的耦合关系，保证着生态系统的相对稳定，而当外界干扰超过一定限度时，这种耦合关系将被打破，某些生态过程趋于膨胀，导致严重的生态环境问题(刘康等2003)。当人为干扰发生时，一种生物或一类生物在该区域内出现、消失或数量异常变化都与环境条件有关，是生物对环境变化适应与否的反映(陈利顶和傅伯杰2000)。对于生态环境的敏感性研究，目前主要是对酸雨和火烧敏感性的研究，对其他生态环境问题的敏感性研究很少(欧阳志云等2000；Pulliam et al. 1992；Boulinier et al. 2001；Hames et al. 2001；Tao and Feng 1999)。关于啮齿动物群落对干扰敏感性反应的研究目前国际上报道亦很少。目前对生态敏感性的研究多集中在某一生态问题或国家尺度的综合上(王效科等2001；欧阳志云等2000)，对省级尺度的生态敏感性研究报道较少(刘康等2003)。以群落结构特征参数，如物种多样性、均匀性、丰富度、优势度和群落的相似性等作为生态监测指标，恰好能反映生物适应的相对性使生物群落发生着各种变化(傅伯杰等2001)。本研究选择不同干扰条件下荒漠啮齿动物群落的组成种的丰富度及其多样性和均匀性指数，应用PCA方法分析各种群对于干扰类型的敏感性反应，即应用群落结构特征参数来反映生物适应的相对性。PCA方法是广泛且成功应用于数量分类和空间排序的方法(Den Boer 1986)，其目的是对多维空间中大量的信息通过降维处理找到在低维空间中起主要作用的变量。本研究通过PCA结果找到啮齿动物群落中各种群在前三维主成分上的因子负荷量大的变量，从而确定在不同干扰条件下群落中主要种群的敏感性反应的特征，研究结果较好地表明应用该方法是正确可行的。

尺度问题是自然科学的中心问题之一(江洪等2003)，更是生态系统中的核心问题(Levin 1992)。所谓尺度是指观察研究对象(物体或过程)的空间分辨度或时间单位(肖笃宁等 1997)，又标志着对所研究对象的了解水平。在生态学研究中，空间尺度是指所研究生态系统的面积大小或者是单元的空间分辨水平(陈文波等 2002)。尺度在生态系统演替的空间分析中非常重要，但是如何正确地确定生态系统演替的空间和时间尺度，一直是没有深入讨论和研究的领域(江洪等 2003)。但到目前为止，大多数科学研究结果均来源于小尺度(小区，小区域)研究，这些尺度研究结果在某种程度上反映了一定大尺度问题，但其准确度有多大还不大清楚(陈利顶和傅伯杰 2000)。King 和 Hobbs(2006)认为，不同等级上的生态系统之间存在信息交流，这种信息交流就构成了等级之间的相互关系，而这种联系使尺度上推和下推成为可能。尺度选择却经常按照人的感知能力或技术逻辑关系的限制来完成(丁圣彦 2004)。长期以来，群落生态学家常常观察到来自群落外的、强大的自然力迅速破坏群落结构的现象，因为群落尺度接近于人类感官尺度，所以在这一尺度上干扰的影响显而易见(邬建国 2000)。

在研究中，观察的组织尺度是在群落这个尺度上，空间尺度设计为两个观察尺度，一个是较小的标志区($1hm^2$)，另一个是较大的线路调查区(控制面积 $10km^2$)。这两个不同观察尺度的选择主要是根据野外取样技术上能够完成和按照人的感知能力。在标志区采用笼捕的方法调查，在线路样地采用铗日法调查。两种方法的捕获率经方差分析差异不显著($P > 0.05$)。因此，在两种观察尺度上用啮齿动物群落中组成种的丰富度来分析群落格局和变动趋势。从研究结果看，在同一种干扰条件下的生境中，在两种观察尺度上，虽然群落的组成格局及其优势的敏感反应有差别，但从总体上分析却表现出较一致的特征，特别是在轮牧区、禁牧区和开垦区优势种群的敏感性反应表现得较为一致。这种结果一方面反映了阿拉善荒漠这样的生态系统在较大地域内较为一致，啮齿动物群落中的优势种群分布较为一致，因而在这两种尺度的改变中群落格局的变动趋势的尺度效应不十分明显；另一方面也意味着在这样的生境条件下，群落格局变动的空间尺度效应则需在更大空间尺度或更多的空间尺度比较中进行深入研究，特别需应用 3S 技术研究点尺度(样地)、局部尺度(样带)和宏观尺度改变中群落格局的变动特征。

第五节　不同干扰下荒漠啮齿动物群落格局—过程—尺度分析

一、$1hm^2$ 空间尺度上荒漠啮齿动物群落格局干扰效应的对应分析

对三年内 4 种不同干扰在 $1hm^2$ 空间尺度上啮齿动物的捕获数量分年度进行统计，得出荒漠啮齿动物群落种类组成比例，结果见表 3.21。

表 3.21　1hm² 空间尺度上啮齿动物群落在 4 种不同干扰条件下的组成比例

Table 3.21　The component proportion of rodent communities under the four kinds of different disturbance（spatial scale is 1hm²）

鼠种		五趾跳鼠	三趾跳鼠	子午沙鼠	黑线仓鼠	小毛足鼠	长爪沙鼠	短尾仓鼠	草原黄鼠	Σ
开垦区	2002 年	0.0566	0.0000	0.4340	0.3019	0.1132	0.0000	0.0000	0.0943	1.0000
	2003 年	0.0103	0.0000	0.2680	0.5567	0.0309	0.1237	0.0000	0.0103	1.0000
	2004 年	0.2075	0.0000	0.6038	0.0566	0.0377	0.0755	0.0000	0.0189	1.0000
轮牧区	2002 年	0.1159	0.1014	0.5942	0.0000	0.1014	0.0000	0.0145	0.0725	1.0000
	2003 年	0.0700	0.0400	0.5800	0.0200	0.2500	0.0000	0.0100	0.0300	1.0000
	2004 年	0.0256	0.0256	0.5897	0.1026	0.2564	0.0000	0.0000	0.0000	1.0000
过牧区	2002 年	0.2157	0.3529	0.1569	0.0588	0.1961	0.0000	0.0000	0.0196	1.0000
	2003 年	0.0472	0.1038	0.5943	0.0283	0.1321	0.0000	0.0000	0.0943	1.0000
	2004 年	0.1266	0.3038	0.4177	0.0253	0.0506	0.0000	0.0000	0.0759	1.0000
禁牧区	2002 年	0.0943	0.1321	0.2642	0.0566	0.4151	0.0000	0.0000	0.0377	1.0000
	2003 年	0.1161	0.0268	0.6161	0.1071	0.0714	0.0000	0.0000	0.0625	1.0000
	2004 年	0.0933	0.0133	0.5867	0.0800	0.1733	0.0000	0.0000	0.0533	1.0000

注：表中数据为丰富度

以表 3.21 建立数据矩阵，进行对应分析，前两个因子的累积方差贡献率达到 74.12%，第一主因子（Dim1）和第二主因子（Dim2）的累积方差贡献率分别为 50.37% 和 23.75%。各个鼠种变量及各个年度中不同干扰方式上的观测在第一、第二主因子上的特征向量见表 3.22。各个鼠种变量及各个年度不同干扰方式上的观测在第一和第二主因子轴上的散点排序图见图 3.11。

表 3.22　动物变量与不同干扰下不同年度观测在第一、第二主因子上的特征向量（1hm²）

Table 3.22　The eigenvectors of Dim1 and Dim2 on the rodent variables and the different observations（1hm²）

变量	X_1	X_2	X_3	X_4	X_5	X_6	X_7	X_8
Dim1	−0.3148	−0.7794	−0.0382	1.2362	−0.3008	1.8819	−0.5237	−0.1560
Dim2	0.2040	0.9538	−0.2987	0.3444	−0.0450	0.5085	−0.6860	−0.1181

观测	开垦区（2002～2004 年）			轮牧区（2002～2004 年）			过牧区（2002～2004 年）			禁牧区（2002～2004 年）		
Dim1	0.5144	1.5903	0.1940	−0.3328	−0.2408	−0.0015	−0.6000	−0.2447	−0.5115	−0.3610	0.0358	−0.0421
Dim2	−0.0784	0.4496	−0.2172	−0.2072	−0.3502	−0.3170	0.8855	−0.1969	0.4863	0.1619	−0.2803	−0.3360

注：X_1 为五趾跳鼠，X_2 为三趾跳鼠，X_3 为子午沙鼠，X_4 为黑线仓鼠，X_5 为小毛足鼠，X_6 为长爪沙鼠，X_7 为短尾仓鼠，X_8 为草原黄鼠

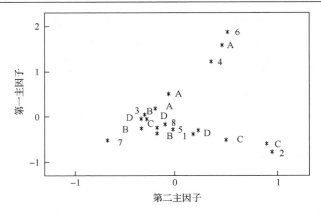

图 3.11　1hm² 空间尺度上啮齿动物群落与不同干扰条件的对应关系

Fig. 3.11　The correspondence of rodent communities and different disturbance(spatial scale is 1hm²)

1 为五趾跳鼠，2 为三趾跳鼠，3 为子午沙鼠，4 为黑线仓鼠，5 为小毛足鼠，6 为长爪沙鼠，

7 为短尾仓鼠，8 为草原黄鼠；A 为开垦区，B 为轮牧区，C 为过牧区，D 为禁牧区

由图 3.11 可知，在 1hm² 空间尺度上黑线仓鼠和长爪沙鼠与开垦区有较明显的对应关系；三趾跳鼠与过牧区有较明显的对应关系；短尾仓鼠与轮牧区有较明显的对应关系；而五趾跳鼠、子午沙鼠、小毛足鼠和草原黄鼠对开垦、轮牧、过牧和禁牧区都表现出较明显的对应关系。由此可知，在 1hm² 空间尺度上以上 4 个种均不能对其中的某一干扰方式表现出较为显著的反应。

二、10hm² 空间尺度上荒漠啮齿动物群落格局干扰效应的对应分析

同理，荒漠啮齿动物群落在 10hm² 空间尺度上 4 种不同干扰条件下的种类组成比例见表 3.23。以表 3.23 建立数据矩阵，进行对应分析，前两个因子的累积方差贡献率达到 79.19%，第一主因子(Dim1)的累积方差贡献率为 62.08%，第二主因子(Dim2)的累积方差贡献率为 17.11%。各个鼠种变量及各个年度中不同干扰方式上的观测在第一主因子和第二主因子上的特征向量见表 3.24，各变量和观测在第一主因子轴和第二主因子轴上的二维散点排序图见图 3.12。

表 3.23　10hm² 空间尺度上啮齿动物群落在 4 种不同干扰条件下的组成比例

Table 3.23　The component proportion of rodent communities under the four kinds of different disturbance(spatial scale is 10hm²)

鼠种		五趾跳鼠	三趾跳鼠	子午沙鼠	黑线仓鼠	小毛足鼠	长爪沙鼠	短尾仓鼠	草原黄鼠	三趾心颅跳鼠	小家鼠	Σ
开垦区	2002 年	0.0632	0.0000	0.3474	0.4842	0.0211	0.0737	0.0105	0.0000	0.0000	0.0000	1.0000
	2003 年	0.0909	0.0000	0.3750	0.4375	0.0398	0.0398	0.0000	0.0114	0.0000	0.0057	1.0000
	2004 年	0.1406	0.0000	0.6563	0.1406	0.0313	0.0156	0.0000	0.0156	0.0000	0.0000	1.0000

续表

鼠种		五趾跳鼠	三趾跳鼠	子午沙鼠	黑线仓鼠	小毛足鼠	长爪沙鼠	短尾仓鼠	草原黄鼠	三趾心颅跳鼠	小家鼠	Σ
轮牧区	2002 年	0.0408	0.4082	0.1224	0.0816	0.2653	0.0204	0.0204	0.0408	0.0000	0.0000	1.0000
	2003 年	0.0094	0.1321	0.0755	0.1038	0.6321	0.0000	0.0000	0.0472	0.0000	0.0000	1.0000
	2004 年	0.0000	0.2545	0.1455	0.0000	0.5818	0.0000	0.0182	0.0000	0.0000	0.0000	1.0000
过牧区	2002 年	0.1839	0.4943	0.0460	0.0805	0.1149	0.0000	0.0460	0.0000	0.0115	0.0230	1.0000
	2003 年	0.0619	0.3093	0.1753	0.0206	0.4124	0.0000	0.0103	0.0103	0.0000	0.0000	1.0000
	2004 年	0.0328	0.3934	0.2295	0.0000	0.3115	0.0000	0.0000	0.0000	0.0328	0.0000	1.0000
禁牧区	2002 年	0.1884	0.0145	0.3188	0.3913	0.0435	0.0000	0.0290	0.0000	0.0145	0.0000	1.0000
	2003 年	0.1068	0.0097	0.3495	0.4466	0.0874	0.0000	0.0000	0.0000	0.0000	0.0000	1.0000
	2004 年	0.0761	0.0000	0.2500	0.6522	0.0000	0.0000	0.0217	0.0000	0.0000	0.0000	1.0000

注：表中数据为丰富度

表 3.24　动物变量与不同干扰下观测在第一、第二主因子上的特征向量（10hm²）
Table 3.24　The eigenvectors of Dim1 and Dim2 on the rodent variables and observations（10hm²）

变量	X_1	X_2	X_3	X_4	X_5	X_6	X_7	X_8	X_9	X_{10}
Dim1	−0.3457	0.9293	−0.4490	−0.8389	0.8746	−0.7911	0.1466	0.5741	0.4893	0.4279
Dim2	0.4687	0.5484	−0.0766	−0.0562	−0.5147	−0.1114	0.7324	−0.5930	0.8965	1.9708

观测	开垦区（2002~2004 年）			轮牧区（2002~2004 年）			过牧区（2002~2004 年）			禁牧区（2002~2004 年）		
Dim1	−0.8402	−0.7487	−0.5904	0.6538	0.7810	0.9218	0.5810	0.7265	0.7287	−0.6396	−0.6522	−0.9216
Dim2	−0.0916	−0.0802	−0.0499	0.2082	−0.7411	−0.4057	0.9759	−0.0689	0.2125	0.1586	−0.1068	−0.0110

注：X_1 为五趾跳鼠，X_2 为三趾跳鼠，X_3 为子午沙鼠，X_4 为黑线仓鼠，X_5 为小毛足鼠，X_6 为长爪沙鼠，X_7 为短尾仓鼠，X_8 为草原黄鼠，X_9 为三趾心颅跳鼠，X_{10} 为小家鼠

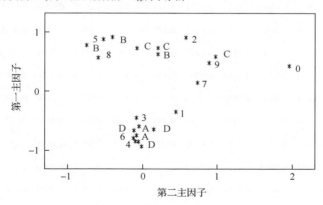

图 3.12　10hm² 空间尺度上啮齿动物群落与不同干扰条件的对应关系
Fig. 3.12　The correspondence of rodent communities and different disturbance（10hm²）

1 为五趾跳鼠，2 为三趾跳鼠，3 为子午沙鼠，4 为黑线仓鼠，5 为小毛足鼠，6 为长爪沙鼠，7 为短尾仓鼠，8 为草原黄鼠，9 为三趾心颅跳鼠，0 为小家鼠；A 为开垦区，B 为轮牧区，C 为过牧区，D 为禁牧区

由图 3.12 可知，在 10hm² 空间尺度上，子午沙鼠和黑线仓鼠都与开垦区和禁牧区有明显的对应关系；长爪沙鼠与开垦区的对应关系较明显；小毛足鼠和草原黄鼠与轮牧区的对应关系较明显；三趾跳鼠和三趾心颅跳鼠与过牧区有较明显的对应关系；短尾仓鼠与过牧区表现出一定的对应关系；五趾跳鼠与禁牧区表现出一定的对应关系。这与 1hm² 空间尺度上的对应关系有了明显不同。

三、40hm² 空间尺度上荒漠啮齿动物群落格局干扰效应的对应分析

同样，荒漠啮齿动物群落在 40hm² 空间尺度上 4 种不同干扰条件下的种类组成见表 3.25。以表 3.25 建立数据矩阵，进行对应分析，前两个因子的累积方差贡献率达到 87.42%，第一主因子(Dim1)的累积方差贡献率为 64.78%，第二主因子(Dim2)的累积方差贡献率为 22.64%。各个鼠种变量及各个年度中不同干扰下的观测在第一、二主因子上的特征向量见表 3.26。各个鼠种变量及各个年度中不同干扰下的观测在第一、第二主因子轴上的二维散点排序图见图 3.13。

表 3.25　40hm² 空间尺度上啮齿动物群落在 4 种不同干扰条件下的组成比例

Table 3.25　The component proportion of rodent communities under the four kinds of different disturbance（spatial scale is 40hm²）

鼠种		五趾跳鼠	三趾跳鼠	子午沙鼠	黑线仓鼠	小毛足鼠	长爪沙鼠	短尾仓鼠	草原黄鼠	三趾心颅跳鼠	小家鼠	Σ
开垦区	2002 年	0.0801	0.0000	0.4776	0.3686	0.0224	0.0353	0.0064	0.0032	0.0000	0.0064	1.0000
	2003 年	0.0465	0.0000	0.4512	0.3876	0.0372	0.0543	0.0047	0.0078	0.0000	0.0109	1.0000
	2004 年	0.0831	0.0000	0.6777	0.1794	0.0266	0.0233	0.0066	0.0000	0.0000	0.0000	1.0000
轮牧区	2002 年	0.1239	0.4027	0.1593	0.0442	0.2257	0.0088	0.0088	0.0221	0.0000	0.0044	1.0000
	2003 年	0.0109	0.0836	0.2618	0.0255	0.5891	0.0036	0.0000	0.0255	0.0000	0.0000	1.0000
	2004 年	0.0140	0.1228	0.3298	0.0035	0.4842	0.0000	0.0140	0.0316	0.0000	0.0000	1.0000
过牧区	2002 年	0.1064	0.5630	0.0560	0.0280	0.1597	0.0000	0.0364	0.0140	0.0140	0.0224	1.0000
	2003 年	0.0400	0.2857	0.2543	0.0257	0.3686	0.0000	0.0086	0.0143	0.0029	0.0000	1.0000
	2004 年	0.0310	0.3876	0.2287	0.0155	0.2907	0.0039	0.0039	0.0155	0.0233	0.0000	1.0000
禁牧区	2002 年	0.1835	0.0468	0.3129	0.3417	0.0971	0.0000	0.0108	0.0000	0.0072	0.0000	1.0000
	2003 年	0.0791	0.0059	0.4308	0.3676	0.1107	0.0000	0.0059	0.0000	0.0000	0.0000	1.0000
	2004 年	0.0431	0.0092	0.4554	0.4831	0.0000	0.0000	0.0092	0.0000	0.0000	0.0000	1.0000

注：表中数据为丰富度

表 3.26　动物变量与不同干扰下观测在第一、第二主因子上的特征向量（40hm²）
Table 3.26　The eigenvectors of Dim1 and Dim2 on the rodent variables and observations（40hm²）

变量	X_1	X_2	X_3	X_4	X_5	X_6	X_7	X_8	X_9	X_{10}
Dim1	−0.1196	1.0296	−0.3954	−0.8784	0.6870	−0.8044	0.3454	0.7195	0.8996	0.3754
Dim2	0.4354	0.5941	−0.1347	0.1802	−0.6080	0.0926	0.5523	−0.3974	0.7895	1.1565

观测	开垦区（2002～2004 年）			轮牧区（2002～2004 年）			过牧区（2002～2004 年）			禁牧区（2002～2004 年）		
Dim1	−0.7614	−0.7655	−0.6216	0.6724	0.5462	0.5066	0.9708	0.6273	0.7513	−0.4622	−0.6032	−0.8603
Dim2	0.0884	0.0581	−0.0840	0.3522	−0.8392	−0.6436	0.8112	−0.1590	0.1311	0.1944	−0.0436	0.1341

注：X_1～X_{10}变量的代表意义同表 3.24

　　由图 3.13 可知，在 40hm² 空间尺度上荒漠啮齿动物群落各组成鼠种与 4 种不同干扰方式之间的对应关系与 10hm² 空间尺度上的对应关系极其相似：子午沙鼠和黑线仓鼠与开垦区和禁牧区之间的对应关系仍然非常明显；长爪沙鼠仍对应于开垦区；小毛足鼠和草原黄鼠与轮牧区的对应关系仍然明显；三趾跳鼠和三趾心颅跳鼠与过牧区的对应关系明显；短尾仓鼠与过牧区表现出一定的对应关系；五趾跳鼠与禁牧区表现出一定的对应关系。

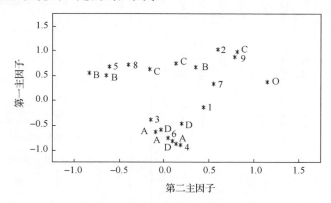

图 3.13　40hm² 空间尺度上啮齿动物群落与不同干扰条件的对应关系
Fig. 3.13　The correspondence of rodent communities and different disturbance（40hm²）
图中数字与字母的代表意义同图 3.12

四、不同干扰下荒漠啮齿动物群落格局尺度效应的对应分析

　　利用表 3.22、表 3.24 和表 3.26 的数据对各干扰方式下，荒漠啮齿动物群落在 1hm²、10hm² 和 40hm² 三个主要空间尺度上三年的丰富度组建矩阵，应用对应分析方法进行分析，各变量和观测在主因子轴上的因子负荷量及其累积方差贡献率见表 3.27。

表3.27　不同干扰下啮齿动物群落组成格局尺度效应的对应分析在第一主因子轴和第二主因子轴上的累积方差贡献率及其因子负荷量

Table 3.27　The cumulative percentage and eigenvectors of Dim1 and Dim2 on the scale effects analysis on the composition patterns of the rodent community under different disturbance

1hm²(2002~2004年)

区域	维度	CP/%	X1	X2	X3	X4	X5	X6	X7	X8	X9	X10
开垦区	Dim1	58.74	-0.5258		-0.2628	0.4853	-0.0793	0.4049	0.2835	-0.2673		0.412
开垦区	Dim2	85.91	-0.1629		-0.0528	0.0174	0.6521	-0.3491	-0.4640	1.4561		-0.2102
轮牧区	Dim1	51.12	-0.3537	0.5760	-0.6376	0.2081	0.2874	0.9065	0.1373	-0.1282		0.741
轮牧区	Dim2	83.38	0.8037	0.5311	0.0109	-0.0267	-0.3897	1.1358	0.4054	0.2018		1.737
过牧区	Dim1	56.35	-0.3029	-0.3221	0.6747	-0.3060	-0.0629	-0.0048	-1.042	1.0149	-0.4172	-1.320
过牧区	Dim2	85.05	0.5221	0.0311	0.0661	0.4971	-0.4919	-0.9051	0.4726	0.5482	-0.4918	0.865
禁牧区	Dim1	65.35	0.0115	1.1107	0.0590	-0.5470	0.9955		-0.7422	1.0631	-0.4376	
禁牧区	Dim2	87.99	0.0656	0.6643	-0.3070	0.2014	0.3650	0.4074		-0.8524	0.4812	

10hm²(2002~2004年) / **40hm²(2002~2004年)**

区域	维度	CP/%	X1	X2	X3	X4	X5	X6	X7	X8	X9	X10
开垦区	Dim1	58.74	-0.0832	0.6318	-0.5752	0.3739	0.2066		-0.4715	0.0723	0.1792	-0.3339
开垦区	Dim2	85.91	0.7153	-0.0551	-0.1513	-0.1439	0.0017		-0.0678	-0.1135	-0.0485	-0.1369
轮牧区	Dim1	51.12	-0.7088	-0.6219	-0.5745	0.5259	0.4630		0.4665	0.3554	0.1085	-0.0141
轮牧区	Dim2	83.38	0.3534	-0.0106	-0.1630	0.4862	-0.4230		-0.2169	0.6615	-0.4335	-0.2539
过牧区	Dim1	56.35	-0.1826	0.9439	0.4627	-0.6528	-0.0712		-0.0329	-0.5539	0.0890	-0.0022
过牧区	Dim2	85.05	0.2373	0.2081	0.4057	0.4100	-0.3936		-0.3821	0.1516	-0.3412	-0.2956
禁牧区	Dim1	65.35	1.1305	0.2826	0.4553	-0.3117	-0.2406		-0.6894	-0.0557	-0.1204	-0.4506
禁牧区	Dim2	87.99	0.4708	-0.5554	-0.4304	0.1232	0.0918		0.2244	0.1940	-0.0207	-0.0978

注：CP为累积方差贡献率，变量X₁~X₁₀的代表意义同表3.24。表中数据空缺指无啮齿动物捕获

　　由对应分析程序以表 3.27 中的特征向量建立第一、第二主因子在 10 个变量及三个年度中各干扰区荒漠啮齿动物群落在三个空间尺度上观测的表达式，然后分别代入 $X_1 \sim X_{10}$，10 个变量在三个年度中各干扰区各空间尺度上的群落组成比例（即最初建立的数据矩阵），得到各干扰条件下阿拉善荒漠啮齿动物群落组成种与三个年度中不同空间尺度上的观测在前两个主因子轴上排列的二维散点图，结果见图 3.14。

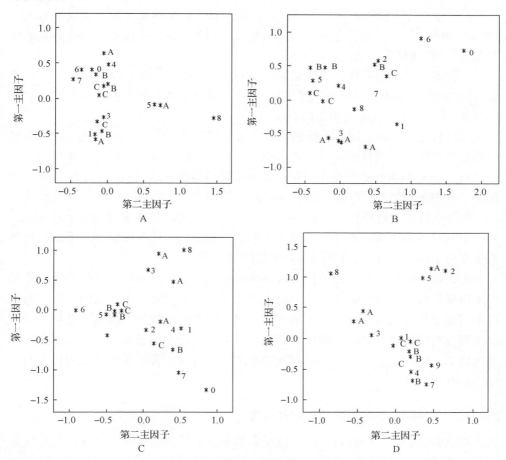

图 3.14　不同干扰条件下荒漠啮齿动物群落组成种与不同空间尺度的对应关系

Fig. 3.14　The correspondence of the rodent communities and spatial scales under different disturbance

图 A、B、C、D 分别为开垦、轮牧、过牧和禁牧 4 种不同干扰条件下啮齿动物群落组成种与不同空间尺度的对应关系图，其中，1 为五趾跳鼠，2 为三趾跳鼠，3 为子午沙鼠，4 为黑线仓鼠，5 为小毛足鼠，6 为长爪沙鼠，7 为短尾仓鼠，8 为草原黄鼠，9 为三趾心颅跳鼠，0 为小家鼠；

A 为 1hm² 空间尺度，B 为 10hm² 空间尺度，C 为 40hm² 空间尺度由表 3.27 可知，4 种不同干扰下荒漠啮齿动物群落组成格局尺度效应的对应分析的累积方差贡献率均在前两个主因子上达到了 80％以上，所以前两个主因子已基本上反映了不同干扰下荒漠啮齿动物群落组成格局尺度效应的 80％以上的信息。从图 3.14 中可以看出，4 种不同干扰下荒漠啮齿动物与空间尺度之间的对应关系因不同的鼠种而表现出一定的差异，各干扰条件下各组成种与尺度之间的具体对应关系如下。

开垦条件下五趾跳鼠、子午沙鼠、黑线仓鼠、长爪沙鼠、短尾仓鼠对 $1hm^2$、$10hm^2$、$40hm^2$ 三个空间尺度都表现出较明显的对应关系，小毛足鼠与草原黄鼠只对 $1hm^2$ 的空间尺度表现出对应关系。

轮牧条件下三趾跳鼠、黑线仓鼠、小毛足鼠、短尾仓鼠、草原黄鼠、长爪沙鼠与 $10hm^2$ 和 $40hm^2$ 两个空间尺度的对应关系较明显，子午沙鼠和五趾跳鼠与 $1hm^2$ 的空间尺度表现出较明显的对应关系。

过牧条件下五趾跳鼠、三趾跳鼠和黑线仓鼠对 $1hm^2$、$10hm^2$、$40hm^2$ 三个空间尺度都表现出较明显的对应关系，小毛足鼠、长爪沙鼠、三趾心颅跳鼠和短尾仓鼠对 $10hm^2$ 和 $40hm^2$ 两个空间尺度表现出较明显的对应关系，子午沙鼠和草原黄鼠只对 $1hm^2$ 的空间尺度表现出较明显的对应关系。

禁牧条件下五趾跳鼠、黑线仓鼠、短尾仓鼠和三趾心颅跳鼠对 $10hm^2$ 和 $40hm^2$ 两个空间尺度都表现出较明显的对应关系，三趾跳鼠、子午沙鼠、小毛足鼠和草原黄鼠对 $1hm^2$ 的空间尺度表现出较明显的对应关系。

由此可见，不仅同一种干扰方式下荒漠啮齿动物与空间尺度之间的对应关系因不同鼠种而表现出一定的差异，而且同一个鼠种与空间尺度之间的对应关系也因不同的干扰方式而表现出一定的差异，这表明不同干扰下荒漠啮齿动物群落各组成鼠种与空间尺度之间的对应关系在不同的空间尺度上表现出一种动态镶嵌的变化格局。同时也说明，荒漠啮齿动物群落干扰效应在各个鼠种的空间尺度效应上同样有所体现。

五、关于荒漠啮齿动物群落与干扰及尺度

对应分析方法是一种可以用一组变量的观测值以共同的因子轴同时对变量和样品进行排序，进而实现对变量和样品进行对应分类的多元统计分析方法（Pulliam et al. 1992；Hubbell and Foster 1986），本研究中，应用该方法研究荒漠啮齿动物群落各种群对于不同干扰方式和不同空间尺度的反应特征，是对典型相关分析的一种补充。

由于干扰本身具有多尺度性，一个尺度上的干扰并非是所有尺度上的干扰，因此研究和认识干扰要与等级观点结合起来（邬建国 2000）。等级缀块动态理论认为生态学系统是一个不同尺度上缀块的动态镶嵌体，低层次的非平衡过程被整合

到高层次的稳定过程当中，其系统的稳定性是干扰在时间和空间相对尺度上的函数（邬建国 2000）。因此，干扰总是相对于特定的尺度域而言的，发生在小尺度、低层次上的干扰则可能是大尺度、高层次上的一种正常的生态现象，因而在不同时空尺度上干扰的内涵是不同的。

Holling（1992）指出，干扰在不同的时空尺度上有着不同的干扰内容，捕食、微栖息地变化及捕杀等小范围的人类活动是发生在小尺度（空间从几厘米到上百米）上的干扰类型，放牧和农业生产等人类经济活动是发生在中尺度（空间从几百米到几百公里）上的干扰类型，而大的地形变化、地质变化及全球范围的人类活动则是大尺度（空间从上千公里到几千公里）上发生的干扰类型。在本研究中，从荒漠啮齿动物群落的相似性、生态位特征及群落组成种与干扰之间的对应关系在三个主要空间尺度上的差异来看，1hm^2 空间尺度上的分析结果与 10hm^2 空间尺度上的分析结果表现出较小的相似性，而在 10hm^2 空间尺度上与 40hm^2 空间尺度上则表现出很大的相似性。这说明较小尺度上的特征在较大尺度上有所体现，但大尺度上的特征又不是对小尺度特征的简单再现，随着空间尺度的增大，小尺度上的一些特征可能被较大尺度所平滑掉。因此，大尺度上的特征包含着小尺度上的特征信息，但这种包含并不是对小尺度特征信息无取舍的包含，而是在等级层次上的一种整合。此外，荒漠啮齿动物群落在不同干扰方式、不同尺度梯度及不同的生态参数上的尺度效应存在差异，由于尺度等级性的存在，研究尺度对于研究结果有着重要影响。对于同一研究对象，如果采用不同的研究尺度所得研究结果往往存在着较大的差异；同时，这也进一步证实了干扰的多尺度性的存在。

第六节　荒漠啮齿动物群落多样性特征非线性分析

一、不同干扰和尺度下啮齿动物群落相似性分析

对不同干扰条件下阿拉善荒漠啮齿动物群落在 1hm^2、10hm^2、40hm^2 三个空间尺度上群落相似性的变动特征采用以下方法进行分析。

群落相似性指数（similarity index），采用 Whittaker（1960）指数（马克平和刘玉明 1994a），计算公式为

$$I=1-0.5(\sum | a_i-b_i |) \tag{3.31}$$

式中，a_i 和 b_i 分别为种 i 在 a 群落和 b 群落中的比例。

用公式（3.31）分别计算不同干扰下荒漠啮齿动物在 1hm^2、10hm^2、40hm^2 三个空间尺度上群落的相似性指数，结果见表 3.28。由表 3.28 制得图 3.15，得到群落之间相似性在三个空间尺度上的变动特征。

由表 3.28 可知，在 1hm^2 空间尺度上，轮牧区与禁牧区啮齿动物群落的相似

性指数最高，为 0.8984；其次为过牧区与禁牧区、轮牧区的相似性指数，分别为 0.7974 和 0.7612；开垦区与轮牧区的相似性指数最低，为 0.5905。在 10hm² 空间尺度上，开垦区与禁牧区啮齿动物群落的相似性指数最高，为 0.8291；其次为过牧区与轮牧区、开垦区之间的相似性指数，分别为 0.6796 和 0.6102；开垦区与轮牧区啮齿动物群落的相似性指数最低，为 0.2401。在 40hm² 空间尺度上，开垦区和禁牧区之间啮齿动物群落的相似性指数仍为最高，为 0.8418；轮牧区和过牧区次之，为 0.6882；开垦区与过牧区之间啮齿动物群落的相似性指数最低，为 0.3105。

表 3.28　三个空间尺度上 4 种不同干扰条件下动物群落的相似性指数

Table 3.28　The similarity index of the rodent communities on three spatial scales under the four kinds of different disturbance

相似性指数	$I_{1,2}$	$I_{1,3}$	$I_{1,4}$	$I_{2,3}$	$I_{2,4}$	$I_{3,4}$
1hm²	0.5905	0.5955	0.6491	0.7612	0.8984	0.7974
10hm²	0.2401	0.6102	0.8291	0.6796	0.2531	0.3497
40hm²	0.3645	0.3105	0.8418	0.6882	0.4152	0.3619

注：$I_{1,2}$、$I_{1,3}$、$I_{1,4}$ 分别为开垦区与轮牧区、过牧区、禁牧区啮齿动物群落的相似性指数，$I_{2,3}$、$I_{2,4}$ 分别为轮牧区与过牧区、禁牧区啮齿动物群落的相似性指数，$I_{3,4}$ 为过牧区与禁牧区啮齿动物群落的相似性指数

由图 3.15 可看出，不同干扰下荒漠啮齿动物群落的相似性指数在三个主要空间尺度上的动态特点是：随着空间尺度的变化，轮牧区和过牧区啮齿动物群落之间的相似性指数变化幅度最小，开垦区与禁牧区之间次之，而轮牧区和禁牧区之间的变化幅度较大。总的来看，4 种不同干扰下的啮齿动物群落在三个不同的主要空间尺度上都表现出一定的相似性，也就是说，不同干扰和尺度下的荒漠啮齿动物群落具有明显的自相似性。

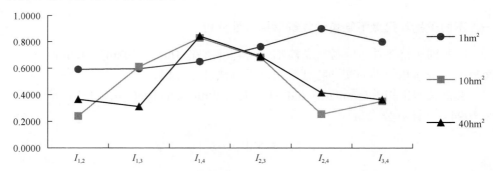

图 3.15　三个空间尺度上不同干扰下啮齿动物群落的相似性变动特征

Fig. 3.15　The changing characteristics of the similarity index of the rodent communities on three spatial scales under the four kinds of different disturbance

图中 $I_{1,2}$、$I_{1,3}$、$I_{1,4}$、$I_{2,3}$、$I_{2,4}$、$I_{3,4}$ 的代表意义同表 3.28

二、不同干扰和尺度下啮齿动物群落均匀性分形分析

(一)分形理论概述

20 世纪 60 年代，混沌现象的发现引发了人们对复杂性问题的研究，并且人们逐渐认识到非线性因素是这种复杂性问题的集中表现。分形现象就是这种复杂性问题在非线性科学领域的研究内容之一，其理论基础就是分形理论(fractal theory)，运用的方法是分形分析(fractal analysis)。1967 年法裔美国数学家曼德尔布罗特(Mandelbrot)发表在美国 *Science* 杂志上的经典论文《英国的海岸线有多长？统计自相似性与分形维数》(*How Long is the Coast of Britain, Statistical Self-similarity and Fractional Dimension*)震惊了当时的学术界，为分形理论的创立奠定了基础。其核心内容是：由于海岸线是不规则的，随着测量尺度的不同，所测度的结果是完全不同的，如果测量尺度无限变小，则海岸线就无限变长；如果测量尺度变大，则海岸线变短。也就是说类似于云团、湍流、山脉等不规则形体的测度，传统的欧氏几何遇到了前所未有的难题，而这些现象在自然界往往普遍存在，只是过去人们受传统数学研究的影响，将这些"怪物几何"的研究排除在外或根本忽略了。1974 年 Mandelbrot 提出分形理论，1977 年他出版了专著《分形：形，机遇与维数》(*Fractal: Form , Chance and Dimension*)，1982 年又出版了《自然界的分形几何学》(*The Fractal Geometry of Nature*)。这两部著作的出版标志着分形理论的创立。分形理论认为，分形就是指由各个部分组成的形态，每个部分以某种方式与整体相似，它具有自相似性(self-similarity property)和标度不变性(scale invariant property)。所谓自相似性是指某种结构或过程的特征从不同的空间尺度或时间尺度来看都是相似的。这一特征被称作分形体的本质特征。标度不变性是指在存在自相似性的尺度域内，分形上任意选一局域，对它进行放大或缩小，所得到的图形又会显示出原图的形态特征。分形有两种，一种是有规分形，另一种是无规分形。有规分形的计算以经典的 Koch 雪花曲线为例，分维数为 1.2619。无规分形是指具有统计自相似的形体，因此无规分形又称为统计分形，如英国的海岸线，分维数为 1.25；我国的海岸线，分维数为 1.267。一般来说，分形体具有以下性质：①是不规则的，以至于不能用传统的几何语言来描述；②通常具有某种自相似性，或者是近似的或者是具有统计意义的；③在某种方式下具有大于拓扑维数的"分维数"。

群落生态学的核心之一是研究群落多样性特征，群落多样性特征既是刻画群落特征及其时空动态规律的重要内容，又是研究群落特征与生态系统功能的一项重要指标(孙儒泳 2001)。在实际工作中，通常遵从取样原则进行群落多样性特征研究，通过设置一定面积的样地对群落的物种数 S、多样性指数 H、均匀度指数 J

进行测度估计。很显然，在正常取样的情况下，一般地，样地的物种数总是小于整个群落的物种数，并单调地随取样尺度的增加而不规则地增加。多样性的测度也依赖于样地面积的大小，并且是随着样地面积的变化呈现矢量变化（Falconer 1991）。所以，单一取样尺度下的多样性和均匀度值，既不能代表整个群落物种分布的多样性特征和均匀程度，又丢失了该取样尺度以下其他尺度上的群落多样性特征信息。因此，单一尺度下的多样性特征测度不能得到确切的整体性结论。如何从有限取样尺度的样地资料中获取更多的群落结构特征的信息，是群落学研究必须考虑的重要问题（王永繁等 2003）。祖元刚等（2000，1997）、祖元刚和马克明（1995）、马克明和祖元刚（2000a，2000b）、马克明等（1999）、叶万辉等（1998）、张文辉等（1999）、周红章等（2000）、王永繁等（2003，2002）、韩庆杰等（2005）分别应用分形理论就植物群落空间异质性和多样性测度的尺度效应等进行了专门研究。Frontier（1987，1985）和 Ricotta 等（1998）分别应用分形理论的分析方法就群落均匀度测度中的尺度效应进行了研究，发现在某一群落类型的若干样地中，有效物种丰富度与物种数之间在统计意义上存在某种幂律关系，认为这是物种多度分布共同遵循的一个独立于尺度的规律，是不依赖于取样尺度的群落均匀度的一种测度（Ricotta et al. 1998；Frontier 1987，1985）。本研究借鉴植物群落研究中分形理论的分析方法，对不同干扰下荒漠啮齿动物群落多样性特征测度中的尺度依赖问题、分形维数的生态学意义及群落的均匀度测度随尺度的变化情况进行研究，并在此基础上明确不同干扰条件下荒漠啮齿动物群落研究中的取样尺度问题，进而提出表征尺度（manifestation scale）的概念。

（二）群落均匀性的尺度效应

本研究中，群落多样性指数（diversity index）采用 Shannon-Wiener 指数（马克平和刘玉明 1994a，1994b），计算公式为

$$H = -\sum P_i \ln P_i \tag{3.32}$$

式中，H 为多样性指数，P_i 为种 i 在群落中的比例。

群落均匀性指数（evenness index）采用 Pielou（1966）指数（马克平和刘玉明 1994a，1994b），计算公式为

$$J = H/H_{max}, \quad H_{max} = \ln S, \quad J = H/\ln S \tag{3.33}$$

式中，J 为均匀性指数，H 为多样性指数，S 为物种数。

具自相似性的分形体，在存在自相似性的尺度域内，满足标度不变性，其某种测度 M 与尺度 r 之间在统计意义上满足下列幂律关系（李火根和黄敏仁 2001）：

$$M(r) = cr^D \tag{3.34}$$

式中，c 为常数，D 为分形维数。

分形维数是自相似性规律的数量化特征，是对分形体空间填充程度的反映(马克明和祖元刚 2000a，2000b)。Frontier 认为群落多样性与均匀度之间也具有公式(3.32)的幂律关系(Frontier 1985，1987)，多样性指数 H 可表示为

$$H=(H/H_{\max})\,H_{\max}=J\ln S \tag{3.35}$$

H 是 $-\ln P_i(i=1, 2,\cdots, S)$ 的数学期望值，H 又可写成如下形式：

$$H=E(-\ln P_i)=\ln A \tag{3.36}$$

式中，$A=e^H$，为有效物种丰富度(effective species richness)(Ricotta et al. 1998)，被定义为当各物种个体数均匀分布时在多样性值上与 H 等价的最少物种数。

对于某一群落类型的不同取样尺度，在具有统计自相似性的尺度域内，物种数目 S 及均匀度 J 都会发生变化，一般情况下都会表现出对尺度的依赖性。如果 A 与 S 之间存在幂律关系，将会满足下列一般化形式(王永繁等 2003)

$$A=kS^D \tag{3.37}$$

式中，k 为常数，D 为分形维数，在存在自相似性的尺度域内也是常量。A 相对于 S 来说是个 D 维测度的量。

此时公式(3.37)与公式(3.34)具有相同的形式，公式(3.37)两边取对数得

$$\ln A=\ln k+D\ln S \tag{3.38}$$

通过在某一群落类型设置大量的样地，或对于同一样地不断改变取样尺度，将得到大量的多样性指数 H 与物种数 S 的数据组合，在平面坐标上，将 $H=\ln A$ 与 $\ln S$ 进行直线(分段)拟合，拟合直线斜率即为分形维数 D。

D 的生态学意义：设拟合直线的方程 $H=b+D\ln S$。拟合直线上的点所对应的均匀度 J，等于该点与坐标原点连线的斜率。一般情况下，分形维数 D 与 J 不同。对于拟合直线上的某一点 P，其对应的物种数为 S，相应的多样性指数值为 H，则与 P 对应的群落均匀度 J 为

$$J=H/\ln S=[b+D\ln S]/\ln S=D+b/\ln S \tag{3.39}$$

由于 $b(=\ln k)$ 是常数，当 $\ln S$ 逐渐增加时，$b/\ln S\to0$，因此 $J\to D$，即在存在统计自相似性的尺度域内，随着取样尺度的增加，群落均匀度 J 不断向分形维数 D 趋近。特别是当 S 在有限范围内增加到一定限度时，$b\to0$ 时，则 $J\approx D$，此时的分形维数最为理想，表明群落的均匀性 J 保持不变。分形维数增大，则群落的空间分化程度弱，异质性低；分形维数减小，则群落的空间分化强，异质性高。

本研究分别计算了 4 种干扰条件下，在 1hm^2、10hm^2、20hm^2、30hm^2 和 40hm^2 等 5 个取样尺度的群落多样性指数(H)、均匀性指数(J)。多样性指数(H)随着取

样尺度(r)的变化趋势和 H 与 $\ln S$ 的直线(分段)拟合结果见图 3.16。均匀性指数(J)随着取样尺度(r)的变化趋势如图 3.17 所示。

图 3.16A 和图 3.17A 是开垦干扰下，啮齿动物群落多样性指数(H)和均匀性指数(J)随着取样尺度(r)逐渐增大的变化趋势。可以看出在取样尺度 30hm^2 之前，H 逐渐增大，在 30hm^2 之后，曲线平缓几无变化。而 J 在取样尺度 30hm^2 之前，开始增大，然后减小，在 30hm^2 之后，曲线平缓几无变化。因此，取样尺度 30hm^2 是一个明显的拐点。图 3.16B 是群落均匀性分形分析结果，是多样性指数与 $\ln S$ 的直线拟合图，在取样尺度逐渐增加的过程中，H 与 $\ln S$ 在双对数坐标系中被拟合为两条直线，得到两个分形维数，拐点对应的尺度是 30hm^2。在拐点之前的尺度域内，拟合直线的相关系数 0.9617，$P<0.001$，达到极显著水平，分形维数为 0.6603<1，在 Y 轴上的截距为 0.0892→0，$J≈D$。表明在此取样尺度域内，随着尺度和多样性的增加，均匀性在降低，而且以 0.6603 为下限。在拐点之后的尺度域内，拟合直线的相关系数 0.8938，$P<0.01$，达到极显著相关水平，分形维数为 0.821<1，拟合直线在 Y 轴上的截距为−0.38<0，表明随着尺度的增加，均匀性在增加，并按照一定的线性规律向 0.821 逼近。此时分形维数比拐点之前增大，表明在 30hm^2 拐点之后的尺度域与拐点之前的尺度域相比，群落结构没有发生明显的空间分化，而是同质性增强。也就是说，在拐点处的 30hm^2 取样尺度域内包含了群落多样性特征的完整信息。因此，可将 30hm^2 取样尺度作为表征尺度。

图 3.16C 是轮牧干扰下，啮齿动物群落多样性指数(H)随着取样尺度(r)逐渐增大的变化趋势，可以看出在取样尺度 20hm^2 之前，H 几乎呈直线上升，在 20hm^2 之后，曲线平缓，但在 30～40hm^2 取样尺度上又表现出上升趋势。但是从均匀性曲线变化看，是呈下降趋势(图 3.17B)。因此，在 1～40hm^2 取样尺度域内，可将 30hm^2 作为一个拐点。图 3.16D 是群落均匀性分形分析结果，是多样性指数与 $\ln S$ 的直线拟合图，在取样尺度逐渐增加的过程中，H 与 $\ln S$ 在双对数坐标系中被拟合为两条直线，得到两个分形维数，拐点对应的尺度是 30hm^2。在拐点之前的尺度域内，拟合直线的相关系数 0.9253，$P<0.001$，达到极显著水平，分形维数为 0.7659<1，在 Y 轴上的截距为 0.0227→0，$J≈D$。表明在此取样尺度域内，随着尺度和多样性的增加，均匀性在降低，而且以 0.7659 为下限。在拐点之后的尺度域内，拟合直线的相关系数 0.6971，$P<0.05$，达到显著相关水平，分形维数为 0.6692<1，群落均匀性按照一定的线性规律向 0.6692 逼近，拟合直线在 Y 轴上的截距为 0.1176>0，表明在 30～40hm^2 取样尺度域内，随着尺度的增加，均匀性也降低，说明在 30hm^2 拐点之后的尺度域与拐点之前的尺度域相比，群落结构发生了明显的空间分化，也就是说，在拐点处的 30hm^2 取样尺度域内没有包含群落多样性特征的完整信息。因此，将 40hm^2 取样尺度并入，进行直线拟合。结果见图 3.17E。

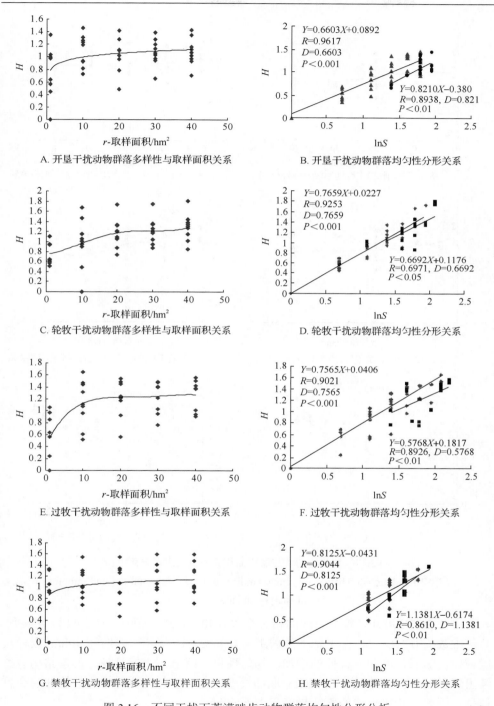

A. 开垦干扰动物群落多样性与取样面积关系

B. 开垦干扰动物群落均匀性分形关系

C. 轮牧干扰动物群落多样性与取样面积关系

D. 轮牧干扰动物群落均匀性分形关系

E. 过牧干扰动物群落多样性与取样面积关系

F. 过牧干扰动物群落均匀性分形关系

G. 禁牧干扰动物群落多样性与取样面积关系

H. 禁牧干扰动物群落均匀性分形关系

图 3.16　不同干扰下荒漠啮齿动物群落均匀性分形分析

Fig. 3.16　The fractal analysis of the desert rodent community evenness under different disturbance

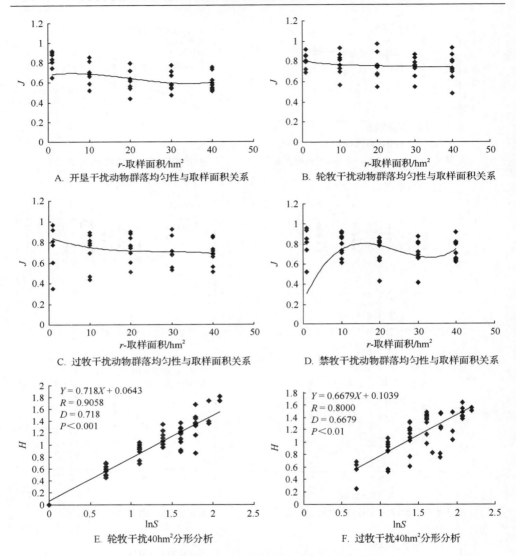

图 3.17　群落均匀性与取样面积关系及大尺度分形分析

Fig. 3.17　The relationship between evenness indices of rodent communities and sampling areas, fractal analysis in large scale sites

由图 3.17E 可知，拟合直线的相关系数 0.9058，$P<0.001$，达到极显著水平，分形维数为 $0.718<1$，在 Y 轴上的截距为 $0.0643\to 0$，$J\approx D$。表明在 40hm² 取样尺度域内，随着尺度和多样性的增加，均匀性仍在降低。也就是说，群落结构有继续出现空间分化的趋势，在 40hm² 取样尺度域内不能包含群落多样性特征的完整信息。因此，轮牧干扰的表征尺度应大于 40hm²。

图 3.16E 显示了过牧干扰下，啮齿动物群落多样性指数（H）随着取样尺度（r）

逐渐增大的变化趋势，可以看出在取样尺度 20hm² 之前，H 急剧上升，在 20hm² 之后曲线略有下降，30hm² 之后曲线平缓几无变化。从均匀性(J)随取样尺度(r) 逐渐增大的变化趋势看，30hm² 之前明显下降，之后曲线平稳(图 3.17C)。因此，在 1～40hm² 取样尺度域内，30hm² 是一个明显的拐点。图 3.16F 是群落均匀性分形分析结果，是多样性指数与 ln$S$ 的直线拟合图，在取样尺度逐渐增加的过程中，H 与 ln$S$ 在双对数坐标系中被拟合为两条直线，得到两个分形维数，拐点对应的尺度是 30hm²。在拐点之前的尺度域内，拟合直线的相关系数 0.9021，$P<0.001$，达到极显著水平，分形维数为 0.7565<1，在 Y 轴上的截距为 0.0406$\rightarrow$0，$J \approx D$。表明在此取样尺度域内，随着尺度和多样性的增加，均匀性在降低，而且以 0.7565 为下限。在拐点之后的尺度域内，拟合直线的相关系数 0.8926，$P<0.01$，达到极显著相关水平，分形维数为 0.5768<1，群落均匀性按照一定的线性规律向 0.5768 逼近，拟合直线在 Y 轴上的截距为 0.1817>0，表明在 30～40hm² 取样尺度域内，随着尺度的增加，均匀性同样降低。这与轮牧干扰的情形相同，拐点之后群落结构发生了明显的空间分化，在 30hm² 取样尺度域内没有包含群落多样性特征的完整信息。因此，将 40hm² 取样尺度并入，进行直线拟合。结果如图 3.17F 所示。

由图 3.17F 可知，拟合直线的相关系数 0.8，$P<0.01$，达到极显著水平，分形维数为 0.6679<1，在 Y 轴上的截距为 0.1039>0。表明在 40hm² 取样尺度域内，随着尺度和多样性的增加，均匀性仍在降低。群落均匀性按照一定的线性规律向 0.6679 逼近。群落结构有继续出现空间分化的趋势，在 40hm² 取样尺度域内不能包含群落多样性特征的完整信息。因此，过牧干扰的表征尺度也应大于 40hm²。

图 3.16G 是禁牧干扰下，啮齿动物群落多样性指数(H)随着取样尺度(r)逐渐增大的变化趋势，可以看出在取样尺度 30hm² 之前，H 逐渐平缓增大，在 30hm² 之后，曲线平直几无变化。而 J 在取样尺度 20hm² 之前，开始增大，然后减小，在 30hm² 之后，曲线又开始上升，出现了两个拐点(图 3.17D)。综合 H 和 J 的变化特征，将取样尺度 30hm² 作为拐点。图 3.16H 是群落均匀性分形分析结果，是多样性指数 H 与 ln$S$ 的直线拟合图，在取样尺度逐渐增加的过程中，H 与 ln$S$ 在双对数坐标系中被拟合为两条直线，得到两个分形维数，拐点对应的尺度是 30hm²。在拐点之前的尺度域内，拟合直线的相关系数 0.9044，$P<0.001$，达到极显著水平，分形维数为 0.8125<1，在 Y 轴上的截距为$-0.0431\rightarrow$0，$J \approx D$。表明在此取样尺度域内，随着尺度和多样性的增加，均匀性在增加。在拐点之后的尺度域内，拟合直线的相关系数 0.861，$P<0.01$，达到极显著相关水平，分形维数为 1.1381>1，群落均匀性按照一定的线性规律向 1 逼近，拟合直线在 Y 轴上的截距为$-0.6174<0$，表明在 30～40hm² 取样尺度域内，随着尺度的增加，均匀性也增加。在拐点之后，群落结构没有发生明显的空间分化，而是同质性增强。也就是说，在拐点处的 30hm² 取样尺度域内包含了群落多样性特征的完整信息。因此，可将 30hm² 取样尺度作为表征尺度。

　　综上所述，分形维数 D 可被看作群落均匀度 J 测度值随着取样尺度和物种数 S 逐渐增加的过程中，从不同的方向向其逼近的一个理论值。利用 H 与 $\ln S$ 之间的拟合直线方程，可对群落均匀度随 S 的增加而变化的趋势给予刻画。由以上分形分析和图 3.16A～H 可知，不同干扰条件下，荒漠啮齿动物群落均匀性在不同取样尺度下的分形维数不同，开垦干扰和禁牧干扰的分形维数分别为 0.6603 和 0.8125 时，群落均匀性测度值更接近分形维数，此时的取样尺度即为表征尺度。所以"表征尺度"就是在具有自相似性的尺度域内，分形体得到恰当分形维数时的尺度域，在此尺度域内包含了分形体的完整特征信息。不同干扰的表征尺度分别为：开垦干扰，$30hm^2$；禁牧干扰，$30hm^2$；轮牧干扰和过牧干扰均大于 $40hm^2$。在表征尺度下群落的多样性特征值更具合理性。

　　分形理论为植物群落均匀度的尺度依赖问题提供了有效的分析方法，这对于认识群落多样性与均匀度时空分布格局上的差异，以及进一步探讨导致差异的生态学过程无疑具有重要的意义（王永繁等 2003）。本研究借鉴植物群落研究中，有效物种丰富度指数 A 与物种丰富度指数 S 之间的幂律关系，在统计意义上揭示动物群落均匀度测度随尺度变化的规律，分形维数 D 可被看作在取样尺度增加的过程中群落均匀度从不同方向向其逐步逼近的一个理论值。利用 A 与 S 在双对数坐标上的拟合直线方程，在存在统计自相似性规律的尺度域内，试图尝试对任意取样尺度上的均匀度进行预测，并对群落均匀度的变化方向、趋势及不同干扰下荒漠啮齿动物群落研究中的取样尺度进行描述。

　　"表征尺度"（manifestation scale）概念提出的意义在于：由于多样性特征值测度表现出尺度的敏感依赖性，因此，作为群落多样性特征的整体评价指标，必须克服不同尺度下均匀性测度值的片面性。但在尺度扩大过程中，将均匀性的变化达到相对平稳时的尺度作为表征尺度，以表征尺度下的均匀性指数值来表征群落的均匀性水平，具有一定的合理性。然而，在进行群落多样性研究时，更多的情况是对具有某种联系的若干群落类型均匀性特征的相对差异进行比较，以此阐述一定的生态学意义。不同的群落类型，表征尺度往往不同，凭借经验确定的所谓标准取样尺度主观性太强，不易得到符合实际的结果。为增加标准取样尺度选择的客观性，本研究提出荒漠啮齿动物群落多样性特征的"表征尺度"的概念，即对于一组需要比较其均匀性特征差异的群落，首先采用尺度不断扩大的方法，确定每一群落的不同表现尺度，当特征值达到相对平稳时的表现尺度即为表征尺度，以此作为该群落组合统一的标准取样尺度，在此尺度下对各群落的多样性特征进行比较。不同的群落组合，表征尺度的大小可能不同，即使是同一群落组合，采用不同的均匀性指数，表征尺度的值也不同。

三、不同干扰和尺度下啮齿动物群落多样性小波分析

　　小波（wavelet）就是小区域的波，是一种特殊的长度有限、平均值为 0 的波形。

它有两个特点：一是"小"，即在时域都具有紧支集或近似紧支集；二是正负交替的"波动性"，即直流分量为 0（飞思科技产品研发中心 2003）。与傅里叶（Fourier）分析所用的正弦波相比，小波倾向于不规则与不对称。傅里叶分析是将信号分解成一系列不同频率的正弦波的叠加，同样小波分析是将信号分解成一系列小波函数的叠加，而这些小波函数都是由一个母小波函数经过平移与尺度伸缩得来的。显然，用不规则的小波函数来逼近尖锐变化的信号要比光滑的正弦波要好。同样，信号局部的特性用小波函数来逼近显然要比光滑的正弦波要好。

　　小波分析（wavelet analysis）有以下特点：①有多分辨率（multi-resolution），也称多尺度（multi-scale）的特点，可以由粗及细地逐步观察信号。②可以在不同尺度下对所分析信号做滤波，尺度越大频率越低。③选择适当的小波函数可以在时、频域都具有表征信号局部特征的能力，因此有利于检测信号的瞬态和奇异点。基于这些特点，小波分析被称作"数学显微镜"（飞思科技产品研发中心 2003）。

　　Daubechies 小波是由法国学者 Ingrid Daubechies 所提出的一系列二进制小波的总称，她发明的紧支集正交小波是小波领域的里程碑，使得小波的研究由理论转到可行（费佩燕和刘曙光 2001）。Daubechies 系列的小波在 MATLAB 中简写为dbN，其中 N 表示阶数（N 的取值为 1～10 的整数），db 是小波名字的前缀，除 db_1（等同于 Haar 小波）外，其余的 db 系列小波函数都没有解析表达式。本研究应用了db_5 小波函数对不同干扰和空间尺度下啮齿动物群落多样性在 5 个层次上进行了多尺度分析，结果如图 3.18 所示。分析过程如下。

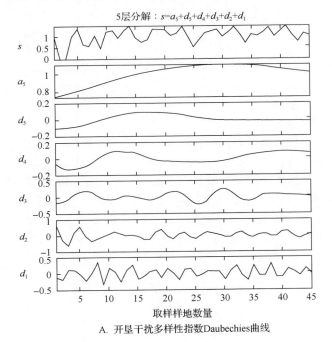

A. 开垦干扰多样性指数Daubechies曲线

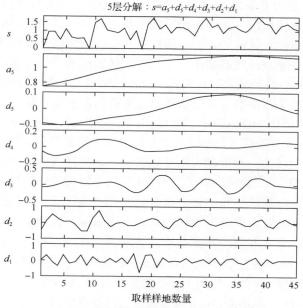

B. 轮牧干扰多样性指数Daubechies曲线

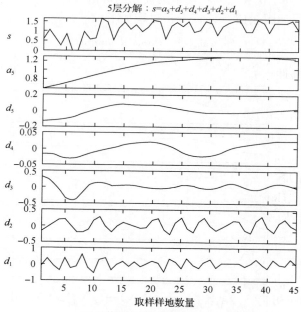

C. 过牧干扰多样性指数Daubechies曲线

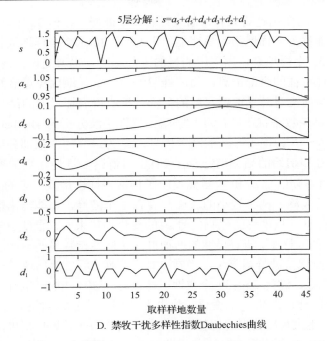

5层分解：$s=a_5+d_5+d_4+d_3+d_2+d_1$

取样样地数量

D. 禁牧干扰多样性指数Daubechies曲线

图 3.18　不同干扰和尺度下啮齿动物群落多样性小波分析

Fig. 3.18　The wavelet analysis for diversity of desert rodent communities on different scales under different disturbance

　　将三年 4 种不同干扰下 $1hm^2$、$10hm^2$、$20hm^2$、$30hm^2$ 和 $40hm^2$ 等 5 个尺度的啮齿动物群落多样性指数均对应取 4 月、7 月、10 月的数据，这样每个尺度取 9 个样地数据，每一种干扰可取 45 个样地数据应用小波包的 db_5 小波函数进行逐层信号分解分析。由于小波包分析对上一层的低频部分和高频部分同时进行细分，具有更为精确的局部分析能力。在低频部分具有较高的频率分辨率和较低的时间分辨率，在高频部分具有较高的时间分辨率和较低的频率分辨率，很适合于探测正常信号中夹带的瞬变反常信号并分析其成分（冉启文 1999）。本研究选择 db_5 小波函数的最大层次（level5），即在 5 个层次上对 4 种不同干扰下 5 个尺度的原始信号（s）逐步分解滤波，得到 5 个高频部分信号（$d_1\sim d_5$）和最终的低频部分信号（a_5），对所得信号进行对比分析。

　　图 3.18A 是开垦干扰下啮齿动物群落多样性小波分析的 Daubechies 曲线，s 为原始信号，$d_1\sim d_5$ 为逐步过滤的高频信号，a_5 为最终的低频部分信号。可以看出，在原始信号和初始的高频信号（$d_1\sim d_3$）中对群落多样性指数的变化趋势反映得并不明显，而高频信号 d_4 和 d_5 虽然反映了群落多样性指数一定的变化趋势，但 d_4 有两个波峰，d_5 有 1 个波峰，不能给出群落多样性变化的确切趋势信息。从最

终的低频信号 a_5 的变化趋势来看，曲线只有 1 个波峰，在前 30 个样地的取样中，随着尺度的增加群落多样性指数呈明显的上升，在 30～33 个样地取样点保持波峰最高值，而在 33 个样地之后出现了明显的下降趋势。也就是说，前 33 个取样包含了群落多样性特征的全部信息，而波峰 30～33 个样地取样点恰好对应 30hm² 取样尺度。这与前文对开垦取样尺度的分形分析所得表征尺度的结果是一致的。

图 3.18B 是轮牧干扰下啮齿动物群落多样性小波分析的 Daubechies 曲线，s 为原始信号，d_1～d_5 为逐步过滤的高频信号，a_5 为最终的低频部分信号。可以看出，在原始信号和初始的高频信号 (d_1～d_3) 中对群落多样性指数的变化趋势反映得并不明显，而高频信号 d_4 和 d_5 虽然反映了群落多样性指数一定的变化趋势，但 d_4 有 1 个较大的波峰、两个较小的波峰，d_5 有 1 个波峰，不能给出群落多样性变化的确切趋势信息。从最终的低频信号 a_5 的变化趋势来看，曲线只有 1 个波峰，在前 35 个样地的取样中，随着尺度的增加群落多样性指数呈明显的上升，在 35～37 个样地取样点保持波峰最高值，而在 37 个样地之后虽然出现了一点下降，但趋势并不十分明显。波峰 35～37 个样地取样点对应 30～40hm² 取样尺度域。特别是在 37～45 个取样点内从 a_5 的变化趋势中难以完全判读多样性指数十分明显的变化趋势，有待于更大尺度范围的检验。这与前文对轮牧干扰取样尺度的分形分析所得结果是一致的。也就是说，前 45 个取样没有包含群落多样性特征的全部信息。

图 3.18C 是过牧干扰下啮齿动物群落多样性小波分析的 Daubechies 曲线，s 为原始信号，d_1～d_5 为逐步过滤的高频信号，a_5 为最终的低频部分信号。可以看出，在原始信号和初始的高频信号 (d_1～d_3) 中对群落多样性指数的变化趋势反映得并不明显，而高频信号 d_4 和 d_5 虽然反映了群落多样性指数一定的变化趋势，但 d_4 有 1 个完整的波峰，1 个不完整的波峰，d_5 有 1 个波峰，不能给出群落多样性变化的确切趋势信息。最终的低频信号 a_5 的变化趋势与图 3.18B (轮牧干扰) 类似，在前 33 个样地的取样中，随着尺度的增加群落多样性指数呈明显的上升，在 33～38 个样地取样点保持波峰最高值，而在 38 个样地之后虽然出现了一点下降，但趋势并不十分明显。波峰 33～38 个样地取样点对应 30～40hm² 取样尺度域。特别是在 37～45 个取样点内从 a_5 的变化趋势中难以完全判读多样性指数十分明显的变化趋势，有待于更大尺度范围的检验。这与前文对过牧干扰取样尺度的分形分析所得结果是一致的。同样，前 45 个取样没有包含群落多样性特征的全部信息。

图 3.18D 是禁牧干扰下啮齿动物群落多样性小波分析的 Daubechies 曲线，s 为原始信号，d_1～d_5 为逐步过滤的高频信号，a_5 为最终的低频部分信号。可以看出，在原始信号和初始的高频信号 (d_1～d_3) 中对群落多样性指数的变化趋势反映得并不明显，而高频信号 d_4 和 d_5 虽然反映了群落多样性指数一定的变化趋势，但 d_4 有两个波峰，1 个完整，另 1 个不完整。d_5 有 1 个波峰，而且波峰之后曲线的下降趋势十分明显。从最终的低频信号 a_5 的变化趋势来看，曲线只有 1 个波峰，

在前 25 个样地的取样中，随着尺度的增加群落多样性指数呈明显的上升趋势，在 25 个样地之后出现了明显的下降趋势。也就是说，前 25 个取样包含了群落多样性特征的全部信息，而其对应的取样尺度域为 20hm²，前文对禁牧取样尺度的分形分析所得表征尺度为 30hm²。因此，综合两种分析结果，认为将禁牧干扰取样尺度的表征尺度确定为 30hm² 是合理的。

由于高频部分具有较高的时间分辨率，低频部分具有较高的频率分辨率，在本研究中，小波分析主要探究的是不同干扰和尺度下啮齿动物群落的多样性变化规律，应侧重于分析曲线的频率变化(低频部分)，而低频信号的图像信息与分形分析的结果非常一致。因此，Daubechies 曲线的 db₅ 小波函数能够更加合理地揭示荒漠啮齿动物群落的多样性变化规律。

四、关于荒漠啮齿动物群落的非线性分析

近 20 年来，分形理论被广泛应用于自然科学和社会科学研究，不仅为各领域科学工作者提供了易于理解的简朴几何语言，而且在思维和方法上是一个全新的工具，分形理论的普适性为诸多领域科学研究的丰富和深化做出了贡献(祖元刚 2004；辛厚文 1993)。分形理论中，分形维数(fractal dimension)是最核心的概念与内容，是刻画分形体复杂结构的主要工具。而如何解释分形维数的意义，是应用分形理论研究自然现象最重要的一点。有学者认为，分形维数的意义应包括两个方面，一是分形维数本身的几何意义；二是研究对象参量及其尺度变化的生态学意义，两者结合才是特定分形维数的生态学含义(谢和平和薛秀谦 1997)。20 世纪 90 年代以来，分形理论被应用于植物研究领域，国内外许多学者做了大量工作，取得了一些重要成果(韩庆杰等 2005；王永繁等 2003，2002；李火根和黄敏仁 2001；祖元刚等 2000，1997；马克明和祖元刚 2000a，2000b；周红章等 2000；马克明等 1999，1997；Ricotta et al. 1998；叶万辉等 1998；祖元刚和马克明 1995；Falconer 1991；Frontier 1987，1985)。特别是我国学者在植物种群和群落研究中取得了显著成绩，马克明等(1993)、叶万辉(1993)、祖元刚和马克明(1995)、祖元刚等(1997)等将这一理论应用于植物生态学领域并在研究东北羊草草原群落格局方面取得了良好效果，对羊草(*Aneurolepidium chinese*)水平分布格局的研究表明，应用分形分析所得其计盒维数除了能精确直观地刻画分布样式之外，更重要的是它能定量地反映出种群占据生态空间的能力。马克明和祖元刚(2000a)还研究了兴安落叶松分枝格局的分形特征，给出计算分枝格局的分形维数模型，计算得出兴安落叶松分枝格局的分形维数为 1.4～1.7。同时他们对该地区的景观格局及破碎化程度的研究结果显示，各森林类型的边界密度和斑块密度较高，显示出较高程度的破碎化。祖元刚等(2000)给出了辽东栎种群的空间分布分形维数计算模型，张文辉等(1999)对裂叶沙参与泡沙参种群分布格局的分形特征进行了研究，

发现分形理论是研究濒危植物种群水平空间分布格局的一种有效办法，弥补了传统的研究植物种群分布格局方法中的某些不足。梁士楚(1998)研究了红树植物的分形生态特征；倪红伟等(1998)研究了小叶章种群地上生物量与株高的分形特征；辛晓平等(2000)研究了 9 年草地恢复演替系列中斑块边界形状和斑块面积分布动态，并进行了尺度转换分析。何志斌等(2004)对荒漠植被植物种多样性对空间尺度的依赖性进行了专门研究,在每个研究区内以 $1m^2$ 为最小单元，分别调查了 $1m^2$、$10m^2$、$100m^2$、$1000m^2$、$10\,000m^2$ 共 5 个尺度上的物种多样性数据。结果认为，就干旱荒漠植被而言，$100m^2$ 正方形调查样地基本可以反映荒漠植被物种多样性的信息，可以作为确定野外调查的样方面积。Mark 和 Han(1999)研究了空间缩放比例关系与生物多样性之间的关系，并用该理论预测了生物多样性和生境破碎化程度之间的关系，给出了用栖息地分形维数来计算物种多样性的模型。Schneider(2002)对分形理论应用于海洋鸟类栖息地研究中的多尺度分析进行了综述，认为目前生态学尺度研究面临 3 个方面的问题：①对尺度的直接测度往往限制在小面积和短期内；②基于生态系统空间尺度和数十年以上(长期)时间尺度的研究是热点和难点；③小尺度与大尺度的格局和过程存在差异，直接上推往往是错误的。Cao 和 Kamdem(2004)应用分形几何方法对松属乔木(*Pinus* sp.)水分吸收的热力学动态进行了研究，分别在 4℃、15℃、30℃和40℃4 个尺度上取样，结果显示，乔木表面内阻力的分形维数为 2.4～2.5，分形几何方法是应用于分析乔木水分吸收热力学不同特征的合理方法。

探讨观察尺度对生态格局的影响是现代生态学的重要内容之一，忽视格局和过程的具体尺度范围的分析无意义(赵亚军等 1997)。如前文所述，可用于尺度分析的方法有很多，根据其主要应用目的可分为两类：一类是用以分析不同尺度间在一种或多种生态参数上所表现的差异效应，该方式主要以所调查的几个尺度域为对象来进行差异对比分析；另一类是用来分析不同尺度域间的等级联系效应，这种方式往往借助于数学模型或生态模型，用已调查尺度域的信息来推测未调查尺度域间的信息，或者是在已调查尺度域间进行等级系统分析。在本研究中，对 4 种不同干扰条件下的荒漠啮齿动物群落，在 $1hm^2$、$10hm^2$、$20hm^2$、$30hm^2$ 和 $40hm^2$ 等 5 个取样尺度下的群落多样性特征进行分形分析，就属于以所调查的几个尺度域为对象来进行差异对比分析，以此揭示荒漠啮齿动物群落生态过程的尺度效应，明确具体研究对象的表征尺度。

本研究选取多样性指数、均匀性指数与尺度变化的关系，进而研究荒漠啮齿动物群落的分形特征，关键是要按照幂律关系寻求研究对象的合理变量组。研究对象不同，合理的变量组不同。分形理论揭示物体独立于尺度的特征，实际研究中，物体是否具有分形特征与描述物体的特征参量选择关系重大，不恰当的选择会导致错误结论(马克明和祖元刚 2000)。同时，必须引起注意的一点是：由于生命系统是非常复杂的等级系统，在进行尺度外推时要严格控制在某一等级之内，超越了等级界限，其分形特征将发生巨大改变(马克明和祖元刚 2000)。

小波分析(wavelet analysis)是近年来非线性科学领域迅速发展起来的一种分析方法，主要用于信号的时间—尺度(时间—频率)分析，具有多分辨分析的特点，而且在时、频两域都具有表征信号局部特征的能力，即在信号的低频部分具有较高的频率分辨率和较低的时间分辨率，在高频部分具有较高的时间分辨率和较低的频率分辨率，很适合于探测正常信号中夹带的瞬变反常信号并分析其成分和奇异点，并对上一层的低频部分和高频部分同时进行细分，具有更为精确的局部分析能力，所以被誉为分析信号的数学显微镜。小波分析用于非平稳信号和图像的处理优于传统的傅里叶变换，已被许多应用领域的事实所证实，具有深刻的理论意义。自小波分析诞生到现在不过 10 多年的时间其就得到了广泛的应用。包括：数学领域的许多学科；信号分析、图像处理；量子力学、理论物理；军事电子对抗与武器的智能化；计算机分类与识别；音乐与语言的人工合成；医学成像与诊断；地震勘探数据处理；大型机械的故障诊断等方面。

关于其在生物学方面的应用，Bradshaw 和 Spies(1992)对森林中的林冠结构的小波分析，描述了林冠的郁闭度和林窗的各个尺度上的变化。祖元刚(2004)应用墨西哥帽子小波(Mexican hat wavelet)对兴安落叶松林林窗分布规律进行分析，介绍了获得的较为合适的小波分析尺度的方法，表明小波分析是处理林窗斑块分布的较好的研究方法。然而，对一个信号进行小波分析，可以采用多种小波函数，但是必须根据所分析信号的要求，从中选择一种最为合适的小波函数，这是全部分析过程的关键。本研究选择 db$N$(N=1～10)系列小波函数作为分析函数，就是基于该小波函数可以在多个层次上对所选信号进行多尺度分析，从而选取一个合适的小波函数(db$_5$)。

第四章 关于荒漠啮齿动物群落研究的思考

第一节 关于研究方法

在格局、过程的研究中，研究尺度对结果有很大的影响，因而把研究对象放在多种时空尺度下进行分析是非常必要的。Brady 和 Slade (2001) 运用回归分析法和自相关分析法在 10 年的时间系列尺度上对啮齿动物群落中的两个优势种 (*Microtus ochrogaster* 和 *Sigmodon hispidus*) 如何影响当地草原啮齿动物群落多样性进行了研究，发现群落物种丰富度与两个优势种在较长时间尺度上的波动呈正相关，而在较短的时间尺度内则有时会显现负相关。Williams 等 (2002) 运用多维尺度分析法 (multidimensional scaling) 就小哺乳动物集聚与生境植被结构的关系在点尺度 (point scale)、局域尺度 (local scale)、景观尺度 (landscape scale) 3 个栖息空间尺度上进行分析，发现这种关系因空间尺度的变化而变化。在局域尺度上 80% 的物种丰富度变化可被植被结构来解释，但在点尺度上，小哺乳动物的集聚与生境植被的相关关系并不显著。Morris (1987) 采用了多元线性回归模型分析了小生境和大生境两个空间尺度上两种啮齿动物的种群密度和生境选择的关系，也发现了大生境与种群密度显著相关，而小生境却并不是显著相关。但有时在大尺度和小尺度之间的研究结果具有一致性。Mackinnon 等 (2001) 运用自相关分析方法研究了田鼠的种群密度在 3 个空间尺度 ($1km^2$、$10km^2$、$70km^2$) 上的变化效应，发现相邻近的样地间的种群密度较相似，且在 8～20km 的范围内田鼠种群的拟合具有较高的相似性和同步性 (synchrony)。他们还发现在所研究区内存在着一个田鼠密度的移动波 (traveling wave)，该移动波以比较恒定的速度 (14km/年) 和一致的方向 (偏北 66°) 移动,这与他们以前在较小空间尺度上和较长时间尺度上所得的田鼠密度研究结果是一致的。因此，他们认为尽管在局域尺度上 (几平方公里范围) 和区域尺度上 (几百平方公里) 都存在田鼠适宜生境的破碎化，但小空间尺度上发现的关于田鼠密度的时空格局可能会在大尺度上得以延伸和重现。由此，我们似乎可以推测: 不同的研究对象在尺度效应上有不同的表现。这对于啮齿动物群落研究的启示是深刻的，因为啮齿动物群落在不同时空尺度域所表现的差异和联系可以佐证种群复合效应与等级效应在啮齿动物群落中的存在。赵亚军 (1997) 运用相关分析的方法得出了与之相类似的研究结果，通过对不同时空尺度下啮齿动物群落格局与农业生产活动干扰斑块之间的相互关系的研究,揭示了"棕色田鼠 (*Microtus mandarinus*)+大仓鼠 (*Cricetulus triton*) 群落"在局域尺度上形成了 "大仓鼠+棕色田鼠"和"棕色田鼠+大仓鼠"两个亚群落相互交错存在的时空镶嵌格局型。本研究通过对不同放牧干扰条件下荒漠啮齿动物群落历时 3 年(2002～2004 年)的研究发现，在 1hm² 尺度下啮齿动物群落的结构与在 40hm² 尺度下存在着较大的差异，而在时间系列尺度上表现的尺度差异效应更大，这也可能是由于放牧干扰所引起的群落演替现象，但同时也说明尺度分析对于揭示啮齿动物群落内部生态机制的研究是完全必要的。然而也应该看到：研究人员在进行啮齿动物群落研究时所运用的调查研究尺度和尺度分析方法不尽相同，所得结论也就值得争议。但正因如此，才有可能提高尺度分析方法在啮齿动物群落格局、过程及其干扰效应研究中的应用水平。

将格局、过程、尺度理论与干扰理论结合考虑并运用到啮齿动物群落生态学研究，是啮齿动物群落生态学研究向现代生态学纵深领域不断深入的结果。目前，关于啮齿动物群落格局、过程及其干扰效应在不同尺度间所表现出的差异和联系已很好地显示了尺度分析方法对于啮齿动物群落格局、过程研究的重要意义。然而，尺度分析方法在啮齿动物群落研究中的应用并不是很深入，有待进一步的发展和提高。对于啮齿动物群落格局、过程及其干扰的尺度效应研究应在以下几个方面给予特别的关注：①要深入研究啮齿动物群落格局、过程及干扰的尺度效应的内在作用机制或规律，这就需要在啮齿动物群落内部种间作用关系，资源利用差异、生境变化的群落反应，以及个体的生理、生化反应等方面作深入系统的研究(戴昆等 2001)。②要注重啮齿动物群落研究与复合种群理论(meta-population)、等级缀块动态理论的交叉发展，因为等级系统理论是解释尺度效应的一个有效的理论基础(邬建国 1996)。③加强对啮齿动物群落格局、过程及其干扰效应在大、中、小一系列尺度下的相互关系及转换效应方面的研究，因为尺度分析的关键是在尺度差异效应分析的基础上进行尺度推绎，从而在等级系统理论的高度上探究各尺度域之间啮齿动物群落格局、过程及其干扰效应的联系，这对于揭示在不同干扰条件下啮齿动物群落的反应机制及不同尺度下啮齿动物群落的内在生态机制有着重要意义。④尺度研究本身具有很大的复杂性，如果对同一研究对象采用不同的尺度分析方法，可能会产生不同的分析结果(吕一河和傅伯杰 2001)。因此，为了得到可靠性较强的尺度分析结果，需要把实际研究尺度与数学分析尺度及专业理论尺度很好地结合起来进行考虑，甚至需要对于同一研究对象采用多种不同的尺度分析方法去进行研究。

总之，由于在进行尺度研究时所选择的具体的研究尺度和分析方法各有差异，因此往往研究成果的系统性和可比性较差(丁圣彦 2004)。尽管尺度分析方法对于啮齿动物群落格局、过程及其干扰效应的研究意义重大，但实际应用的复杂性是不言而喻的，因而需要继续进行不懈的探索和研究。

第二节　对研究方法的思考

本研究由 $1hm^2$ 到 $10hm^2$ 空间尺度上的研究,是通过同时增加粒度和幅度完成的,而由 $10hm^2$ 到 $40hm^2$ 空间尺度上的研究,是通过不增加粒度、只增加幅度而完成的,所以啮齿动物群落格局在 $1hm^2$、$10hm^2$ 和 $40hm^2$ 三个主要空间尺度上所体现出的干扰效应相似性的差异,是由增加不同的粒度和幅度所致。因此,关于粒度和幅度在荒漠啮齿动物群落格局干扰效应尺度分析中的作用,还需要分不同的粒度和幅度组合作进一步的研究。

由于本研究未能在更大尺度域上进行不同尺度取样的系列研究,因此无法应用尺度推绎(或者是尺度转换)的方法从宏生态学的角度来探讨荒漠啮齿动物群落格局干扰效应的等级系统性。

标志重捕法和铗日法是小型啮齿动物生态学研究野外常用的两种方法,在本研究中两种方法分别用于调查不同空间尺度上啮齿动物群落在 4 种不同干扰条件下的种类组成、数量动态,这是否会因为两种不同的调查方法而引起对尺度效应的错误分析呢?通过对两种调查方法的捕获率所进行的方差分析结果来看,二者的差异并不显著($P>0.05$),说明按季度间隔进行的铗日法调查与按月份连续进行的标志重捕法都能真实、客观地反映不同干扰条件下荒漠啮齿动物群落在不同空间尺度上的种类组成及数量动态特征。但是由于标志重捕和铗日法对于啮齿动物群落本身就是两种不同的干扰方式,因此本研究在不同空间尺度上所体现的干扰效应是否包含着由不同调查方法所引发的干扰效应及这种干扰效应的表征尺度如何,均无法进行判断,这需要在以后的研究中作进一步的深入探讨。

第三节　关于生态学的干扰

干扰是现代生态学研究中的热点问题,它与栖息地破碎化研究、集合种群研究及退化生态系统的恢复研究都有着紧密的联系。随着人类活动能力的不断加强、活动范围的不断扩张,人为干扰已成为动物栖息地破碎化的一个重要原因。生境的破碎化使原本连续分布的种群以集合的方式存在(林振山 2003),集合种群在不同的时空尺度和干扰斑块中的迁移、扩散、定居、演化的过程对于退化生态系统及其恢复研究有着重要的意义。林振山(2003)通过大量的数值模拟发现:弱物种种群比强物种种群更能适应生境的变化,当生境遭到破坏时集合种群里的优势种群将迅速沦为弱者,而集合种群里的弱种群则具有较强的抵抗力;当遭到破坏的生境逐步得到恢复时,集合种群里的优势种群也将得到迅速恢复和扩张,而集合种群里的弱种群则增长幅度较慢。从本研究结果来看,在 $1hm^2$、$10hm^2$ 和 $40hm^2$

三个主要空间尺度上，荒漠区广布种五趾跳鼠和子午沙鼠在轮牧和过牧干扰条件下的数量比例较低，而在开垦和禁牧这两种干扰生境中的数量比例较高；三趾跳鼠在轮牧和过牧干扰条件下的数量比例较高，而在开垦和禁牧这两种干扰生境中的数量比例较低。由于开垦区在开垦种植多年生灌木和草本后耕翻较少，处于一种撂荒恢复演替的状态，而禁牧区在围封之后基本上停止了人为干扰，因此开垦区和禁牧区都可被看作荒漠啮齿动物生境遭到破坏后逐步得到恢复的两个生境斑块；而在轮牧区和过牧区中放牧干扰一直在间歇地进行或者是持续地进行着，所以轮牧区和过牧区可被看作荒漠啮齿动物生境逐步破碎化并遭到不同程度破坏的两个生境斑块。因此，从集合种群的理论角度来看，荒漠啮齿动物群落中广布种五趾跳鼠和子午沙鼠在生境得到恢复的过程中比三趾跳鼠的增长速度要快，在生境不断破碎化并遭到破坏的过程中三趾跳鼠比广布种五趾跳鼠和子午沙鼠更能忍耐生境的破碎化。

此外，从阿拉善荒漠啮齿动物群落格局干扰效应的分析结果来看，不同种的啮齿类对不同的干扰方式及同一干扰方式的不同干扰尺度都会产生不同的反应。子午沙鼠和黑线仓鼠对植被较为郁闭的开垦和禁牧这两种干扰生境表现出较强的适应性。三趾跳鼠和小毛足鼠在放牧干扰生境中的数量比例较在开垦和禁牧生境要高，这可能是因为二者在荒漠区都属于相对耐旱的种类，对资源的利用趋于一致。但是，不同的放牧条件下二者的适应性有着较大的差别，小毛足鼠对轮牧区表现出较明显的适应性，三趾跳鼠对过度放牧区表现出较明显的适应性。因此，小毛足鼠和三趾跳鼠的数量动态在一定程度上对发生在荒漠生态系统中的放牧干扰强度有一定的指示作用。此外，由于持续的过度放牧是导致草地植被退化和草地沙化的重要原因之一(李胜功等 1999)，因此三趾跳鼠在群落中数量比例的升高是荒漠生境开始沙化的表现之一。总之，子午沙鼠、黑线仓鼠、三趾跳鼠和小毛足鼠是荒漠啮齿动物群落在人为干扰下栖息地破碎化过程中反应较为明显的几个种类。

群落生态学研究之所以重要，不但是因为其主要研究群落的结构及其机制，这些结构和机制在不同群落中具有统一的属性，还因为它强调了各种不同的生物能够以有规律的方式共存，而不是以独立的个体任意地散布在某一地区，群落在生态学中应用的重要性是由于群落的发展导致生物的发展。因此，对某种特定的生物控制的最好办法，就是改变其群落，而不是直接改变某种生物本身(冯江等 2005)。

第四节　荒漠啮齿动物群落格局干扰效应的本征尺度

等级系统理论(hierarchy theory)认为，尺度分析是在同一等级系统内，跨越不同尺度对不同尺度域间的生态等级系统实体和过程进行辨识或推测。在尚未确切了解某一生态现象的本征尺度时，往往需要人为划定不同的尺度系列组来进行分析和研究，能够从理论上或实际上得到较严谨的解释时，所选的尺度系列就可能较为真实地反映了客观生态现象和生态实体的本征尺度（丁圣彦 2004）。本研究应用分形理论和小波分析等非线性分析方法，对 4 种不同干扰条件下荒漠啮齿动物群落多样性、均匀性特征在 $1hm^2$、$10hm^2$、$20hm^2$、$30hm^2$、$40hm^2$ 等 5 个空间尺度上进行了尺度效应的对比分析，目的是通过选择具体研究对象的恰当群落特征生态参数，并在不同尺度上对比分析，探究体现荒漠啮齿动物群落格局干扰效应的本征尺度。

　　从荒漠啮齿动物群落组成种与干扰之间的对应关系在三个主要空间尺度上的分析结果来看，在 $1hm^2$ 空间尺度上五趾跳鼠、子午沙鼠、小毛足鼠和草原黄鼠对开垦区、轮牧区、过牧区和禁牧区都表现出较明显的对应关系，群落成分对不同干扰所产生的反应并不明显；而在 $10hm^2$ 和 $40hm^2$ 的空间尺度上，群落成分对不同干扰所产生的反应较为明显，长爪沙鼠、子午沙鼠和黑线仓鼠与开垦区的对应关系比较明显，小毛足鼠和草原黄鼠与轮牧区的对应关系比较明显，三趾跳鼠、三趾心颅跳鼠和短尾仓鼠与过牧区有较明显的对应关系；五趾跳鼠、子午沙鼠和黑线仓鼠与禁牧区有明显的对应关系。从群落的组成格局来看，开垦条件下荒漠啮齿动物群落在 $1hm^2$、$10hm^2$、$40hm^2$ 三个空间尺度上都以子午沙鼠和黑线仓鼠为优势种，不同尺度之间没有明显差异；轮牧条件下小毛足鼠在三个空间尺度上始终为优势种之一，子午沙鼠和三趾跳鼠的优势地位因不同的空间尺度而变化；过牧条件下三趾跳鼠在三个空间尺度上始终为优势种之一，子午沙鼠和小毛足鼠的优势地位因不同的空间尺度而变化；禁牧条件下子午沙鼠在三个空间尺度上始终为优势种之一，黑线仓鼠的优势地位因不同的空间尺度而变化。因此，从群落优势种组成来看，子午沙鼠和黑线仓鼠对开垦和禁牧两种干扰都表现出较强的适应性，小毛足鼠对轮牧干扰表现出较强的适应性，三趾跳鼠对过牧干扰表现出较强的适应性。综合以上分析，从啮齿动物群落组成格局和群落成分对不同干扰的反应两个方面，均可见与小尺度（$1hm^2$）相比较，在大尺度上所表现的干扰效应明显，这与分形分析所得开垦干扰和禁牧干扰的表征尺度是相一致的。另外，从上述群落优势种组成分析可知，开垦干扰下在三个主要空间尺度上两个优势种没有变化；禁牧干扰下的两个优势种，有一个因不同的空间尺度而变化；而轮牧干扰和过牧干扰下，优势种均在三个种间因不同的空间尺度而变化。因此，对于一个特定的尺度域，多样性的变化可能并不明显，而均匀性的变化则会受到群落优势种变化的明显影响，因而改变群落特征的参数。这也从一个方面说明，在 $40hm^2$ 的空间尺度域上，荒漠啮齿动物群落没有体现对轮牧和过牧干扰效应的群落过程的完整信息，需要在更大尺度域进行探讨。因此，对轮牧干扰和过牧干扰，$40hm^2$ 的空间尺度域不能代表荒漠啮齿动物群落格局干扰效应的本征尺度；而对于开垦干扰和禁牧干扰，$30hm^2$ 尺度域则更能代表荒漠啮齿动物群落格局干扰效应的本征尺度。

第五章 结 论

1. 阿拉善荒漠区计有啮齿动物 2 目 6 科, 共 24 种, 占内蒙古已记录种数的 44.4%, 跳鼠科动物占该科现有种数的 87.5%, 是内蒙古跳鼠科动物的集中分布区。

2. 阿拉善荒漠区啮齿动物的分布分为 3 个基本类型, 9 个分布型。即耐旱型、喜湿型和广布的伴人种。耐旱型构成了该地区的主体, 包括 6 个分布型: ①青藏寒旱型; ②亚洲中部广布的温旱型; ③都兰—西南亚温旱型; ④蒙新—哈萨克温旱型; ⑤蒙新温旱型; ⑥东蒙温旱型。在上述 6 种分布型中该地区以蒙新温旱型为代表型。喜温型包括东亚温湿型和北方温湿型两种分布型。集中分布于贺兰山和局部隐域性生境中。

3. Shannon-Wiener 指数、Simpson 指数和 Levins 指数三种生态位宽度指数均可用于荒漠啮齿动物的生态位宽度指数测度, 通过分析比较认为 Shannon-Wiener 指数更适宜于荒漠啮齿动物空间生态位宽度的测度。

4. Colwell 和 Futuyma 指数、Levins 指数和 Pianka 指数三种生态位重叠指数均可反映荒漠啮齿动物生物学特性的相似程度及空间生态位结构, 但 Pianka 指数更能准确反映阿拉善荒漠区主要啮齿动物的生物学特性, 在空间生态位重叠测度上较其他方法有更为合理的生态学解释, 分析认为 Pianka 指数更适合于荒漠区啮齿动物的空间生态位重叠测度。

5. 本研究对 4 种不同干扰下荒漠啮齿动物生态位的研究结果表明, 不同干扰维不同季节均存在生态位高度重叠的种类, 生态位重叠指数均大于 0.9, 甚至达到了 1, 出现完全重叠。因此, 本研究结果支持 "多个物种可占有同一生态位" 的观点。

6. 在两个观察尺度上 (1hm^2 和 40hm^2), 动物群落变量与植物群落变量的典型相关分析, 表现为动物群落变量与草本关系最为突出, 动物群落变量与草本的盖度和地上生物量呈负相关关系。这说明荒漠生态系统中在各种干扰条件下, 草本的特性, 特别是草本的盖度和地上生物量对啮齿动物群落格局及其动态变化起到关键作用, 其值越大, 啮齿动物群落组成种的丰富度 (数量) 和生物量比例就越小。在同一种干扰条件下的两种尺度域上, 动物群落和植物群落的相关性特点是: 在禁牧区和开垦区喜湿的种类 (黑线仓鼠和草原黄鼠) 与植被的相关性显著; 在轮牧区和过牧区喜旱的种类 (小毛足鼠和三趾跳鼠) 与植被的相关性显著, 且与草本呈负相关关系。

7. 在两个观测尺度上的不同干扰下, 气候因子中旬降雨量对群落中不同的种类产生不同的影响，在小尺度开垦干扰下，上旬降雨量与小毛足鼠生物量比例呈正相关关系；大尺度轮牧干扰下，下旬降雨量与小毛足鼠丰富度呈正相关关系。小尺度过牧干扰下，旬均降雨量与五趾跳鼠生物量比例呈负相关关系，与大尺度过牧干扰和禁牧干扰下三趾跳鼠丰富度同样呈负相关关系。大尺度轮牧干扰下，中旬降雨量与三趾跳鼠生物量比例呈负相关关系；开垦干扰下，下旬降雨量与黑线仓鼠丰富度呈负相关关系。

8. 在两个观测尺度上，禁牧干扰下，月极端最高温度与小尺度的五趾跳鼠丰富度呈正相关关系；与大尺度的黑线仓鼠的丰富度呈负相关关系。大尺度开垦干扰下，月极端最低温度与子午沙鼠和黑线仓鼠的丰富度呈负相关关系；过牧干扰下与三趾跳鼠的丰富度同样呈负相关关系。

9. 气温因子只在大尺度上对啮齿动物群落组成成分产生显著影响，月上旬气温与禁牧干扰下黑线仓鼠的丰富度呈正相关关系。中旬气温与轮牧干扰下三趾跳鼠的生物量比例呈正相关关系。下旬气温与轮牧干扰下小毛足鼠丰富度呈正相关关系；与禁牧干扰下黑线仓鼠的丰富度呈负相关关系。旬平均气温与开垦干扰下子午沙鼠和黑线仓鼠的丰富度呈负相关关系；与过牧干扰下三趾跳鼠、子午沙鼠的丰富度和小毛足鼠的生物量比例均呈负相关关系。气候因子与不同尺度和干扰下的啮齿动物的相关关系也表现出明显的尺度效应。

10. 子午沙鼠、黑线仓鼠、三趾跳鼠和小毛足鼠是阿拉善荒漠啮齿动物群落在人为干扰下栖息地破碎化过程中反应较为明显的几个种类。子午沙鼠和黑线仓鼠对植被较为郁闭的开垦和禁牧这两种干扰生境表现出较强的适应性。小毛足鼠对轮牧干扰表现出较明显的适应性，三趾跳鼠对过度放牧干扰表现出较明显的适应性。

11. 基于荒漠啮齿动物群落均匀性特征的分形分析对取样尺度的划分，提出"表征尺度"的概念。"表征尺度"就是在具有自相似性的尺度域内，分形体得到恰当分形维数时的尺度域，在此尺度域内包含了分形体的具体特征信息。在 4 种不同干扰和 5 个空间尺度上，应用分形理论、小波分析等非线性理论和方法，对荒漠啮齿动物群落进行研究，明确了野外取样的具体空间尺度及其生态学意义，进而提出表征尺度（manifestation scale）的概念，为啮齿动物群落生态学研究探索出新方法。

12. 不同干扰条件下，荒漠啮齿动物群落均匀性在不同取样尺度下的分形维数不同，开垦干扰和禁牧干扰的分形维数分别为 0.6603 和 0.8125 时，群落均匀性测度值更接近分形维数。4 种不同干扰的表征尺度分别为：开垦干扰，$30hm^2$；禁牧干扰，$30hm^2$；轮牧干扰和过牧干扰均大于 $40hm^2$。在表征尺度下群落的多样性特征值更具合理性。基于 db_5 小波函数对荒漠啮齿动物群落多样性特征的小波分析结果表明，4 种不同干扰方式取样尺度的分形分析结果是合理的。

参 考 文 献

艾尼瓦尔, 张大铭. 1998. 准噶尔南沿鼠类群落结构及其演替的研究. 新疆大学学报, 15(1): 45-52.

艾尼瓦尔·铁木尔, 帕提古丽, 张大铭. 1999. 达坂城地区荒漠及农业区鼠类群落的聚类分析. 干旱区研究, 16(1): 49-52.

奥德姆 H T. 1993. 系统生态学. 蒋有绪, 徐德应译. 北京: 科学出版社.

边疆晖, 樊乃昌, 景增春, 等. 1994. 高寒草甸地区小哺乳动物群落与植物群落演替关系的研究. 兽类学报, 14(3): 209-216.

陈波, 周兴民. 1995. 三种嵩草群落中若干植物种的生态位宽度与重叠分析. 植物生态学报, 19(2): 158-169.

陈利顶, 傅伯杰. 2000. 干扰的类型、特征及其生态学意义. 生态学报, 20(4): 581-586.

陈文波, 肖笃宁, 李秀珍. 2002. 景观空间分析的特征和主要内容. 生态学报, 22(7): 1135-1142.

陈玉福, 于飞海, 董鸣. 2000. 毛乌素沙地沙生灌木群落的空间异质性. 生态学报, 20(4): 569-572.

崔保山, 杨志峰. 2003. 湿地生态系统健康的时空尺度特征. 应用生态学报, 14(1): 121-125.

戴昆, 潘文石, 钟文勤. 2001. 荒漠啮齿动物群落格局. 干旱区研究, 18(4): 1-7.

戴昆, 钟文勤. 1998. 准噶尔盆地南缘荒漠啮齿类微栖息地特征. 干旱区研究, 15(3): 34-37.

丁平, 鲍毅新, 石斌山, 等. 1992. 钱塘江河口滩涂围垦区人口迁居与农田小兽群落的关系. 兽类学报, 12(1): 65-70.

丁平, 鲍毅新, 诸葛阳. 1994. 萧山围垦农区小型兽类种群动态的研究. 兽类学报, 14(3): 35-42.

丁圣彦. 2004. 生态学——面向人类生存环境的科学价值观. 北京: 科学出版社: 11-24.

房继明. 1994. 啮齿动物的空间分布. 生态学杂志, 13(1): 39-44.

飞思科技产品研发中心. 2003. MATLAB6.5辅助小波分析与应用. 北京: 电子工业出版社.

费佩燕, 刘曙光. 2001. 小波分析应用的进展与展望. 纺织高校基础科学学报, 14(1): 72-78.

冯江, 高玮, 盛连喜. 2005. 动物生态学. 北京: 科学出版社.

冯祚建, 蔡桂全, 郑昌琳. 1986. 西藏哺乳类. 北京: 科学出版社: 255-258.

付和平, 武晓东, 马春梅, 等. 2002. 内蒙古阿拉善荒漠区鼠害成因及防治区划. 干旱区资源与环境, 16(4): 106-109.

傅伯杰, 陈利顶, 马克明, 等. 2001. 景观生态学原理及应用. 北京: 科学出版社: 73-80.

戈峰. 2002. 现代生态学. 北京: 科学出版社: 209-272.

关文彬, 曾德慧, 姜凤岐. 2000. 中国东北西部地区沙质荒漠化过程与植被动态关系的生态学研究——群落多样性与沙质荒漠化过程. 生态学报, 20(1): 93-98.

郭聪, 陈安国, 李世斌, 等. 1992. 洞庭丘岗平原区农村鼠类群落演替的观察. 兽类学报, 12(4): 294-301.

韩庆杰, 孙学刚, 杨龙, 等. 2005. 云冷杉林和针阔叶混交林 α-多样性的尺度效应与分形特征. 甘肃农业大学学报, 40(1): 1-6.

何志斌, 赵文智, 常学向, 等. 2004. 荒漠植被植物种多样性对空间尺度的依赖. 生态学报, 24(6): 1146-1149.

贺达汉, 长有德, 田真. 2001. 草原沙化与恢复中昆虫群落组成、营养结构及多样性研究. 生态学报, 21(1): 118-125.

侯兰新, 马良贤. 1998. 新疆东部啮齿动物的分类和分布. 干旱区研究, 15(3): 44-47.

侯兰新, 马良贤, 王学锋, 等. 1996. 新疆东部边界地带啮齿动物调查. 动物学杂志, 31(6): 30-32.

黄文几, 陈延熹, 温业新. 1995. 中国啮齿类. 上海: 复旦大学出版社: 8-10.

江洪, 张艳丽, Strittholt J R. 2003. 干扰与生态系统演替的空间分析. 生态学报, 23(9): 1861-1876.

姜运良, 卢浩泉, 李玉春, 等. 1994. 鲁西、南平原农作区小型兽类群落组成及季节变化. 兽类学报, 14(4): 299-305.

蒋光藻, 谭向红. 1989. 成都地区啮齿动物群落结构研究. 四川农业大学学报, 11(2): 122-125.

黎道洪, 罗蓉. 1996. 黔西北地区农田啮齿动物群落结构的研究. 兽类学报, 16(2): 136-141.

李慧蓉. 2004. 生物多样性和生态系统功能研究综述. 生态学杂志, 23(3): 109-114.

李火根, 黄敏仁. 2001. 分形及其在植物研究中的应用. 植物学通报, 18(6): 684-690.

李俊生, 宋延龄, 徐存宝, 等. 2003. 小兴安岭林区不同生境梯度中小型哺乳动物生物多样性. 生物多样性, 23(6): 1038-1047.

李明辉, 彭少麟, 申卫军, 等. 2003. 景观生态学与退化生态系统恢复. 生态学报, 23(8): 1622-1628.

李胜功, 赵哈林, 何宗颖, 等. 1999. 不同放牧压力下草地微气象的变化与草地荒漠化的发生. 生态学报, 19(5): 697-704.

李希来, 张静, 张国胜. 1996. 高寒地区草地放牧演替与害鼠密度关系的研究. 草业科学, 13(1): 45-47.

李玉春, 蒙以航, 张利存, 等. 2005. 中国翼手目地理分布的环境因子影响分析. 动物学报, 51(3): 413-422.

梁士楚. 1998. 红树植物木榄幼苗的分形生态研究. 广西科学, 5(4): 318-320.

梁士楚, 刘镜法, 梁铭忠. 2004. 北仑河口国家级自然保护区红树植物群落研究. 广西师范大学学报(自然科学版), 22(2): 70-76.

林思祖, 黄世国, 洪伟, 等. 2002. 杉阔混交林主要种群多维生态位特征. 生态学报, 22(6): 962-968.

林振山. 2003. 生境变化对集合种群系统生态效应的影响. 生态学报, 23(3): 480-485.

刘定震, 刘迺发, 宋志明. 1994. 安西荒漠鼠类群落结构与环境因子的无偏对应分析. 兽类学报, 14(2): 108-116.

刘国华, 傅伯杰, 陈利顶. 2000. 中国生态退化的主要类型、特征及分布. 生态学报, 20(1): 13-19.

刘季科, 梁杰荣, 沙渠. 1979. 诺木洪荒漠垦植后农田鼠类群落和生物量的变化. 动物学报, 25(3): 260-266.

刘季科, 梁杰荣, 周兴民, 等. 1982. 高寒草甸生态系统定位站地区的啮齿动物群落与数量//夏武平. 高寒草甸生态系统 (第一集). 兰州: 甘肃人民出版社: 34-43.

刘康, 欧阳志云, 王效科, 等. 2003. 甘肃省生态环境敏感性评价及其空间分布. 生态学报, 23(12): 2711-2718.

刘迺发, 范华伟, 敬凯, 等. 1990. 甘肃安西荒漠鼠类群落多样性研究. 兽类学报, 10(3): 215-220.

刘伟, 周立, 王溪. 1999. 不同放牧强度对植物及啮齿动物作用的研究. 生态学报, 19(3): 376-382.

卢浩泉, 马勇, 赵桂芝. 1988. 害鼠的分类测报与防治. 北京: 农业出版社: 1-16.

鲁植雄, 张维强, 潘君拯. 1994. 分形理论及其在农业土壤中的应用. 土壤学进展, 22(5): 40-41.

吕一河, 傅伯杰. 2001. 生态学中的尺度及尺度转换方法. 生态学报, 21(12): 2096-2105.

马克明, 傅伯杰. 2000. 北京东灵山地区景观格局及破碎化评价. 植物生态学报, 24(3): 320-326.

马克明, 傅伯杰, 黎晓亚, 等. 2004. 区域生态安全格局: 概念与理论基础. 生态学报, 24(4): 761-768.

马克明, 叶万辉, 桑卫国, 等. 1997. 北京东灵山地区植物群落多样性研究. 生态学报, 17(6): 626-634.

马克明, 张喜军, 陈继红, 等. 1993. 东北羊草草原群落格局的分维数理论研究//辛厚文. 分形理论及其应用. 合肥: 中国科学技术大学出版社.

马克明, 祖元刚. 2000a. 兴安落叶松分枝格局的分形特征. 植物研究, 20(2): 235-241.

马克明, 祖元刚. 2000b. 植被格局的分形特征. 植物生态学报, 24(1): 111-117.

马克明, 祖元刚, 倪红伟. 1999. 兴安落叶松种群格局的分形特征——关联维数. 生态学报, 19(3): 353-358.

马克平, 刘玉明. 1994a. 生物群落多样性的测度方法 Ⅰ.α多样性的测度方法(上). 生物多样性, 2(3): 162-168.

马克平, 刘玉明. 1994b. 生物群落多样性的测度方法 Ⅰ.α多样性的测度方法(下). 生物多样性, 2(4): 231-239.

马勇, 王逢桂, 金善科, 等. 1987. 新疆北部地区啮齿动物的分类和分布. 北京: 科学出版社.

米景川, 王瓅, 王成国. 1990. 内蒙古荒漠草原东段啮齿动物群落的聚类分析. 兽类学报, 10(2): 145-150.

倪红伟, 陈继红, 高玉慧, 等. 1998. 小叶章种群地上生物量与株高的分形特征. 东北林业大学学报, 26(3): 16-19.

欧阳志云, 王效科, 苗鸿. 2000. 中国生态环境敏感性及其区域差异规律研究. 生态学报, 20(1): 9-12.

裴喜春, 薛河儒. 1998. SAS 及应用. 北京: 中国农业出版社: 158-170.

彭少麟. 1989. 鼎湖山森林群落中优势种群的生态位宽度研究. 中山大学学报, 13(3): 16-24.

秦长育. 1991. 宁夏啮齿动物区系及动物地理区划. 兽类学报, 11(2): 143-151.

冉启文. 1999. 小波分析方法及应用. 数理统计与管理, 18(2): 53-58.

任海, 彭少麟. 2002. 恢复生态学导论. 北京: 科学出版社.

阮桂海, 蔡建琼, 朱志海. 2003. 统计分析应用教程: SPSS, LISREL 和 SAS 实例精选. 北京: 清华大学出版社: 125-126.

尚玉昌. 1998. 现代生态学中的生态位理论. 生态学进展, 5(2): 772-784.

尚玉昌. 2002. 普通生态学. 2 版. 北京: 北京大学出版社: 284-295.

沈泽昊. 2002. 山地森林样带植被-环境关系的多尺度研究. 生态学报, 22(4): 461-470.

施大钊, 郭永旺, 苏红田. 2009. 农牧业鼠害及控制进展. 中国媒介生物学及控制杂志, 20(6): 499-501.

施银柱. 1983. 草场植被影响高原鼠兔的探讨. 兽类学报, 3(2): 181-187.

宋永昌. 2001. 植被生态学. 上海: 华东师范大学出版社: 84-89.

孙丹峰. 2003. IKONOS 影像景观格局特征尺度的小波与半方差分析. 生态学报, 23(3): 405-413.

孙庆. 1997. 阿拉善地区啮齿动物区系组成与地理分布. 动物学杂志, 32(3): 49-50.

孙儒泳. 2001. 动物生态学原理. 3 版. 北京: 北京师范大学出版社.

王定国. 1988. 额济纳旗和肃北马鬃山北部边境地区啮齿动物调查. 动物学杂志, 23(6): 21-24.

王刚. 1984. 植物群落生态位重叠的测度. 植物生态学与地植物学丛刊, 8(4): 329-335.

王刚, 赵松岭, 张鹏云, 等. 1984. 关于生态位定义的探讨及生态位重叠计测公式改进的研究. 生态学报, 4(4): 119-127.

王思博, 杨赣源. 1983. 新疆啮齿动物志. 乌鲁木齐: 新疆人民出版社: 93-95.

王效科, 欧阳志云, 肖寒, 等. 2001. 中国水土流失敏感性分布规律及其区划研究. 生态学报, 21(1): 14-19.

王永繁, 余世孝, 刘蔚秋. 2002. 物种多样性指数及其分形分析. 植物生态学报, 26(4): 391-395.

王永繁, 余世孝, 刘蔚秋. 2003. 群落均匀度分形分析. 生态学报, 23(6): 1031-1036.

魏斌, 张霞, 吴热风. 1996. 生态学中的干扰理论与应用实例. 生态学杂志, 15(6): 50-54.

文祯中, 陆健健. 1999. 应用生态学. 上海: 上海教育出版社: 244-246.

邬建国. 1996. 生态学范式变迁综论. 生态学报, 16(5): 449-460.

邬建国. 2000. 景观生态学——格局、过程、尺度与等级. 北京: 高等教育出版社.

吴波, 慈龙骏. 2001. 毛乌素沙地景观格局变化研究. 生态学报, 21(2): 191-196.

武晓东, 付和平. 2000. 内蒙古半干旱区鼠类群落结构及鼠害类型的研究. 兽类学报, 20(1): 21-29.

武晓东, 付和平. 2002. 两种小型兽类在我国的新分布区. 动物学杂志, 37(2): 67-68.

武晓东, 付和平. 2004. 内蒙古半荒漠与荒漠区地带性鼠类群落分布特征及其危害类型的区划. 中国生物防治, 20(增刊): 63-70.

武晓东, 付和平. 2005. 内蒙古半荒漠与荒漠区的啮齿动物群落. 动物学报, 51(6): 961-972.

武晓东, 付和平. 2006. 人为干扰下荒漠啮齿动物群落格局——变动趋势与敏感性反应. 生态学报, 26(3): 849-861.

武晓东, 付和平, 甘红军, 等. 2004. 内蒙古阿拉善荒漠啮齿动物地理分布的 GIS 分析. 兽类学报, 24(4): 306-310.

武晓东, 阿娟, 付和平, 等. 2003a. 内蒙古阿拉善荒漠啮齿动物群落结构及其多样性研究. 草地学报, 11(4): 40-44.

武晓东, 付和平, 庄光辉, 等. 2003b. 内蒙古阿拉善地区啮齿动物的地理分布及区划. 动物学杂志, 38(2): 27-31.

武晓东, 施大钊, 刘勇, 等. 1994. 库布其沙漠及其毗邻地区鼠类群落的结构分析. 兽类学报, 14(1): 43-50.

武晓东, 薛河儒, 苏吉安, 等. 1997. 内蒙古半荒漠区啮齿动物群落分类及多样性研究. 生态学报, 19(5): 737-743.

夏武平, 钟文勤. 1966. 内蒙古查干敖包荒漠草原撂荒地内鼠类和植物群落的演替趋势及相互作用. 动物学报, 18(2): 199-208.

肖笃宁, 布仁仓, 李秀珍. 1997. 生态空间理论与景观异质性. 生态学报, 17(5): 453-461.

谢和平, 薛秀谦. 1997. 分形应用中的数学基础与方法. 北京: 科学出版社.

辛厚文. 1993. 分形理论及其应用. 合肥: 中国科学技术大学出版社.

辛晓平, 徐斌, 单保庆, 等. 2000. 恢复演替中草地斑块动态及尺度转换分析. 生态学报, 20(4): 587-593.

薛薇. 2001. 统计分析与 SPSS 的应用. 北京: 中国人民大学出版社: 250-267.

阳含熙, 卢泽愚. 1981. 植物生态学的数量分类方法. 北京: 科学出版社.

杨春文, 陈荣海, 张春美. 1991. 黄泥河林区鼠类群落划分的研究. 兽类学报, 11(2): 118-125.

杨培岭, 罗远培. 1994. 冬小麦根系形态的分形特征. 科学通报, 39(20): 1911-1913.

杨培岭, 任树梅, 罗远培. 1999. 分形曲线度量与根系形态的分形表征. 中国农业科学, 32(1): 89-92.

叶万辉. 1993. 分形几何在林学和生态学中的应用. 世界林业研究, 1: 17-24.

叶万辉, 马克平, 马克明, 等. 1998. 北京东灵山地区植物群落多样性研究Ⅸ. 尺度变化对 α 多样性的影响. 生态学报, 18(1): 10-14.

曾宗永. 1994. 北美 CHIHUAHUAN 荒漠啮齿动物群落动态Ⅰ. 年间变动和趋势. 兽类学报, 14(1): 24-34.

曾宗永, 杨跃敏, 宋志明. 1994. 北美 CHIHUAHUAN 荒漠啮齿动物群落动态Ⅱ. 季节性和周期性. 兽类学报, 14(2): 100-107.

张大勇, 姜新华. 1997. 群落内物种多样性发生与维持的一个假说. 生物多样性, 5(3): 161-167.

张峰, 张金屯, 张峰. 2003. 历山自然保护区猪尾沟森林群落植被格局及环境解释. 生态学报, 23(3): 421-427.

张洁. 1984. 北京地区啮齿动物群落结构的研究. 兽类学报, 4(4): 265-271.

张金屯. 2004. 数量生态学. 北京: 科学出版社: 144-153.

张林静, 岳明, 张远东, 等. 2002a. 新疆阜康绿洲荒漠过渡带主要植物种的生态位分析. 生态学报, 22(6): 969-972.

张林静, 岳明, 赵桂仿, 等. 2002b. 不同生态位计测方法在绿洲荒漠过渡带上的应用比较. 生态学杂志, 21(4): 71-75.

张明海, 李言阔. 2005. 动物生境选择研究中的时空尺度. 兽类学报, 25(4): 395-401.

张荣祖. 1997. 中国哺乳动物分布. 北京: 中国林业出版社: 143-175.

张荣祖. 1999. 中国动物地理. 北京: 科学出版社: 222-224.

张文辉, 祖元刚, 马克明. 1999. 裂叶沙参与泡沙参种群分布格局分形特征的分析. 植物生态学报, 23(1): 31-39.

张显理, 于有志. 1995. 宁夏哺乳动物区系与地理区划研究. 兽类学报, 15(2): 128-136.

张知彬. 1995. 鼠类不育控制的生态学基础. 兽类学报, 15(3): 229-234.

赵肯堂. 1981. 内蒙古啮齿动物. 呼和浩特: 内蒙古人民出版社.

赵天飙, 张忠兵, 李新民, 等. 2001. 大沙鼠和子午沙鼠的种群生态位. 兽类学报, 21(1): 76-79.

赵亚军, 王廷正, 李金钢, 等. 1997. 豫西黄土高原农作区啮齿动物群落动态: 时空尺度格局的初步分析. 兽类学报, 17(3): 197-203.

赵志模, 郭依泉. 1990. 群落生态学原理与方法. 重庆: 科学技术文献出版社: 31-40, 223-227.

郑涛. 1982. 甘肃啮齿动物. 兰州: 甘肃人民出版社.

郑作新, 张荣祖, 马世骏. 1959. 中国动物地理区划与中国昆虫地理区划. 北京: 科学出版社.

中华人民共和国农业部畜牧兽医司, 全国畜牧兽医总站. 1996. 中国草地资源. 北京: 中国科学技术出版社: 147-328.

钟文勤, 周庆强, 孙崇潞. 1981. 内蒙古白音锡勒典型草原区鼠类群落的空间配置及其结构研究. 生态学报, 1(1): 12-21.

周红章, 于晓东, 罗天红, 等. 2000. 物种多样性变化格局与时空尺度. 生物多样性, 8(3): 325-336.

周立志, 马勇, 李迪强. 2000. 大沙鼠在中国的地理分布. 动物学报, 46(2): 130-137.

周立志, 马勇, 李迪强. 2001. 沙鼠亚科物种空间分布格局及其与环境因素的关系. 动物学报, 47(6): 616-624.

周立志, 马勇, 叶晓堤. 2002. 中国干旱地区啮齿动物物种分布的区域分异. 动物学报, 48(2): 183-194.

周庆强, 钟文勤, 孙崇潞. 1982. 内蒙古白音锡勒典型草原区鼠类群落多样性的研究. 兽类学报, 2(1): 89-94.

周志宇. 1990. 阿拉善荒漠草地类初级营养型研究. 兰州: 甘肃科学技术出版社.

诸葛阳. 1984. 浙江省啮齿动物分布及局部的群落动态. 生态学杂志, 3(1): 19-23.

祖元刚. 2004. 非线性生态模型. 北京: 科学出版社: 181-382.

祖元刚, 马克明. 1995. 分形理论与生态学//李博. 现代生态学论集. 北京: 科学出版社.

祖元刚, 马克明, 张喜军. 1997. 植被空间异质性的分形分析方法. 生态学报, 17(3): 333-337.

祖元刚, 赵则海, 丛沛桐, 等. 2000. 北京东灵山地区辽东栎林种群空间分布分形分析. 植物研究, 20(1): 112-119.

《内蒙古草地资源》编委会. 1990. 内蒙古草地资源. 呼和浩特: 内蒙古人民出版社: 87-312.

Abrans R. 1980. Some comments on measuring niche overlap. Ecology, 61(1): 44-49.

Aronson J. 1993. Restoration and rehabilitation of degraded ecosystems in arid and semi-arid lands. I. A view from the south. Restoration Ecology, 1(1): 8-17.

Barbara J D, Lake D S, Scheiber E S, et al. 1998. Habitat structure and regulation of local species diversity in a stony, stream. Ecological Monographs, 68(2): 237-257.

Berlow E. 1999. Strong effects of weak interactions in ecological communities. Nature, 298: 330-334.

Bojo J P. 1991. Economics and land degradation. Ambio, 20: 75-79.

Boulinier T, Nichols J D, Hines J E, et al. 2001. Forest fragmentation and bird community dynamics: inference at regional scales. Ecology, 82(4): 1159-1169.

Bowers M A, Brown J H. 1982. Body size and coexistnce in desert rodents: chance or community structure? Ecology, 63(2): 391-400.

Bowers M A, Dooley J L. 1991. Role of habitat mosaics on the outcome of two-species completion. Oikos, 60: 180-186.

Bowers M A, Matter S F. 1997. Landscape ecology of mammals: relationships between density and patch size. Journal of Mammalogy, 78(2): 999-1013.

Bradshaw G A, Spies T A. 1992. Characterizing canopy gap structure in forests using wavelet analysis. Journal of ecology, 80: 205-215.

Brady M J, Slade N A. 2001. Diversity of a grassland rodent community at varying temporal scales: the role of ecologically dominant species. Journal of Mammalogy, 82(4): 974-983.

Brown J H. 1973. Species diversity of seed-eating desert rodents in sand dune habitats. Ecology, 54(4): 775-787.

Brown J H. 1995. Macroecology. Chicago: Chicago University Press.

Brown J H, Harney B A. 1993. Population and community ecology of heteromyid rodents in temperate habitats// Genoways H H, Brown J H. Biology of the Heteromyidae. Special Publication. The American Society of Mammalogists, 10: 1-719.

Brown J H, Maurer B A. 1986. Body size, ecological dominance, and Cope's rule. Nature, 324: 248-250.

Brown J H, Munger J C. 1985. Experimental manipulation of a desert rodent community: Food chelation and species removal. Ecology, 66(5): 1545-1563.

Brown J H, Zeng Z Y. 1989. Comparative population ecology of eleven species of rodents in the Chihuahuan Desert. Ecology, 70: 1507-1525.

Buechner M. 1989. Are small-scale landscape features important factors for field studies of small mammal dispersal sinks? Landscape Ecology, 2: 191-199.

Cao J Z, Kamdem D P. 2004. Moisture adsorption thermodynamics of wood from fractal-geometry approach. Holzforschung, 58: 274-279.

Colliinge S K. 1996. Ecological consequences of habitat fragmentation: Implications for landscape architecture and planning. Landscape and Urban Planning, 36: 59-77.

Collings R J, Barrett G W. 1997. Effects of habitat fragmentation on meadow vole (*Microtus pennsylvanicus*) population dynamics in experiment landscape patches. Landscape Ecology, 12: 63-76.

Colwell R K, Futuyma D J. 1971. On the measurement of niche breadth and overlap. Ecology, 52(4): 567-576.

Connell J H. 1978. Diversity in tropical rain forests and coral reefs. Science, 199: 1302-1310.

Cox C B, Moore P D. 1985. 生物地理学——生态和进化的途径. 赵铁桥, 杨正本译. 北京: 高等教育出版社: 188-217.

Crant W E, Birney E C. 1979. Small mammal community structure in North American Grassland. Journal of Mammalogy, 60(1): 23-36.

David B L, Michael A, Parris K M, et al. 2000. Habitat fragmentation, landscape context and mammalian assemblages in Southeastern Australia. Journal of Mammalogy, 81(3): 787-797.

Davies K F, Melbourne B A, Margules C R. 2001. Effects of within and between patch processes on community dynamics in a fragmentation experiment. Ecology, 82(7): 1830-1846.

De Ruiter P C, Neutel A M, Moore J C. 1995. Energetics, patterns of interaction strengths, and stability in real ecosystems. Science, 269: 1257-1260.

Delcourt H R, Delcourt P A, Iii T W. 1983. Dynamic plant ecology: the spectrum of vegetation change in space and time. Quaternary Science Review, (1): 153-175.

Den Boer P J. 1986. The present stat us of the competitive exclusion principle. Trends in Ecology and Evolution, 1: 25-28.

Donovan T M, Lamberson R H. 2001. Area-sensitive distributions counteract negative effects of habitat fragmentation on breeding birds. Ecology, 82(4): 1170-1179.

Dunstan C E, Fox B J. 1996. The effects of fragmentation and disturbance of rainforest on ground-dwelling small mammals on the Robertson Plateau, New South Wales, Australia. Journal of Biogeography, 23: 187-201.

Falconer K J. 1991. 分形几何——数学基础及其应用. 曾文曲, 刘世耀译. 沈阳: 东北大学出版社: 8-12.

Farnthworth E J. 1998. Issues of spatial taxonomic and temporal scale in delineating links between mangrove diversity and ecosystem function. Global Ecology and Biogeography Letters, 7: 15-25.

Forman R T T. 1995. Land Mosaics: The ecology of landscape and regions. Cambridge: Cambridge University Press.

Fox B J, Fox M D. 2000. Factors determining mammal species richness on habitat islands and isolates: habitat diversity, disturbance, species interactions and guild assembly rules. Global Ecology and Biogeography, 9: 19-37.

Frontier S. 1985. Diversity and structure in aquatic ecosystems. Oceanogr Mar Biol Ann Rev, 23: 253-312.

Frontier S. 1987. Applications of fractal theory to ecology// Legendre P, Legendre L. Developments in Numerical Ecology. New York: Springer: 335-378.

Gaston K J. 2000a. Global patterns in biodiversity. Nature, 405: 220-227.

Gaston K J. 2000b. Macroecology. Cambridge: Cambridge University Press.

Hames R S, Rosenberg K V, Lowe J D, et al. 2001. Site reoccupation in fragmented landscapes: testing predictions of metapopulation theory. Journal of Animal Ecology, 70: 182-190.

Hector A, Schmid B, Beierkuhnlein C, et al. 1999. Plant diversity and productivity experiments in European grasslands. Science, 286: 1123-1127.

Holling C S. 1992. Cross-scale morphology, geometry and dynamics of ecosystems. Ecological Monograph, 62(4): 447-502.

Hooper D U, Vitousek P M. 1997. The effects of plant composition and diversity on ecosystem processes. Science, 277: 1302-1305.

Hubbell S P, Foster R B. 1986. Biology, chance, and history and the structure of tropical rain forest tree communities// Diamond J, Case T J. Community ecology. New York: Harper: 314-329.

Jackson D A. 1997. Compositional data in community ecology: The paradigm or peril of proportions? Ecology, 78(3): 929-940.

Jean P L, Michel A, Jean P B, et al. 2001. Spatial distribution of Eucalyptus roots in a deep sandy soil in the Congo: relationships with the ability of the stand to take up water and nutrients. Tree Physiology, (21): 129-136.

Jhon A, James F. 1990. 统计生态学. 李育中等译. 呼和浩特: 内蒙古大学出版社: 58-59.

Johanna F, Micheal S G. 1991. The effects of a successional habitat mosaic on a small mammal community. Ecology, 72(4): 1358-1373.

John G K, Bowyer R T, Nicholson M C, et al. 2002. Landscape heterogeneity at differing scales: effects on spatial distribution of mule deer. Ecology, 83(2): 530-544.

Johnson R, Ferguson J W H, Jaarsveld A S, et al. 2002. Delayed responses of small-mammal assemblages subject to afforestation-induced grassland fragmentation. Journal of Mammalogy, 83(1): 290-300.

Kaiser J. 2000. Rift over biodiversity divides ecologists. Science, 289: 1282-1283.

Kang L, Han X, Zhang Z, et al. 2007. Grassland ecosystems in China: review of current knowledge and research advancement. Philosophical Transactions the Royal Society, B: 362, 997-1008.

Kelt D A, Brown J H. 1996. Community structure of desert small mammals: Comparisons across four continents. Ecology, 77(3): 746-761.

King E G, Hobbs R J. 2006. Identifying linkages among conceptual models of ecosystem degradation and restoration: towards an integrative framework. Restoration Ecology, 14(3): 369-378.

Kirkland G L. 1990. Patterns of initial small mammal community change after clearcutting of temperate North American forests. Oikos, 59: 313-320.

Kotler B P. 1984. Risk of predation and the structure of desert rodent communities. Ecology, 65: 689-701.

Krohne D. 1997. Dynamics of metapopulations of small mammals. Journal of Mammalogy, 78: 1014-1026.

Krummel J R, Gardner R H, Sugihara G, et al. 1987. Landscape patterns in a disturbed environment. Oikos, 48: 321-324.

Lamont B B, Bergl S M. 1991. Water relations, shoot and root architecture, and the phenology of three co-occurring Banksia species: no evidence for niche differentiation in the pattern of water use. Oikos, 60: 291-298.

Levin S A. 1992. The problem of pattern and scale in ecology. Ecology, 73: 1943-1983.

Levins R. 1968. Evolution in changing environments. Princeton: Princeton University Press: 120.

Lindenmayer D B, Cunningham R B, Pope M L, et al. 1999. The response of arboreal marsupials to landscape context: a large scale fragmentation study. Ecological Applications, 9: 594-611.

Lindenmayer D B, Mccarthy M A, Parris K M, et al. 2000. Habitat fragmentation, landscape context, and mammalian assemblages in southeastern Australia. Journal of Mammalogy, 81(3): 787-797.

Lomolino M V, Perault D R. 2000. Assembly and disassembly of mammal communities in a fragmented temperate rain forest. Ecology, 81 (16) : 1517-1532.

Loreau M, Naeem S, Inchausti P, et al. 2001. Biodiversity and ecosystem functioning: current knowledge and future challenges. Science, 294: 804-808.

Mackey R L, Currie D J. 2001. The diversity-disturbance relationship: Is it generally strong and peaked? Ecology, 82 (12) : 3479-3492.

Mackinon J L, Petty S J, Elston D A, et al. 2001. Scale invariant spatio-temporal patterns of field vole density. Journal of Animal Ecology, 70: 101-111.

Mandelbrot B B. 1967. How long is the coast of Britain? Science, 156 (3775) : 636-638.

Mandelbrot B B. 1974. Intermittent turbulence in self-similar cascades: divergence of high moments and dimension of the carrier. Journal of Fluid Mechanics, 62 (2) : 331-358.

Mandelbrot B B. 1977. Fractals. San Francisco: John Wiley & Sons, Inc.

Mandelbrot B B. 1982. The fractal geometry of nature. San Francisco: Freedman.

Mark E R, Han O. 1999. Spatial scaling laws yield a synthetic theory of biodiversity. Nature, 400 (5) : 557-560.

Mark V L, David R P. 2000. Assembly and disassembly of mammal communities in a fragmented temperate rain forest. Ecology, 81 (6) : 1517-1532.

McCann K S. 2000. The diversity stability debate. Nature, 405: 218-233.

McCarthy M A, Lindenmayer D B. 1999. Incorporating metapopulation dynamics of greater gliders into reserve design in disturbed landscapes. Ecology, 80: 651-667.

McGarigal K, Mars B J. 1993. FRAGSTATS: Spatial pattern analysis program for quantifying landscape structure. Covallis: Oregon State University.

McNaughton S J. 1985. Ecology of a grazing ecosystem: the Serengeti. Ecological Monographs, 55: 259-295.

Menge B A, Olson A M. 1990. Role of scale and environmental factors in regulation of community structure. Trends in Ecology and Evolution, 5: 52-57.

Meserve P L, Marquet P A. 1999. Introduction to the symposium: large spatial and temporal scales in mammalian ecology: perspectives from the Americas. Oikos, 85: 297-298.

Morris D W. 1987. Ecological scale and habitat use. Ecology, 68 (2) : 362-369.

Morton S R, Brown J H, Kelt D A, et al. 1994. Comparisons of structure among small mammals of North America and Australia deserts. Australian Journal of Zoology, 42: 501-525.

Naeem S, Thompson L J, Lawler S P, et al. 1994. Declining biodiversity can alter the performance of ecosystems. Nature, 368: 734-740.

Nupp T E, Swihart R K. 2000. Landscape-level correlates of small-mammal assemblages in forest fragments of farmland. Journal of Mammalogy, 81 (2) : 512-526.

Odum E P. 1957. The ecosystem approach in the teaching of ecology illustrated with sample class data. Ecology, 38 (3) : 531-535.

Orians G H. 1980. Micro and macro in ecological theory. BioScience, 30 (2) : 79.

Patterson B D, Brown J H. 1991. Regionally nested patters of species composition in granivorous rodent assemblages. Journal of Biogeography, 18: 395-402.

Paul S. 1997. Community structures of shortgrass prairie rodents: Competition or risk of intraguild predation? Ecology, 78 (5) : 1519-1530.

Petraitis P S. 1981. Algebraic and graphical relationship among niche breadth measures. Ecology, 62 (3) : 545-548.

Pickett S T A, White P S. 1985. The ecology of nature disturbance and patch dynamics. Orlando: Academic Press Inc.

Pielou E C. 1966. Shannon's formula as a measure of specific diversity: its use and misuse. The American Naturalist, 100(914): 463-465.

Pulliam H R, Dunning J B, Liu J. 1992. Population dynamics in complex landscape: a case study. Ecological Applications, 2: 165-177.

Putman R J, Wratten S D. 1994. 生态学原理. 王昱生等译. 长春: 吉林科学技术出版社: 107-133.

Richard P T, Adam P M, David J. 1999. Fractal analysis of Pollock's drip paintings. Nature, 399(3): 422.

Ricotta C, Kenkel N C, Zuliani E D, et al. 1998. Community richness, diversity and evenness: a fractal approach. Abstracta Botanica, 22: 113-119.

Robert L S, Wiens J A. 2001. Dispersion of kangaroo rat mounds at multiple scales in New Mexico, USA. Landscape Ecology, 16: 267-277.

Root R B. 1967. The niche exploitation pattern of the blue-gray gnatcatcher. Ecological monographs, 37(4): 317-350.

Rosenzweig M L. 1995. Species in space and time. Cambridge: Cambridge University Press.

Rosenzweig M L, Winaker J. 1969. Population ecology of desert rodent communities: habitats and environmental complexity. Ecology, 50: 558-572.

Schneider D C. 2002. Scaling theory: Application to marine ornithology. Ecosystems, 5: 736-748.

Shelford V E. 1931. Some concepts of bioecology. Ecology, 12(3): 455-467.

Stahl M. 1990. Environmental degradation and political constraints in Ethiopia. Disaster, 14: 140-150.

Stahl M. 1993. Land degradation in East Africa. Ambio, 22(8): 505-508.

Steen H, Ims R A, Sonerud G A. 1996. Spatial and temporal patterns of small-rodent population dynamics at a regional scale. Ecology, 77: 2365-2372.

Strauss R E. 1982. Statistical significance of species cluster in association analysis. Ecology, 63(3): 634-639.

Tao F, Feng Z. 1999. Terrestrial ecosystem sensitivity to acid deposition in South China. Water, Air, and Soil Pollution, 118(3-4): 231-244.

Tilman D, Downing J A. 1994. Biodiversity and stability in grassland. Nature, 367: 363-365.

Turner M G. 1989. Landscape ecology: The effect of pattern on process. Annual Review of Ecology and Systematics, 20: 171-197.

Utrera A, Duno G, Barbara A E, et al. 2000. Small mammals in agricultural areas of the western Lianos of Venezuela: community structure, habitat associations and relative densities. Journal of Mammalogy, 81(2): 536-548.

Van der Heijden M G A, Klironomos J N, Ursic M, et al. 1998. Mycorrhizal fungal diversity determines plant biodiversity, ecosystem variability and productivity. Nature, 396: 69-92.

Van der Maarel E, Sykes M T. 1993. Small scale plant species turnover in a limestone grassland: the carousel model and some comments on the niche concept. Journal of Vegetation Science, 4: 179-188.

Vander Zanden M J, Casselman J M, Rasmussen J B. 1999. Stable isotope evidence for the food web consequences of species invasion in lakes. Nature, 401: 464-467.

Vázquez L B, Medellín R A, CameronG N. 2000. Population and community ecology of small rodents in montane forest of western Mexico. Journal of Mammalogy, 81(1): 77-85.

White D, Minotti P G, Barczak M J, et al. 1997. Assessing risk biodiversity from future landscape change. Conservation Biology, 11: 349-360.

Whittaker R H. 1960. Vegetation of the Siskiyou Mountains, Oregon and California. Ecol Monogr, 30: 279-338.

Whittaker R H. 1978. Direct gradient analysis. In Ordination of plant communities. Springer Netherlands, 7-50.

Williams S E. 1997. Patterns of mammalian species richness in the Australian tropical rain forests: are extinctions during historical contractions of the rain forest the primary determinant of current patterns in biodiversity? Wildlife Research, 24: 513-530.

Williams S E, Marsh H, Winter J. 2002. Spatial scale, species diversity and habitat structure small mammals in Australian tropical rain forest. Ecology, 85(5): 1317-1329.

Wu J, Loucks O L. 1995. From balance-of-nature to hierarchical patch dynamics: A paradigm shift in ecology. Quarterly Review of Biology, 70: 439-466.

Yachi S, Loreau M. 1999. Biodiversity and ecosystem functioning in a fluctuating environment: the insurance hypothesis. Pro Nat Acad Sci, USA, 96: 1463-1468.

Yang P L, Ren S M, Luo Y P, et al. 1999. Measurement of fractal curves and modelling of root morphology. Scientia Agricultura Sinica, 32(1): 89-92.

Yodzis P. 1981. The stability of real ecosystems. Nature, 289: 674-676.

Zeng Z Y, Yang Y M, Song Z M, et al. 1995. Dynamics of the rodent community in the Chihuahuan desert of North America: III. Frequency distributions and prediction of variables. Acta Theriologica Sinica, 15(4): 289-297.

Сокопов В Е. 1981. Новый вид пятипапого тушка *Allactaga nataliae* sp. n. нэ Монтопии, Эоол. ж, 60(5): 557-569.

Сокопов В Е, Россопимо О П, Павпииов И Я, et al. 1981. Сравнитепьная характеристика Двух видов тушканчиков иэ Монгопии—*Allactaga bullata* Allen, 1925 и *A. nataliae* Sokolov, 1918, Эоол. ж, 60(6): 895-906.

附　　录

附表 1　小尺度样地开垦区动物群落与植物群落的典型相关分析（2002～2004 年）

Table 1　The canonical correlation analysis of rodent and plant community on planting sites of
small scale（2002～2004）

	特征值	特征值差异	方差贡献率	累积方差贡献率
1	5.456 9	4.072 9	0.657 8	0.657 8
2	1.384 0	0.321 2	0.166 8	0.824 7
3	1.062 8	0.671 3	0.128 1	0.952 8
4	0.391 5		0.047 2	1.000 0

	似然率	F 值	自由度 1	自由度 2	显著性水平
1	0.022 633 41	1.95	32	34.786	0.028 1
2	0.146 141 01	1.33	21	29.265	0.234 8
3	0.348 398 29	1.27	12	22	0.300 4
4	0.718 668 65	0.94	5	12	0.490 0

多变量检验的统计量与近似的 F 值
$S=4$　$M=1.5$　$N=3.5$

Statistic	似然率	F 值	自由度 1	自由度 2	显著性水平
Wilks' Lambda	0.022 633 41	1.95	32	34.786	0.028 1
Pillai's Trace	2.222 209 34	1.87	32	48	0.023 7
Hotelling-Lawley Trace	8.295 100 32	2.10	32	14.88	0.065 4
Roy's Greatest Root	5.456 872 37	8.19	8	12	0.000 8

动物群落变量标准化的典型相关系数

动物变量	FSD1	FSD2	FSD3	FSD4
X_1	−0.375 7	0.212 5	−0.512 6	1.099 0
X_7	−0.296 8	−0.106 6	0.559 6	1.139 2
X_{10}	0.566 7	0.779 6	0.300 9	0.158 8
X_{16}	0.824 8	−0.410 7	−0.081 7	0.476 8

续表

植物变量	植物群落变量标准化的典型相关系数			
	ZB1	ZB2	ZB3	ZB4
X_{17}	−0.190 4	−0.784 4	0.491 2	0.398 5
X_{18}	−0.751 2	0.492 1	1.204 9	−0.067 1
X_{19}	0.119 3	−0.918 0	0.483 6	0.281 5
X_{20}	0.151 4	−0.059 9	0.220 3	−0.106 5
X_{21}	−0.017 7	−0.404 0	−0.545 8	0.881 5
X_{22}	0.808 5	−0.515 5	−1.126 4	−0.198 8
X_{23}	−0.413 7	0.532 0	0.322 1	0.380 1
X_{24}	0.680 3	0.638 8	0.223 6	0.058 9

注：X_1 为五趾跳鼠丰富度；X_2 为五趾跳鼠的生物量比例；X_3 为三趾跳鼠丰富度；X_4 为三趾跳鼠的生物量比例；X_5 为子午沙鼠丰富度；X_6 为子午沙鼠的生物量比例；X_7 为黑线仓鼠丰富度；X_8 为黑线仓鼠的生物量比例；X_9 为小毛足鼠丰富度；X_{10} 为小毛足鼠的生物量比例；X_{11} 为长爪沙鼠丰富度；X_{12} 为长爪沙鼠的生物量比例；X_{13} 为短尾仓鼠丰富度；X_{14} 为短尾仓鼠的生物量比例；X_{15} 为草原黄鼠丰富度；X_{16} 为草原黄鼠的生物量比例；X_{17} 为灌木高度；X_{18} 为灌木盖度；X_{19} 为灌木密度；X_{20} 为灌木地上生物量；X_{21} 为草本高度；X_{22} 为草本盖度；X_{23} 为草本密度；X_{24} 为草本地上生物量。FSD1～FSD4 为丰富度变量；ZB1～ZB4 为植被变量；下同

附表 2　小尺度样地轮牧区动物群落与植物群落的典型相关分析(2002～2004 年)

Table 2　The canonical correlation analysis of rodent and plant community on rotated grazing sites of small scale(2002～2004)

	特征值	特征值差异	方差贡献率	累积方差贡献率
1	21.304 9	18.626 2	0.867 9	0.867 9
2	2.678 7	2.183 8	0.109 1	0.977 0
3	0.494 9	0.425 4	0.020 2	0.997 2
4	0.069 5		0.002 8	1.000 0

	似然率	F 值	自由度 1	自由度 2	显著性水平
1	0.007 622 19	2.99	32	34.786	0.001 0
2	0.170 0121 8	1.19	21	29.265	0.326 9
3	0.625 427 09	0.48	12	22	0.902 3
4	0.934 981 65	0.17	5	12	0.970 0

多变量检验的统计量与近似的 F 值
$S=4$　$M=1.5$　$N=3.5$

Statistic	似然率	F 值	自由度 1	自由度 2	显著性水平
Wilks' Lambda	0.007 622 19	2.99	32	34.786	0.001 0
Pillai's Trace	2.079 432 33	1.62	32	48	0.062 3
Hotelling-Lawley Trace	24.548 120 68	6.20	32	14.88	0.000 3
Roy's Greatest Root	21.304 912 67	31.96	8	12	＜0.000 1

动物群落变量标准化的典型相关系数

动物变量	FSD1	FSD2	FSD3	FSD4
X_3	0.080 1	0.886 9	0.443 6	0.555 9
X_{10}	−0.165 0	−0.276 1	0.840 5	0.619 4
X_{13}	0.977 2	−0.215 7	−0.090 2	0.103 2
X_{15}	−0.034 0	0.176 2	−0.622 2	0.840 4

植物群落变量标准化的典型相关系数

植物变量	ZB1	ZB2	ZB3	ZB4
X_{17}	0.055 8	0.550 9	0.800 7	−0.050 2
X_{18}	0.606 6	0.128 5	−0.234 6	−0.005 2
X_{19}	0.000 1	0.238 0	−0.712 5	0.415 9
X_{20}	0.037 0	−0.217 8	0.775 2	0.962 2
X_{21}	−0.168 7	−0.586 6	0.096 8	−0.745 7
X_{22}	−0.589 3	0.963 4	1.175 4	−0.030 8
X_{23}	0.066 4	−0.194 3	−0.118 1	0.079 2
X_{24}	0.665 1	−0.769 3	−0.752 6	−0.188 8

注：变量 X_1～X_{24} 同附表 1

附表 3　小尺度样地过牧区动物群落与植物群落的典型相关分析（2002～2004 年）

Table 3　The canonical correlation analysis of rodent and plant community on over grazing sites of small scale（2002～2004）

	特征值	特征值差异	方差贡献率	累积方差贡献率
1	7.909 9	5.756 7	0.771 2	0.771 2
2	2.153 2	1.960 2	0.209 9	0.981 2
3	0.193 0		0.018 8	1.000 0

	似然率	F 值	自由度 1	自由度 2	显著性水平
1	0.029 836 05	2.91	24	29.604	0.003 2
2	0.265 837 10	1.48	14	22	0.200 6
3	0.838 242 65	0.39	6	12	0.874 2

多变量检验的统计量与近似的 F 值
$S=3$　$M=2$　$N=4$

Statistic	似然率	F 值	自由度 1	自由度 2	显著性水平
Wilks' Lambda	0.029 836 05	2.91	24	29.604	0.003 2
Pillai's Trace	1.732 386 78	2.05	24	36	0.025 0
Hotelling-Lawley Trace	10.256 119 36	3.92	24	15.508	0.003 7
Roy's Greatest Root	7.909 928 16	11.86	8	12	0.000 1

动物群落变量标准化的典型相关系数

动物变量	FSD1	FSD2	FSD3
X_2	0.630 7	0.818 7	0.413 2
X_{10}	0.794 2	−0.597 8	0.185 4
X_{15}	−0.182 2	0.241 8	1.071 2

植物群落变量标准化的典型相关系数

植物变量	ZB1	ZB2	ZB3
X_{17}	−0.698 3	−0.389 1	−0.827 4
X_{18}	−0.136 9	0.235 6	−0.680 8
X_{19}	0.635 5	0.568 5	0.645 5
X_{20}	0.707 0	−0.419 9	1.685 2
X_{21}	−0.060 7	0.951 1	0.180 3
X_{22}	0.545 0	−0.623 6	−0.543 1
X_{23}	0.368 1	−0.051 3	0.371 7
X_{24}	0.220 0	−0.273 8	−0.398 6

注：变量 X_1～X_{24} 同附表 1

附表 4　小尺度样地禁牧区动物群落与植物群落的典型相关分析(2002～2004 年)

Table 4　The canonical correlation analysis of rodent and plant community on prohibited grazing sites of small scale(2002～2004)

	特征值	特征值差异	方差贡献率	累积方差贡献率
1	9.070 9	7.095 1	0.780 8	0.780 8
2	1.975 9	1.404 8	0.170 1	0.950 8
3	0.571 0	0.049 2	1.000 0	

	似然率	F 值	自由度 1	自由度 2	显著性水平
1	0.021 238 55	3.42	24	29.604	0.000 9
2	0.213 892 23	1.83	14	22	0.099 8
3	0.636 517 69	1.14	6	12	0.396 1
4	0.021 238 55	3.42	24	29.604	0.000 9

多变量检验的统计量与近似的 F 值
$S=3$　$M=2$　$N=4$

Statistic	似然率	F 值	自由度 1	自由度 2	显著性水平
Wilks' Lambda	0.021 238 55	3.42	24	29.604	0.000 9
Pillai's Trace	1.928 151 74	2.70	24	36	0.003 5
Hotelling-Lawley Trace	11.617 872 77	4.45	24	15.508	0.001 9
Roy's Greatest Root	9.070 944 22	13.61	8	12	＜0.000 1

动物群落变量标准化的典型相关系数

动物变量	FSD1	FSD2	FSD3
X_1	−0.533 7	0.029 1	0.900 6
X_5	−0.473 6	−1.007 4	0.119 1
X_7	0.584 9	−0.687 5	0.621 4

植物群落变量标准化的典型相关系数

植物变量	ZB1	ZB2	ZB3
X_{17}	0.139 9	−0.463 8	−0.614 2
X_{18}	1.594 6	0.142 0	−1.902 1
X_{19}	−0.419 6	0.610 5	−0.452 6
X_{20}	0.162 8	0.605 6	0.147 1
X_{21}	−0.067 0	0.026 4	−0.004 2
X_{22}	−0.743 8	−0.215 6	1.919 5
X_{23}	0.314 9	0.365 1	−0.839 9
X_{24}	−0.099 3	−0.109 8	1.029 6

注: 变量 X_1～X_{24} 同附表 1

附表 5　大尺度样地开垦区动物群落与植物群落的典型相关分析(2002～2004 年)

Table 5　The canonical correlation analysis of rodent and plant community on planting sites of large scale(2002～2004 line sites)

	特征值	特征值差异	方差贡献率	累积方差贡献率
1	7.263 3	5.611 0	0.709 7	0.709 7
2	1.652 4	1.007 0	0.161 4	0.871 1
3	0.645 3	0.171 1	0.063 1	0.934 2
4	0.474 3	0.296 3	0.046 3	0.980 5
5	0.177 9	0.156 4	0.017 4	0.997 9
6	0.021 5		0.002 1	1.000 0

	似然率	F 值	自由度 1	自由度 2	显著性水平
1	0.015 631 57	3.11	48	112.31	<0.000 1
2	0.129 169 02	1.78	35	99.182	0.014 4
3	0.342 604 27	1.27	24	84.936	0.209 2
4	0.563 701 24	1.07	15	69.415	0.401 2
5	0.831 043 71	0.63	8	52	0.748 7
6	0.978 911 13	0.19	3	27	0.899 6

多变量检验的统计量与近似的 F 值
$S=6$　　$M=0.5$　　$N=10$

Statistic	似然率	F 值	自由度 1	自由度 2	显著性水平
Wilks' Lambda	0.015 631 57	3.11	48	112.31	<0.000 1
Pillai's Trace	2.388 022 90	2.23	48	162	0.000 1
Hotelling-Lawley Trace	10.234 793 72	4.42	48	58	<0.000 1
Roy's Greatest Root	7.263 344 14	24.51	8	27	<0.000 1

动物群落变量标准化的典型相关系数

动物变量	FSD2	FSD1	FSD3	FSD4	FSD5	FSD6
X_2	0.550 5	−0.880 2	1.669 9	0.006 1	0.745 8	0.323 9
X_5	0.031 7	−0.059 0	0.737 0	−4.854 1	−4.649 4	3.129 3
X_6	0.155 4	0.155 0	1.334 5	2.428 2	3.798 0	−0.990 0
X_7	0.120 7	−0.206 0	2.374 2	−2.230 4	−2.180 1	2.743 2
X_9	−0.192 1	−0.162 2	−0.221 6	−0.456 2	0.026 0	1.216 5
X_{14}	1.007 8	0.236 6	0.536 4	0.215 1	0.134 2	0.357 1

植物群落变量标准化的典型相关系数

植物变量	ZB1	ZB2	ZB3	ZB4	ZB4	ZB4
X_{17}	0.550 5	−0.880 2	1.669 9	0.006 1	0.745 8	0.323 9
X_{18}	0.031 7	−0.059 0	0.737 0	−4.854 1	−4.649 4	3.129 3
X_{19}	0.155 4	0.155 0	1.334 5	2.428 2	3.798 0	−0.990 0
X_{20}	0.120 7	−0.206 0	2.374 2	−2.230 4	−2.180 1	2.743 2
X_{21}	−0.192 1	−0.162 2	−0.221 6	−0.456 2	0.026 0	1.216 5
X_{22}	1.007 8	0.236 6	0.536 4	0.215 1	0.134 2	0.357 1
X_{23}	0.550 5	−0.880 2	1.669 9	0.006 1	0.745 8	0.323 9
X_{24}	0.031 7	−0.059 0	0.737 0	−4.854 1	−4.649 4	3.129 3

注：变量 X_1～X_{24} 同附表 1

附表 6　大尺度样地轮牧区动物群落与植物群落的典型相关分析（2002～2004 年）

Table 6　The canonical correlation analysis of rodent and plant community on rotated grazing sites of large scale（2002～2004 line sites）

	特征值	特征值差异	方差贡献率	累积方差贡献率
1	2.636 3	1.705 7	0.597 6	0.597 6
2	0.930 6	0.575 4	0.210 9	0.808 5
3	0.355 2	0.065 4	0.080 5	0.889 0
4	0.289 8	0.131 9	0.065 7	0.954 7
5	0.157 9	0.116 0	0.035 8	0.990 5
6	0.041 9		0.009 5	1.000 0

	似然率	F 值	自由度 1	自由度 2	显著性水平
1	0.067 555 65	1.71	48	112.31	0.011 2
2	0.245 654 33	1.12	35	99.182	0.321 9
3	0.474 254 43	0.84	24	84.936	0.672 7
4	0.642 714 06	0.80	15	69.415	0.669 7
5	0.828 953 83	0.64	8	52	0.741 2
6	0.959 812 68	0.38	3	27	0.770 4

多变量检验的统计量与近似的 F 值
$S=6$　$M=0.5$　$N=10$

Statistic	似然率	F 值	自由度 1	自由度 2	显著性水平
Wilks' Lambda	0.067 555 65	1.71	48	112.31	0.011 2
Pillai's Trace	1.870 317 38	1.53	48	162	0.026 8
Hotelling-Lawley Trace	4.411 611 94	1.90	48	58	0.009 8
Roy's Greatest Root	2.636 325 23	8.90	8	27	＜0.000 1

动物群落变量标准化的典型相关系数

动物变量	FSD1	FSD2	FSD3	FSD4	FSD5	FSD6
X_4	0.147 9	−0.067 8	0.087 7	0.257 3	1.674 6	0.928 7
X_5	−0.703 8	0.459 0	0.190 3	0.355 0	1.369 6	1.404 3
X_7	0.164 2	0.646 4	−0.601 0	−0.433 5	0.349 4	0.231 3
X_9	−0.883 5	−0.350 3	−0.395 8	−0.104 0	1.170 0	0.776 1
X_{11}	0.137 1	−0.552 0	−0.147 5	0.028 0	−0.048 5	0.971 0
X_{13}	−0.075 5	0.006 0	0.501 6	−0.824 7	0.276 6	0.348 7

植物群落变量标准化的典型相关系数

植物变量	ZB1	ZB2	ZB3	ZB4	ZB5	ZB6
X_{17}	−1.911 7	−1.440 0	−3.350 7	−0.614 7	−0.433 9	−2.179 7
X_{18}	1.744 0	2.063 2	−0.554 8	−2.983 8	−1.097 0	1.163 1
X_{19}	−0.387 9	−0.316 3	−1.048 1	0.801 9	−0.892 4	−0.903 1
X_{20}	0.084 5	−0.795 8	−0.824 8	0.149 7	−0.127 3	0.277 9
X_{21}	0.320 5	0.392 5	0.997 5	1.924 2	1.251 3	0.185 0
X_{22}	−4.523 9	−7.243 8	−3.247 2	3.074 7	1.820 9	−3.006 6
X_{23}	−0.501 9	−0.402 6	−0.479 4	0.079 3	0.512 6	0.352 8
X_{24}	5.256 1	7.055 7	6.670 2	−1.699 7	−0.914 9	3.155 8

注：变量 X_1～X_{24} 同附表 1

附表 7　大尺度样地过牧区动物群落与植物群落的典型相关分析(2002～2004 年)

Table 7　The canonical correlation analysis of rodent and plant community on over grazing sites of large scale(2002～2004 line sites)

	特征值	特征值差异	方差贡献率	累积方差贡献率
1	1.757 2	0.927 3	0.521 6	0.521 6
2	0.829 9	0.503 1	0.246 4	0.768 0
3	0.326 7	0.033 7	0.097 0	0.865 0
4	0.293 1	0.149 4	0.087 0	0.952 0
5	0.143 7	0.125 6	0.042 7	0.994 6
6	0.018 1		0.005 4	1.000 0

	似然率	F 值	自由度 1	自由度 2	显著性水平
1	0.099 225 76	1.40	48	112.31	0.074 5
2	0.273 581 35	1.02	35	99.182	0.450 4
3	0.500 615 09	0.78	24	84.936	0.755 1
4	0.664 183 53	0.74	15	69.415	0.736 6
5	0.858 834 27	0.51	8	52	0.840 5
6	0.982 257 81	0.16	3	27	0.920 6

多变量检验的统计量与近似的 F 值

$S=6$　$M=0.5$　$N=10$

Statistic	似然率	F 值	自由度 1	自由度 2	显著性水平
Wilks' Lambda	0.099 225 76	1.40	48	112.31	0.074 5
Pillai's Trace	1.707 127 92	1.34	48	162	0.090 5
Hotelling-Lawley Trace	3.368 594 65	1.45	48	58	0.086 6
Roy's Greatest Root	1.757 160 57	5.93	8	27	0.000 2

动物群落变量标准化的典型相关系数

动物变量	FSD1	FSD2	FSD3	FSD4	FSD5	FSD6
X_1	0.357 2	−1.263 6	0.844 8	0.265 8	−0.782 7	−0.067 3
X_3	1.096 9	−2.643 0	−0.246 5	1.440 7	−1.279 0	0.309 1
X_5	−0.009 1	−2.271 4	0.001 2	0.756 4	−1.041 1	0.714 5
X_{10}	0.423 4	−2.189 0	−0.325 6	0.758 2	−1.034 2	−0.626 8
X_{11}	−0.165 3	−0.074 4	0.292 3	0.693 5	0.595 8	−0.297 5
X_{15}	−0.196 4	0.207 0	0.023 4	0.671 0	−0.747 8	−0.153 2

植物群落变量标准化的典型相关系数

植物变量	ZB1	ZB2	ZB3	ZB4	ZB5	ZB6
X_{17}	−0.596 3	−0.080 5	0.617 1	−0.263 4	0.729 9	0.523 0
X_{18}	0.742 0	0.529 7	0.159 0	0.177 3	−1.111 2	0.343 0
X_{19}	−1.797 5	−0.321 1	1.023 3	−1.568 0	−0.025 1	−1.370 1
X_{20}	−0.233 7	0.290 1	−0.144 0	0.545 3	−0.576 4	0.318 8
X_{21}	0.479 0	0.920 0	−1.226 0	−0.677 9	−0.325 3	0.003 2
X_{22}	1.732 0	−0.092 0	−1.026 9	1.539 6	0.470 9	1.801 6
X_{23}	0.746 0	0.181 4	−1.082 0	−1.720 7	−1.515 8	1.226 5
X_{24}	−0.653 2	−0.012 0	2.060 9	1.550 0	1.784 1	−1.379 8

注：变量 X_1～X_{24} 同附表 1

附表 8　大尺度样地禁牧区动物群落与植物群落的典型相关分析(2002～2004 年)

Table 8　The canonical correlation analysis of rodent and plant community on prohibited grazing sites of large scale(2002～2004 line sites)

	特征值	特征值差异	方差贡献率	累积方差贡献率
1	2.079 2	1.003 3	0.452 6	0.452 6
2	1.075 9	0.143 2	0.234 2	0.686 8
3	0.932 7	0.426 3	0.203 0	0.889 8
4	0.506 4		0.110 2	1.000 0

	似然率	F 值	自由度 1	自由度 2	显著性水平
1	0.053 736 83	3.41	32	90.103	<0.000 1
2	0.165 465 58	3.00	21	72.337	0.000 3
3	0.343 492 19	3.06	12	52	0.002 5
4	0.663 855 87	2.73	5	27	0.040 0

多变量检验的统计量与近似的 F 值
$S=4$　　$M=1.5$　　$N=11$

Statistic	似然率	F 值	自由度 1	自由度 2	显著性水平
Wilks' Lambda	0.053 736 83	3.41	32	90.103	<0.000 1
Pillai's Trace	2.012 247 22	3.42	32	108	<0.000 1
Hotelling-Lawley Trace	4.594 114 64	3.28	32	52.875	<0.000 1
Roy's Greatest Root	2.079 183 70	7.02	8	27	<0.000 1

动物群落变量标准化的典型相关系数

动物变量	FSD1	FSD2	FSD3	FSD4
X_3	−0.362 6	−0.205 9	0.904 8	1.061 6
X_6	0.493 0	−0.177 3	−0.076 7	1.275 5
X_7	0.779 3	−0.022 7	1.014 5	0.784 5
X_{14}	−0.197 0	0.876 5	0.055 3	0.694 4

植物群落变量标准化的典型相关系数

植物变量	ZB1	ZB2	ZB3	ZB4
X_{17}	0.400 9	0.265 0	0.225 1	0.305 0
X_{18}	−0.483 8	1.995 9	−0.105 8	−0.324 3
X_{19}	−0.173 4	−0.666 2	0.089 9	−0.573 8
X_{20}	−0.161 8	−0.562 7	−0.504 8	0.414 0
X_{21}	0.149 1	0.705 3	−0.192 2	0.385 8
X_{22}	−0.301 8	−1.318 9	0.756 1	0.357 0
X_{23}	0.738 1	−1.164 8	−2.340 9	−1.006 7
X_{24}	0.387 0	1.299 5	2.633 4	0.138 6

注：变量 X_1～X_{24} 同附表 1

附表 9 小尺度样地开垦区主成分变量与旬降雨量的典型相关分析（2002～2004 年）
Table 9 The canonical correlation analysis between PCA variables of rodent community and decade rainfall on farmland sites of small scale（2002～2004）

	特征值	特征值差异	方差贡献率	累积方差贡献率	似然率	F 值	自由度 1	自由度 2	显著性水平
1	2.469 4	2.363 7	0.951 5	0.951 5	0.255 5	2.10	12	37.332	0.041 6
2	0.105 6	0.085 2	0.040 7	0.992 2	0.886 4	0.31	6	30	0.926 4
3	0.020 4		0.007 8	1.000 0	0.980 0	0.16	2	16	0.851 0

多变量检验的统计量与近似的 F 值
$S=3$ $M=0$ $N=6$

Statistic	似然率	F 值	自由度 1	自由度 2	显著性水平
Wilks' Lambda	0.255 500 43	2.10	12	37.332	0.041 6
Pillai's Trace	0.827 247 93	1.52	12	48	0.148 9
Hotelling-Lawley Trace	2.595 332 09	2.88	12	20.545	0.017 1
Roy's Greatest Root	2.469 350 78	9.88	4	16	0.000 3

动物群落变量标准化的类型相关系数

动物变量	FSD1	FSD2	FSD3
X_1	0.274 6	0.731 3	1.011 6
X_7	0.224 4	−0.059 8	0.883 0
X_{10}	0.980 0	−0.268 8	−0.088 8
X_{16}	0.056 7	−0.667 1	0.693 0

旬降雨变量标准化的典型相关系数

旬降雨变量	JS1	JS2	JS3
X_{17}	1.056 0	−0.601 1	0.274 9
X_{18}	−0.112 5	1.225 2	−0.145 3
X_{19}	0.363 2	−0.034 5	−0.948 0

注：X_1～X_{16} 同附表 1；X_{17} 为月上旬降雨量，X_{18} 为月中旬降雨量，X_{19} 为月下旬降雨量

附表 10　小尺度样地过牧区主成分变量与旬及旬平均降雨量的典型相关分析（2002～2004 年）

Table 10　The canonical correlation analysis between PCA variables of rodent community and average decade rainfall on over grazing sites of small scale（2002～2004）

	特征值	特征值差异	方差贡献率	累积方差贡献率	似然率	F 值	自由度 1	自由度 2	显著性水平
1	3.028 3	2.519 3	0.848 4	0.848 4	0.159 4	3.12	12	37.332	0.003 8
2	0.509 0	0.477 0	0.142 6	0.991 0	0.642 1	1.24	6	30	0.314 5
3	0.032 0		0.009 0	1.000 0	0.968 9	0.26	2	16	0.777 2

多变量检验的统计量与近似的 F 值

$S=3$　　　$M=0$　　　$N=6$

Statistic	似然率	F 值	自由度 1	自由度 2	显著性水平
Wilks' Lambda	0.159 409 43	3.12	12	37.332	0.003 8
Pillai's Trace	1.120 070 62	2.38	12	48	0.016 7
Hotelling-Lawley trace	3.569 274 78	3.95	12	20.545	0.003 1
Roy's Greatst Root	3.028 295 79	12.11	4	16	0.000 1

动物群落变量标准化的典型相关系数

动物变量	FSD1	FSD2	FSD3
X_2	−0.766 1	0.243 8	0.769 7
X_{10}	0.618 1	−0.167 3	0.782 6
X_{15}	−0.125 0	1.085 1	0.214 9

旬降雨变量标准化的典型相关系数

旬降雨变量	JS1	JS2	JS3
X_{17}	−199.431	62.329 5	−80.689 3
X_{18}	−112.219	35.474 9	−45.234 3
X_{19}	−293.085	92.671 3	−117.344
X_{20}	369.023	−115.387	147.706

注：X_1～X_{16} 同附表 1；X_{17} 为月上旬降雨量，X_{18} 为月中旬降雨量，X_{19} 为月下旬降雨量，X_{20} 为旬均降雨量

附表 11 大尺度样地开垦区主成分变量与旬降雨量的典型相关分析(2002～2004 年)

Table 11 The canonical correlation analysis between PCA variables of rodent community and decade rainfall on farmland sites of large scale(2002～2004)

	特征值	特征值差异	方差贡献率	累积方差贡献率	似然率	F 值	自由度 1	自由度 2	显著性水平
1	0.921 6	0.606 1	0.702 3	0.702 3	0.367 9	1.81	18	76.853	0.038 8
2	0.315 5	0.240 3	0.240 4	0.942 7	0.707 0	1.06	10	56	0.407 8
3	0.075 2		0.057 3	1.000 0	0.930 0	0.55	4	29	0.704 0

多变量检验的统计量与近似的 F 值
S=3 M=1 N=12.5

Statistic	似然率	F 值	自由度 1	自由度 2	显著性水平
Wilks' Lambda	0.367 916 81	1.81	18	76.853	0.038 8
Pillai's Trace	0.789 377 49	1.73	18	87	0.049 6
Hotelling-Lawley Trace	1.312 341 25	1.90	18	48.296	0.039 0
Roy's Greatest Root	0.921 648 75	4.45	6	29	0.002 6

动物群落变量标准化的典型相关系数

动物变量	FSD1	FSD2	FSD3
X_2	−0.704 8	0.895 9	−1.334 7
X_5	−1.907 0	3.433 6	5.253 7
X_6	−0.136 7	−1.146 1	−4.376 4
X_7	−2.559 0	2.264 6	1.992 7
X_9	0.140 2	0.178 4	0.408 8
X_{14}	−0.658 5	−0.308 4	−0.545 0

旬降雨变量标准化的典型相关系数

旬降雨变量	JS1	JS2	JS3
X_{17}	0.133 9	0.891 3	0.640 6
X_{18}	−0.017 4	−0.945 9	0.551 0
X_{19}	1.011 2	0.066 3	−0.019 7

注：X_1～X_{16} 同附表 1；X_{17} 为月上旬降雨量，X_{18} 为月中旬降雨量，X_{19} 为月下旬降雨量

附表 12　大尺度样地轮牧区主成分变量与旬降雨量的典型相关分析（2002～2004 年）

Table 12　The canonical correlation analysis between PCA variables of rodent community and decade rainfall on rotation grazing sites of large scale（2002～2004）

	特征值	特征值差异	方差贡献率	累积方差贡献率	似然率	F 值	自由度 1	自由度 2	显著性水平
1	0.798 6	0.505 9	0.653 3	0.653 3	0.380 2	1.74	18	76.853	0.049 9
2	0.029 26	0.161 4	0.239 4	0.892 6	0.683 8	1.17	10	56	0.329 0
3	0.131 2		0.107 4	1.000 0	0.883 9	0.95	4	29	0.448 7

多变量检验的统计量与近似的 F 值
$S=3$　　$M=1$　　$N=12.5$

Statistic	似然率	F 值	自由度 1	自由度 2	显著性水平
Wilks' Lambda	0.380 225 17	1.74	18	76.853	0.049 9
Pillai's Trace	0.786 405 21	1.72	18	87	0.051 2
Hotelling-Lawley Trace	1.222 448 63	1.77	18	48.296	0.058 4
Roy's Greatest Root	0.798 569 57	3.86	6	29	0.006 0

动物群落变量标准化的典型相关系数

动物变量	FSD1	FSD2	FSD3
X_4	0.011 5	0.789 6	0.932 5
X_5	0.245 1	−0.136 0	0.624 7
X_7	0.042 3	−0.335 4	0.654 2
X_9	1.015 3	0.360 6	0.269 5
X_{11}	−0.205 2	0.382 8	−0.264 9
X_{13}	−0.148 6	0.143 5	−0.411 3

旬降雨变量标准化的典型相关系数

旬降雨变量	JS1	JS2	JS3
X_{17}	0.178 7	−0.046 8	−1.090 3
X_{18}	0.528 1	−0.770 3	0.571 3
X_{19}	0.799 4	0.620 0	−0.062 4

注：X_1～X_{16} 同附表 1；X_{17} 为月上旬降雨量，X_{18} 为月中旬降雨量，X_{19} 为月下旬降雨量

附表 13　大尺度样地过牧区主成分变量与旬及旬均降雨量的典型相关（2002～2004 年）

Table 13　The canonical correlation analysis between PCA variables of rodent community and average decade rainfall on over grazing sites of large scale（2002～2004）

	特征值	特征值差异	方差贡献率	累积方差贡献率	似然率	F 值	自由度 1	自由度 2	显著性水平
1	1.691 8	1.250 8	0.700 0	0.700 0	0.199 8	2.25	24	91.913	0.003 2
2	0.441 0	0.179 5	0.182 5	0.882 5	0.538 0	1.26	15	74.937	0.250 7
3	0.261 5	0.239 1	0.108 2	0.990 7	0.775 3	0.95	8	56	0.484 0
4	0.022 4		0.009 3	1.000 0	0.978 0	0.22	3	29	0.884 0

多变量检验的统计量与近似的 F 值

$S=4$　　$M=0.5$　　$N=12$

Statistic	似然率	F 值	自由度 1	自由度 2	显著性水平
Wilks' Lambda	0.199 884 83	2.25	24	91.913	0.003 2
Pillai's Trace	1.163 753 98	1.98	24	116	0.008 7
Hotelling-Lawley Trace	2.416 712 15	2.51	24	53.31	0.002 6
Roy's Greatest Root	1.691 804 47	8.18	6	29	＜0.000 1

动物群落变量标准化的典型相关系数

动物变量	FSD1	FSD2	FSD3	FSD4
X_1	−0.296 3	1.530 5	−0.168 9	−0.367 9
X_3	−0.938 0	3.039 5	0.262 5	−0.042 6
X_5	0.143 8	2.420 2	−0.093 9	0.364 5
X_{10}	−0.245 0	2.353 4	−0.202 6	−0.754 5
X_{11}	0.132 8	0.286 2	0.665 7	0.027 9
X_{15}	0.144 3	0.128 0	0.667 3	−0.542 3

旬降雨变量标准化的典型相关系数

旬降雨变量	JS1	JS2	JS3	JS4
X_{17}	−77.693 9	−13.106 0	−2.813 2	143.135 1
X_{18}	−39.330 7	−7.578 8	−2.333 3	74.025 7
X_{19}	−89.475 1	−16.581 5	−2.958 1	165.295 4
X_{20}	127.966 1	23.150 1	5.446 5	−235.170 0

注：X_1～X_{16} 同附表 1；X_{17} 为月上旬降雨量，X_{18} 为月中旬降雨量，X_{19} 为月下旬降雨量，X_{20} 为旬均降雨量

附表 14　大尺度样地禁牧区主成分变量与旬及旬均降雨量的典型相关（2002～2004 年）
Table 14　The canonical correlation analysis between PCA variables of rodent community and average decade rainfall on forbidden grazing sites of large scale（2002～2004）

	特征值	特征值差异	方差贡献率	累积方差贡献率	似然率	F 值	自由度 1	自由度 2	显著性水平
1	1.807 3	1.629 6	0.873 5	0.873 5	0.278 8	2.80	16	86.179	0.001 2
2	0.177 7	0.104 4	0.085 9	0.959 4	0.782 6	0.83	9	70.729	0.588 7
3	0.073 3	0.062 6	0.035 4	0.994 8	0.921 7	0.62	4	60	0.647 7
4	0.010 7		0.005 2	1.000 0	0.989 4	0.33	1	31	0.568 8

多变量检验的统计量与近似的 F 值
S=4　　M=−0.5　　N=13

Statistic	似然率	F 值	自由度 1	自由度 2	显著性水平
Wilks' Lambda	0.278 800 74	2.80	16	86.179	0.001 2
Pillai's Trace	0.873 626 97	2.17	16	124	0.009 3
Hotelling-Lawley Trace	2.069 126 28	3.50	16	50.286	0.000 3
Roy's Greatest Root	1.807 343 22	14.01	4	31	<0.000 1

动物群落变量标准化的典型相关系数

动物变量	FSD1	FSD2	FSD3	FSD4
X_3	−0.757 1	−0.863 0	0.487 0	0.751 4
X_6	0.360 9	−0.303 1	0.830 8	0.997 5
X_7	0.286 0	−1.332 8	0.477 1	0.408 5
X_{14}	−0.007 9	−0.198 7	−0.509 3	0.996 9

旬降雨变量标准化的典型相关系数

旬降雨变量	JS1	JS2	JS3	JS4
X_{17}	−126.509	−93.407 7	36.295 1	25.627 4
X_{18}	−64.358 0	−49.152 2	18.529 1	13.724 8
X_{19}	−145.977	−108.200	40.792 4	30.519 8
X_{20}	207.600 5	154.775 0	−58.367 8	−42.256 2

注：X_1～X_{16} 同附表 1；X_{17} 为月上旬降雨量，X_{18} 为月中旬降雨量，X_{19} 为月下旬降雨量，X_{20} 为旬均降雨量

附表 15　小尺度样地禁牧区主成分变量与极端温度的典型相关分析（2002～2004 年）

Table 15　The canonical correlation analysis between PCA variables of rodent community and extreme temperature on forbidden grazing sites of small scale（2002～2004）

	特征值	特征值差异	方差贡献率	累积方差贡献率	似然率	F 值	自由度 1	自由度 2	显著性水平
1	0.758 4	0.449 4	0.710 5	0.710 5	0.434 4	2.76	6	32	0.028 2
2	0.309 0		0.289 5	1.000 0	0.763 9	2.63	2	17	0.101 4

多变量检验的统计量与近似的 F 值
$S=2$　$M=0$　$N=7$

Statistic	似然率	F 值	自由度 1	自由度 2	显著性水平
Wilks' Lambda	0.434 441 38	2.76	6	32	0.028 2
Pillai's Trace	0.667 379 39	2.84	6	34	0.023 8
Hotelling-Lawley Trace	1.067 434 82	2.77	6	19.652	0.040 3
Roy's Greatest Root	0.758 400 67	4.30	3	17	0.019 8

动物群落变量标准化的典型相关系数

动物变量	FSD1	FSD2
X_1	0.673 8	0.730 0
X_5	−0.468 4	0.990 3
X_7	0.336 2	0.432 1

极端温度变量标准化的典型相关系数

极端温度变量	JW1	JW2
X_{17}	1.418 3	0.600 9
X_{18}	−0.688 7	−1.377 8

注：X_1～X_{16} 同附表 1；X_{17} 为月极端最高温度，X_{18} 为月极端最低温度

附表 16　大尺度样地开垦区主成分变量与极端温度的典型相关分析（2002～2004 年）
Table 16　The canonical correlation analysis between PCA variables of rodent community and extreme temperature on farmland sites of large scale（2002～2004）

	特征值	特征值差异	方差贡献率	累积方差贡献率	似然率	F 值	自由度 1	自由度 2	显著性水平
1	1.232 7	1.092 2	0.897 7	0.897 7	0.392 7	2.78	12	56	0.004 9
2	0.140 5		0.102 3	1.000 0	0.876 8	0.81	5	29	0.549 0

多变量检验的统计量与近似的 F 值
$S=2$　$M=1.5$　$N=13$

Statistic	似然率	F 值	自由度 1	自由度 2	显著性水平
Wilks' Lambda	0.392 718 65	2.78	12	56	0.004 9
Pillai's Trace	0.675 286 17	2.46	12	58	0.011 3
Hotelling-Lawley Trace	1.373 188 02	3.13	12	40.581	0.003 2
Roy's Greatest Root	1.232 714 08	5.96	6	29	0.000 4

动物群落变量标准化的典型相关系数

动物变量	FSD1	FSD2
X_2	0.567 0	0.280 0
X_5	−1.418 2	1.900 7
X_6	0.449 1	−0.612 2
X_7	−1.131 1	0.848 9
X_9	0.122 0	0.225 2
X_{14}	0.080 8	−0.713 9

极端温度变量标准化的典型相关系数

极端温度变量	JW1	JW2
X_{17}	0.058 5	1.399 4
X_{18}	0.958 2	−1.021 6

注：X_1～X_{16} 同附表 1；X_{17} 为月极端最高温度，X_{18} 为月极端最低温度

附表 17 大尺度样地过牧区主成分变量与极端温度的典型相关分析（2002~2004 年）

Table 17 The canonical correlation analysis between PCA variables of rodent community and extreme temperature on over grazing sites of large scale（2002~2004）

	特征值	特征值差异	方差贡献率	累积方差贡献率	似然率	F 值	自由度 1	自由度 2	显著性水平
1	1.048 6	0.923 1	0.893 1	0.893 1	0.433 7	2.42	12	56	0.013 2
2	0.125 4		0.106 9	1.000 0	0.888 5	0.73	5	29	0.608 4

多变量检验的统计量与近似的 F 值

$S=2$ $M=1.5$ $N=13$

Statistic	似然率	F 值	自由度 1	自由度 2	显著性水平
Wilks' Lambda	0.433 733 71	2.42	12	56	0.013 2
Pillai's Trace	0.623 320 34	2.19	12	58	0.024 2
Hotelling-Lawley Trace	1.174 020 44	2.68	12	40.581	0.009 6
Roy's Greatest Root	1.048 572 07	5.07	6	29	0.001 2

动物群落变量标准化的典型相关系数

动物变量	FSD1	FSD2
X_1	−0.734 0	0.965 4
X_3	−1.891 4	2.456 9
X_5	−0.976 3	1.461 4
X_{10}	−1.330 5	1.774 6
X_{11}	0.242 6	0.344 3
X_{15}	0.499 0	0.854 9

极端温度变量标准化的典型相关系数

极端温度变量	JW1	JW2
X_{17}	−0.342 9	1.358 0
X_{18}	1.209 7	−0.706 0

注：X_1~X_{16} 同附表 1；X_{17} 为月极端最高温度，X_{18} 为月极端最低温度

附表 18　大尺度样地禁牧区主成分变量与极端温度的典型相关分析（2002～2004 年）

Table 18　The canonical correlation analysis between PCA variables of rodent community and extreme temperature on forbidden grazing sites of large scale（2002～2004）

	特征值	特征值差异	方差贡献率	累积方差贡献率	似然率	F 值	自由度 1	自由度 2	显著性水平
1	0.834 6	0.614 2	0.791 1	0.791 1	0.446 6	3.72	8	60	0.001 4
2	0.220 5		0.208 9	1.000 0	0.819 3	2.28	3	31	0.099 1

多变量检验的统计量与近似的 F 值
S=2　M=0.5　N=14

Statistic	似然率	F 值	自由度 1	自由度 2	显著性水平
Wilks' Lambda	0.446 612 77	3.72	8	60	0.001 4
Pillai's Trace	0.635 562 53	3.61	8	62	0.001 7
Hotelling-Lawley Trace	1.055 079 36	3.88	8	40.602	0.001 8
Roy's Greatest Root	0.834 624 92	6.47	4	31	0.000 7

动物群落变量标准化的典型相关系数

动物变量	FSD1	FSD2
X_3	−0.664 5	−0.131 5
X_6	−0.606 1	0.041 4
X_7	−1.383 1	0.309 4
X_{14}	0.145 2	0.855 0

极端温度变量标准化的典型相关系数

极端温度变量	JW1	JW2
X_{17}	1.075 1	−0.897 8
X_{18}	−0.111 8	1.396 2

注：X_1～X_{16} 同附表 1；X_{17} 为月极端最高温度，X_{18} 为月极端最低温度

附表 19　大尺度样地开垦区主成分变量与旬及旬均气温的典型相关分析（2002～2004 年）
Table 19　The canonical correlation analysis between PCA variables of rodent community and average temperature of ten-day on farmland sites of large scale（2002～2004）

	特征值	特征值差异	方差贡献率	累积方差贡献率	似然率	F 值	自由度 1	自由度 2	显著性水平
1	1.349 3	1.086 3	0.758 2	0.758 2	0.287 6	1.64	24	91.913	0.048 4
2	0.263 1	0.126 4	0.147 8	0.906 0	0.675 8	0.76	15	74.937	0.714 0
3	0.136 7	0.106 0	0.076 8	0.982 8	0.853 6	0.58	8	56	0.792 7
4	0.030 7		0.017 2	1.000 0	0.970 2	0.30	3	29	0.827 8

多变量检验的统计量与近似的 F 值
$S=4$　　$M=0.5$　　$N=12$

Statistic	似然率	F 值	自由度 1	自由度 2	显著性水平
Wilks' Lambda	0.287 664 49	1.64	24	91.913	0.048 4
Pillai's Trace	0.932 595 39	1.47	24	116	0.092 0
Hotelling-Lawley Trace	1.779 708 17	1.85	24	53.31	0.031 6
Roy's Greatest Root	1.349 325 10	6.52	6	29	0.000 2

动物群落变量标准化的典型相关系数

动物变量	FSD1	FSD2	FSD3	FSD4
X_2	0.407 8	1.642 3	−1.109 0	−0.599 7
X_5	−1.492 3	1.341 0	4.334 7	−2.962 0
X_6	0.381 9	0.883 3	−3.573 0	1.655 5
X_7	−1.352 6	1.969 5	1.087 5	−2.710 7
X_9	0.134 3	0.001 3	0.427 1	−0.302 8
X_{14}	0.035 2	0.160 1	−0.983 1	−0.138 2

旬气温变量标准化的典型相关系数

旬气温变量	QW1	QW2	QW3	QW4
X_{17}	−14.661 8	32.514 7	−0.474 8	−24.168 7
X_{18}	−14.319 3	34.847 4	−0.462 8	−19.028 0
X_{19}	−17.603 5	39.202 2	2.080 6	−26.457 7
X_{20}	44.941 6	−100.489 0	−0.868 5	65.541 1

注：X_1～X_{16} 同附表 1；X_{17} 为月上旬气温，X_{18} 为月中旬气温，X_{19} 为月下旬气温，X_{20} 为旬均气温

附表 20　大尺度样地轮牧区主成分变量与旬气温的典型相关分析(2002~2004 年)

Table 20　The canonical correlation analysis between PCA variables of rodent community and temperature of ten-day on rotation grazing sites of large scale(2002~2004)

	特征值	特征值差异	方差贡献率	累积方差贡献率	似然率	F 值	自由度1	自由度2	显著性水平
1	1.112 3	0.716 6	0.654 5	0.654 5	0.284 7	2.39	18	76.853	0.004 5
2	0.395 7	0.204 3	0.232 8	0.887 4	0.601 3	1.62	10	56	0.124 4
3	0.191 4		0.112 6	1.000 0	0.839 3	1.39	4	29	0.262 7

多变量检验的统计量与近似的 F 值

$S=3$　　　$M=1$　　　$N=12.5$

Statistic	似然率	F 值	自由度1	自由度2	显著性水平
Wilks' Lambda	0.284 706 77	2.39	18	76.853	0.004 5
Pillai's Trace	0.970 739 87	2.31	18	87	0.005 3
Hotelling-Lawley Trace	1.699 397 29	2.46	18	48.296	0.006 6
Roy's Greatest Root	1.112 320 89	5.38	6	29	0.000 8

动物群落变量标准化的典型相关系数

动物变量	FSD1	FSD2	FSD3
X_4	−0.472 6	0.725 9	0.142 0
X_5	−0.054 1	−0.152 3	0.123 9
X_7	−0.348 6	−0.231 9	0.493 7
X_9	0.714 8	0.265 0	0.386 3
X_{11}	0.320 5	0.657 5	0.218 2
X_{13}	0.139 1	0.129 7	−0.705 4

旬气温变量标准化的典型相关系数

旬气温变量	QW1	QW2	QW3
X_{17}	0.531 2	−1.392 3	2.174 4
X_{18}	−1.412 3	2.674 7	−1.115 2
X_{19}	1.651 9	−0.708 0	−0.598 2

注：$X_1 \sim X_{16}$ 同附表 1；X_{17} 为月上旬气温，X_{18} 为月中旬气温，X_{19} 为月下旬气温

附表 21　大尺度样地过牧区主成分变量与旬及旬均气温的典型相关分析(2002～2004 年)

Table 21　The canonical correlation analysis between PCA variables of rodent community and average temperature of ten-day on over grazing sites of large scale(2002～2004)

	特征值	特征值差异	方差贡献率	累积方差贡献率	似然率	F 值	自由度 1	自由度 2	显著性水平
1	1.267 9	0.512 4	0.538 7	0.538 7	0.185 5	2.38	24	91.913	0.001 7
2	0.755 4	0.530 6	0.321 0	0.859 7	0.420 8	1.84	15	74.937	0.044 3
3	0.224 9	0.119 6	0.095 5	0.955 3	0.738 7	1.14	8	56	0.348 9
4	0.105 2		0.044 7	1.000 0	0.904 8	1.02	3	29	0.399 4

多变量检验的统计量与近似的 F 值

$S=4$　　$M=0.5$　　$N=12$

Statistic	似然率	F 值	自由度 1	自由度 2	显著性水平
Wilks' Lambda	0.185 551 38	2.38	24	91.913	0.001 7
Pillai's Trace	1.268 175 62	2.24	24	116	0.002 4
Hotelling-Lawley Trace	2.353 380 30	2.45	24	53.31	0.003 4
Roy's Greatest Root	1.267 865 85	6.13	6	29	0.000 3

动物群落变量标准化的典型相关系数

动物变量	FSD1	FSD2	FSD3	FSD4
X_1	−0.386 0	1.123 9	1.140 8	−0.186 4
X_3	−1.132 1	2.463 8	1.540 6	1.372 1
X_5	−0.147 9	2.301 1	0.879 0	0.597 1
X_{10}	−0.590 5	2.163 9	1.001 6	0.921 4
X_{11}	0.213 9	−0.071 8	0.575 2	−0.114 4
X_{15}	0.452 4	−0.085 6	0.574 2	0.671 3

旬气温变量标准化的典型相关系数

旬气温变量	QW1	QW2	QW3	QW4
X_{17}	−7.978 1	11.956 8	37.538 1	−15.517 8
X_{18}	−11.298 3	8.996 2	37.792 2	−12.034 7
X_{19}	−10.960 8	15.094 6	44.348 5	−15.370 7
X_{20}	29.379 5	−34.218 3	−112.695	40.988 7

注：X_1～X_{16} 同附表 1；X_{17} 为月上旬气温，X_{18} 为月中旬气温，X_{19} 为月下旬气温，X_{20} 为旬均气温

附表 22　大尺度样地禁牧区主成分变量与旬气温的典型相关分析（2002～2004 年）

Table 22　The canonical correlation analysis between PCA variables of rodent community and temperature of ten-day on forbidden grazing sites of large scale（2002～2004）

	特征值	特征值差异	方差贡献率	累积方差贡献率	似然率	F 值	自由度 1	自由度 2	显著性水平
1	1.406 2	1.128 6	0.760 6	0.760 6	0.279 1	3.98	12	77.018	＜0.000 1
2	0.277 6	0.112 5	0.150 2	0.910 7	0.671 7	2.20	6	60	1.055 2
3	0.165 1		0.089 3	1.000 0	0.858 2	2.56	2	31	0.093 6

多变量检验的统计量与近似的 F 值
$S=3$　　$M=0$　　$N=13.5$

Statistic	似然率	F 值	自由度 1	自由度 2	显著性水平
Wilks' Lambda	0.279 195 04	3.98	12	77.018	＜0.000 1
Pillai's Trace	0.943 401 54	3.56	12	93	0.000 2
Hotelling-LawleyTrace	1.848 897 93	4.35	12	46.609	0.000 1
Roy's Greatest Root	1.406 180 70	10.90	4	31	＜0.000 1

动物群落变量标准化的典型相关系数

动物变量	FSD1	FSD2	FSD3
X_3	−0.411 6	0.345 3	0.835 7
X_6	−0.384 0	0.482 7	−0.474 4
X_7	−1.297 9	0.101 1	0.149 7
X_{14}	0.123 4	−0.691 7	0.020 5

旬气温变量标准化的典型相关系数

旬气温变量	QW1	QW2	QW3
X_{17}	−1.117 4	−0.863 8	−2.225 7
X_{18}	0.769 2	−0.804 0	3.025 5
X_{19}	1.085 2	1.001 5	−1.186 3

注：X_1～X_{16} 同附表 1；X_{17} 为月上旬气温，X_{18} 为月中旬气温，X_{19} 为月下旬气温

附表 23　不同干扰条件下小尺度样地各变量在前三维主成分上的负荷量（2002～2004 年）

Table 23　The eigenvectors on the first three principal component of rodent communities under different disturbance in small scale sites（2002～2004）

项目		开垦区			轮牧区			过牧区		禁牧区		
		Prin1	Prin2	Prin3	Prin1	Prin2	Prin3	Prin1	Prin2	Prin1	Prin2	Prin3
2002	X_1	0.2683	0.3454	0.2610	0.3118	0.2883	0.2329	−0.2798	−0.3819	0.3522	0.2916	−0.0126
	X_2	0.2587	0.3274	0.2582	0.3196	0.2696	0.2280	−0.3010	−0.3600	0.3534	0.2711	0.0924
	X_3	0.0000	0.0000	0.0000	−0.3004	0.0857	0.3290	0.2841	0.3357	−0.0564	0.1518	0.5630
	X_4	0.0000	0.0000	0.0000	−0.3175	0.0748	0.3456	0.3289	0.2555	−0.0398	0.0827	0.6036
	X_5	0.4425	−0.1773	−0.2503	−0.1646	−0.2276	0.5335	−0.2785	0.3502	−0.3604	0.2887	−0.1543
	X_6	0.4158	−0.1043	−0.3821	−0.1680	−0.2427	0.4967	−0.2437	0.4537	−0.3760	0.2660	−0.1093
	X_7	−0.4887	0.0758	−0.0419	0.0000	0.0000	0.0000	0.3338	−0.0736	−0.0318	−0.4772	−0.1193
	X_8	−0.4876	0.0760	−0.0736	0.0000	0.0000	0.0000	0.3099	−0.1058	−0.0237	−0.4744	−0.1349
	X_9	0.1041	0.4419	0.2114	0.4005	−0.1087	0.1520	0.3030	−0.3137	0.3646	−0.1542	0.2080
	X_{10}	0.0246	0.4352	0.2072	0.3994	−0.1230	0.1553	0.3234	−0.2726	0.2903	−0.3220	0.1836
	X_{11}	0.0000	0.0000	0.0000	0.0000	0.0000	0.0000	0.0000	0.0000	0.0000	0.0000	0.0000
	X_{12}	0.0000	0.0000	0.0000	0.0000	0.0000	0.0000	0.0000	0.0000	0.0000	0.0000	0.0000
	X_{13}	0.0000	0.0000	0.0000	0.1119	0.4808	0.1773	0.0000	0.0000	0.0000	0.0000	0.0000
	X_{14}	0.0000	0.0000	0.0000	0.1119	0.4808	0.1772	0.0000	0.0000	0.0000	0.0000	0.0000
	X_{15}	0.0466	−0.4093	0.5300	0.3317	−0.3315	0.1088	0.2251	0.1201	0.3505	0.1971	−0.2963
	X_{16}	0.0466	−0.4093	0.5300	0.3151	−0.3484	0.1132	0.2251	0.1201	0.3653	0.1960	−0.2776
2003	X_1	0.2752	0.3800	0.0595	−0.1432	0.2570	−0.4930	0.3213	−0.1677	−0.0397	−0.4705	−0.1889
	X_2	0.2752	0.3800	0.0595	−0.1311	0.2777	−0.5083	0.3178	−0.1752	−0.0755	−0.5093	−0.1130
	X_3	0.0000	0.0000	0.0000	−0.2592	0.1916	0.2632	0.3916	−0.1330	−0.1573	0.2032	0.5239
	X_4	0.0000	0.0000	0.0000	−0.2321	0.1942	0.3002	0.3700	−0.1280	−0.1361	0.2331	0.5216
	X_5	0.4193	−0.1105	0.1390	−0.3558	−0.1255	0.1502	−0.3446	−0.2530	−0.4190	0.0302	−0.0156
	X_6	0.1598	−0.2414	0.4160	−0.2154	−0.2248	0.3179	−0.3632	−0.2164	−0.3625	0.2113	−0.1055
	X_7	−0.4135	0.1671	0.0030	0.0651	−0.5071	−0.0728	0.3713	0.0182	0.3620	−0.1622	0.2426
	X_8	−0.4053	0.1634	0.0231	0.0651	−0.5071	−0.0728	0.3331	0.0563	0.3682	−0.0168	0.2209
	X_9	0.1683	−0.3360	0.4120	0.3488	0.1987	0.0320	−0.0273	0.4563	0.1095	0.4102	−0.3726
	X_{10}	0.1686	−0.3360	0.4117	0.3581	0.1731	0.0832	−0.0283	0.4249	0.1031	0.4079	−0.3837
	X_{11}	0.2512	−0.1794	−0.4368	0.0000	0.0000	0.0000	0.0000	0.0000	0.0000	0.0000	0.0000
	X_{12}	0.2014	−0.1980	−0.4723	0.0000	0.0000	0.0000	0.0000	0.0000	0.0000	0.0000	0.0000
	X_{13}	0.0000	0.0000	0.0000	0.2581	0.2167	0.3011	0.0000	0.0000	0.0000	0.0000	0.0000
	X_{14}	0.0000	0.0000	0.0000	0.2581	0.2167	0.3011	0.0000	0.0000	0.0000	0.0000	0.0000
	X_{15}	0.2752	0.3800	0.0595	0.3773	−0.1239	−0.0689	0.0518	0.4425	0.4169	0.1139	0.0027
	X_{16}	0.2752	0.3800	0.0595	0.3665	−0.1516	−0.1045	0.0425	0.4565	0.4236	0.0620	0.0063

续表

项目	开垦区			轮牧区			过牧区		禁牧区		
	Prin1	Prin2	Prin3	Prin1	Prin2	Prin3	Prin1	Prin2	Prin1	Prin2	Prin3
X_1	−0.3869	0.1143	−0.0890	0.4106	0.0654	0.0071	−0.2113	0.4085	0.3846	0.1475	0.0712
X_2	−0.3788	−0.0277	−0.1501	0.4106	0.0654	0.0071	−0.2316	0.4234	0.3889	0.0788	−0.0200
X_3	0.0000	0.0000	0.0000	−0.1084	0.1505	0.6163	0.3111	0.2477	−0.1258	0.4166	−0.3771
X_4	0.0000	0.0000	0.0000	−0.1084	0.1505	0.6163	0.3361	0.2211	−0.1269	0.4152	−0.3773
X_5	0.2649	0.0662	−0.4199	−0.2568	0.0044	0.1314	−0.2922	−0.3613	−0.1607	−0.5199	0.0553
X_6	0.3890	−0.0222	−0.0598	−0.3369	−0.0055	0.0139	−0.2582	−0.4125	−0.2639	−0.4349	−0.0728
X_7	0.2588	−0.0148	0.5375	−0.0779	−0.5850	−0.0405	−0.2237	0.3082	0.3896	−0.1040	−0.1400
X_8	0.2362	−0.0214	0.5713	−0.0779	−0.5850	−0.0405	−0.2237	0.3082	0.3782	−0.1384	−0.1424
X_9	−0.2096	−0.5074	0.0427	−0.2559	0.3557	−0.3124	0.2824	−0.1537	−0.3772	0.1557	−0.0032
X_{10}	−0.2010	−0.5235	0.0377	−0.2123	0.3559	−0.3488	0.2873	−0.1436	−0.3687	0.0628	0.0088
X_{11}	0.2993	0.0576	−0.2775	0.0000	0.0000	0.0000	0.0000	0.0000	0.0000	0.0000	0.0000
X_{12}	0.2959	0.0554	−0.2443	0.0000	0.0000	0.0000	0.0000	0.0000	0.0000	0.0000	0.0000
X_{13}	0.0000	0.0000	0.0000	0.0000	0.0000	0.0000	0.0000	0.0000	0.0000	0.0000	0.0000
X_{14}	0.0000	0.0000	0.0000	0.0000	0.0000	0.0000	0.0000	0.0000	0.0000	0.0000	0.0000
X_{15}	−0.2248	0.4705	0.1313	0.4106	0.0654	0.0071	0.3746	0.0885	−0.0053	0.2444	0.5734
X_{16}	−0.2248	0.4705	0.1313	0.4106	0.0654	0.0071	0.3704	0.0279	−0.0205	0.2209	0.5768

（2004 对应于表左侧项目列）

注：X_1 为五趾跳鼠丰富度；X_2 为五趾跳鼠生物量比例；X_3 为三趾跳鼠丰富度；X_4 为三趾跳鼠生物量比例；X_5 为子午沙鼠丰富度；X_6 为子午沙鼠生物量比例；X_7 为黑线仓鼠丰富度；X_8 为黑线仓鼠生物量比例；X_9 为小毛足鼠丰富度；X_{10} 为小毛足鼠生物量比例；X_{11} 为长爪沙鼠丰富度；X_{12} 为长爪沙鼠生物量比例；X_{13} 为短尾仓鼠丰富度；X_{14} 为短尾仓鼠生物量比例；X_{15} 为草原黄鼠丰富度；X_{16} 为草原黄鼠生物量比例

附表 24 不同干扰下大尺度样地各变量在主成分上的因子负荷量

Table 24 Procedure eigenvector of all of variables in different disturbance areas (line sites)

	项目	开垦区				轮牧区			过牧区				禁牧区		
		Prin1	Prin2	Prin3	Prin4	Prin1	Prin2	Prin3	Prin1	Prin2	Prin3	Prin4	Prin1	Prin2	Prin3
2002	X_1	-0.1820	0.3501	-0.2557	0.3267	0.1008	0.2637	-0.4459	0.4135	-0.0335	-0.0730	-0.0080	0.3516	-0.0494	0.3603
	X_2	-0.1412	0.3697	-0.2833	0.3046	0.0294	0.2200	-0.4786	0.4132	-0.0063	-0.1086	0.0780	0.3510	0.0397	0.2873
	X_3	0.0000	0.0000	0.0000	0.0000	-0.3611	-0.1249	0.2447	-0.3755	-0.1918	-0.1869	-0.0575	0.3160	-0.2303	0.2119
	X_4	0.0000	0.0000	0.0000	0.0000	-0.3554	-0.1586	0.2458	-0.4021	-0.1535	-0.1054	0.0432	0.3035	-0.2335	0.1331
	X_5	-0.3773	0.0946	-0.0027	0.4091	0.2694	-0.3258	-0.1917	0.1900	-0.1085	0.5142	-0.1417	0.3514	-0.0373	-0.3742
	X_6	-0.2537	-0.2165	0.0795	0.4622	0.2777	-0.3279	-0.1226	0.1727	-0.1026	0.5310	-0.1110	0.2203	0.0832	-0.7001
	X_7	0.2892	-0.3296	0.1526	0.3079	0.2923	-0.2493	0.2023	0.3703	-0.0588	-0.2943	0.1186	-0.4126	-0.0683	-0.0512
	X_8	0.2891	-0.3444	0.1337	0.2727	0.2834	-0.2480	0.1906	0.3653	-0.0510	-0.2429	0.1430	-0.4021	-0.0993	0.0993
	X_9	0.3016	0.3389	0.1102	0.1783	-0.1895	0.3000	0.1932	-0.0746	0.4707	0.0611	0.2717	0.2030	0.3674	-0.0006
	X_{10}	0.3424	0.2802	0.2229	0.1241	-0.1726	0.2772	0.1394	-0.0512	0.4728	0.0744	0.3036	0.1052	0.4711	-0.1095
	X_{11}	0.2166	-0.1823	-0.2741	0.3017	0.3018	0.2455	0.1177	0.0000	0.0000	0.0000	0.0000	0.0000	0.0000	0.0000
	X_{12}	0.2589	-0.1741	-0.2880	0.2418	0.2996	0.2319	0.1465	0.0000	0.0000	0.0000	0.0000	0.0000	0.0000	0.0000
	X_{13}	0.3472	0.2135	-0.2677	0.1505	-0.1776	0.0182	-0.2624	-0.0921	0.1392	0.1566	0.6041	-0.0488	0.4924	0.1964
	X_{14}	0.3491	0.2101	-0.2688	0.1484	-0.1768	0.0154	-0.2613	-0.0219	-0.2411	0.4527	0.0671	-0.0512	0.5160	0.1784
	X_{15}	0.0648	0.2355	0.4707	0.0671	0.2367	0.3480	0.1474	0.0321	0.4402	0.0555	-0.4331	0.0000	0.0000	0.0000
	X_{16}	0.0648	0.2355	0.4707	0.0671	0.2267	0.3185	0.2682	0.0321	0.4402	0.0555	-0.4331	0.0000	0.0000	0.0000

续表

项目		开垦区				轮牧区			过牧区				禁牧区		
		Prin1	Prin2	Prin3	Prin4	Prin1	Prin2	Prin3	Prin1	Prin2	Prin3	Prin4	Prin1	Prin2	Prin3
	X_1	0.2311	0.3847	-0.0339	0.3058	-0.1529	-0.3814	-0.0017	-0.0198	-0.2436	0.5286	0.2040	0.3309	-0.1613	0.3824
	X_2	0.2162	0.3806	-0.0400	0.2916	-0.1895	-0.3645	0.0216	0.0917	-0.2793	0.5145	0.0777	0.2772	-0.1087	0.4266
	X_3	0.0000	0.0000	0.0000	-0.1422	0.4177	-0.1096	0.0472	-0.4180	-0.0175	-0.0269	0.0266	0.2423	-0.3019	0.1838
	X_4	0.0000	0.0000	0.0000	-0.1885	0.2955	-0.0591	-0.1898	-0.4090	0.0376	-0.0730	0.0097	0.2387	-0.3042	0.1942
	X_5	0.3390	-0.2043	-0.0731	0.4481	0.0046	0.0412	-0.0537	0.2889	0.0454	-0.3741	0.3225	0.3988	-0.0031	-0.3804
	X_6	0.2729	-0.3356	0.0535	0.3755	-0.1031	0.1627	-0.2498	0.3414	0.0505	-0.3600	0.1395	0.2578	0.0695	-0.5693
	X_7	-0.3520	-0.1326	0.1092	-0.1364	-0.2860	-0.0031	0.5392	0.3101	-0.1868	0.0195	-0.0098	-0.4602	-0.1152	0.1016
	X_8	-0.3186	-0.1588	0.2122	-0.2168	-0.2509	0.0233	0.5312	0.3129	-0.2200	-0.0532	-0.0855	-0.4740	-0.0378	0.0780
	X_9	0.0776	0.3027	0.5123	-0.4071	-0.1571	0.0670	-0.1186	0.3461	0.0443	0.1859	-0.4618	0.0954	0.4428	0.2491
	X_{10}	0.0603	0.2561	0.5498	-0.3596	-0.2277	0.1425	-0.1012	0.3411	-0.0266	0.1596	-0.5083	-0.0075	0.4137	0.1769
2003	X_{11}	-0.2008	0.2785	-0.4333	0.1687	0.1644	0.5356	0.3095	0.0000	0.0000	0.0000	0.0000	0.0000	0.0000	0.0000
	X_{12}	-0.2713	0.2617	-0.3636	0.1687	0.1644	0.5356	0.3095	0.0000	0.0000	0.0000	0.0000	0.0000	0.0000	0.0000
	X_{13}	-0.3176	0.2387	0.0604	0.0000	0.0000	0.0000	0.0000	0.0784	0.4540	0.1591	-0.0604	0.1175	0.4397	0.0981
	X_{14}	-0.2867	0.2445	0.1342	0.0000	0.0000	0.0000	0.0000	0.0818	0.4448	0.1485	-0.1230	0.1141	0.4454	0.1101
	X_{15}	0.3005	0.1927	-0.1202	-0.0140	0.4449	-0.1870	0.0500	0.0469	0.4086	0.1866	0.2005	0.0000	0.0000	0.0000
	X_{16}	0.2969	0.2302	-0.1076	-0.0787	0.4416	-0.2096	0.0837	0.0624	0.4466	0.1868	0.0800	0.0000	0.0000	0.0000

续表

项目	开垦区				轮牧区			过牧区				禁牧区		
	Prin1	Prin2	Prin3	Prin4	Prin1	Prin2	Prin3	Prin1	Prin2	Prin3	Prin4	Prin1	Prin2	Prin3
X_1	0.4256	-0.1138	-0.0763	0.4122	0.1078	-0.1306	0.1030	-0.1420	-0.0699	0.1062	0.5661	0.1090	0.6253	-0.0744
X_2	0.4314	-0.1073	-0.0069	0.4231	0.0931	-0.1597	0.1195	-0.1512	-0.0731	0.1054	0.5574	0.1416	0.6124	-0.0233
X_3	0.0000	0.0000	0.0000	-0.2485	0.2271	-0.0692	0.4957	0.0323	-0.4280	-0.2672	0.1209	-0.2424	0.0639	0.6506
X_4	0.0000	0.0000	0.0000	-0.2956	0.2999	-0.1005	0.3436	-0.0602	-0.3624	-0.2813	0.0705	-0.2447	0.0364	0.6524
X_5	0.0200	0.2883	-0.4487	0.0786	-0.5306	0.0635	-0.0214	0.2821	0.2587	-0.3100	-0.0974	-0.4049	0.0522	-0.1347
X_6	-0.2479	0.1992	-0.3656	0.0474	-0.5326	0.0476	-0.1054	0.2726	0.2897	-0.2815	-0.0935	-0.3848	-0.2151	-0.1678
X_7	-0.2632	-0.2855	0.3171	0.3106	-0.0144	-0.2378	0.1524	0.1565	0.3504	0.1290	0.1837	0.3717	-0.2683	0.0838
2004 X_8	-0.2728	-0.2800	0.2778	0.3106	-0.0144	-0.2378	0.1524	0.1574	0.3414	0.1404	0.1712	0.3644	-0.3103	0.0740
X_9	0.3556	-0.0617	0.2441	0.0172	0.3047	-0.1850	-0.5278	-0.2424	0.0864	0.4049	0.0247	0.0000	0.0000	0.0000
X_{10}	0.3071	-0.0518	0.3018	-0.0700	0.2692	-0.2079	-0.5209	-0.1901	0.1457	0.4252	-0.2425	0.0000	0.0000	0.0000
X_{11}	0.1236	0.3852	0.3011	0.0000	0.0000	0.0000	0.0000	0.0090	0.2585	-0.2268	0.3053	0.0000	0.0000	0.0000
X_{12}	0.1094	0.3729	0.3187	0.0000	0.0000	0.0000	0.0000	0.0090	0.2585	-0.2268	0.3053	0.0000	0.0000	0.0000
X_{13}	0.0282	0.4205	0.1177	0.0422	0.1398	0.5755	-0.0321	0.3818	-0.2333	0.1598	0.0496	0.3704	0.0975	0.2116
X_{14}	0.0054	0.4336	0.1042	0.0376	0.1458	0.5730	-0.0312	0.3818	-0.2333	0.1598	0.0496	0.3596	-0.0428	0.2036
X_{15}	0.2986	-0.1305	-0.2385	0.3757	0.1836	0.2257	0.0340	0.4269	-0.1060	0.2328	0.0873	0.0000	0.0000	0.0000
X_{16}	0.2986	-0.1305	-0.2385	0.3886	0.1809	0.1877	0.0158	0.4245	-0.0520	0.2502	0.0978	0.0000	0.0000	0.0000

注：$X_1 \sim X_{16}$同附表23

下篇　荒漠啮齿动物优势种
不育控制研究

第六章　草原啮齿动物不育控制研究

第一节　关于啮齿动物不育控制技术

在生态系统中当小型啮齿动物的数量过高时对环境造成的破坏即成为"鼠害"。特别是在草地生态系统中，我国每年10%～20%的草原面积发生鼠害，由此造成的畜牧业损失非常惊人，仅牧草每年损失约200亿kg（Kang et al. 2007）。草原鼠害已成为我国草原生态环境恶化和影响畜牧业生产持续发展的重要因素。多年来草原鼠害单纯依靠化学毒饵防治，只是一种应急措施，只能暂时降低害鼠的数量，没有从根本上改变害鼠的栖息环境而产生生殖补偿作用（breeding compensation effect），在短期内害鼠种群又会恢复到原有的水平（张知彬 1995a）。因此难以巩固灭鼠的成效，从而形成年复一年，反复投放毒饵，大量消耗人力、物力和财力，同时威胁到非靶向动物安全并污染环境的局面（施大钊等 2009）。鼠害无污染、无公害的有效防治和可持续控制研究已成为当前防灾减灾研究的重点之一。

不育控制是国际上兴起的控制害鼠新技术之一（施大钊等 2009；代九星等 2009；陈东平和王晓 2005；张知彬 1995a），近年来在澳大利亚、美国、加拿大、印度等国家进行了一些相关研究和应用（Jacob et al. 2008，2006；Grignard et al. 2007；Redwood et al. 2007；Mandal and Dhaliwal 2007；张知彬 2000，1995a）。其原理是通过减少鼠类的繁殖以控制鼠类种群数量。通过生态模型研究发现，在1万只鼠类群体中，如果连续3代杀灭70%的个体，其种群经过17代后仍可恢复到原有水平；但若使70%的个体连续3代不育，经过19代则可使种群灭绝（Knipling and McGuire 1972；图6.1）。

因此，使用不育控制比传统的化学灭鼠更有可能达到持续控制鼠害的目的，不育控制还具有操作安全及不易对环境造成污染等特点（施大钊等 2009）。当前，虽然我国已在不育剂的筛选、药效作用、药理机制等方面进行了大量的探索，并取得令人瞩目的成效（施大钊等 2009），但大多数是应用于小型啮齿动物的实验种群，如大仓鼠（*Cricetulus triton*）、灰仓鼠（*Cricetulus migratorius*）、子午沙鼠（*Meriones meridianus*）、高原鼠兔（*Ochotona curzoniae*）、甘肃鼢鼠（*Myospalax cansus*）、长爪沙鼠（*Meriones unguiculatus*）和布氏田鼠（*Lasiopodomys brandtii*）等（王大伟等 2011；李季萌等 2009；张亮亮等 2009；郑敏等 2008；Zhao et al. 2007；霍秀芳等 2007，2006；张显理等 2005；张建军等 2004；张知彬等 2006，2004，1997a，1997b；魏万红等 1999），而有关野生种群的不育控制试验研究较少，仅有大仓鼠和黑线毛足鼠（*Phodopus sungorus*）等（宛新荣等 2006；张知彬等 2005）。目前，国内外有关害鼠不育控制的研究主要集中在药效试验、野外控制试验、基于生态学的理论和模型分析及免疫不育（immuno-contraception）控制技术等方面（刘汉武等 2008；Grignard et al. 2007；Redwood et al. 2007；Shi et al. 2002；张知彬 2000，1995a，1995b）。

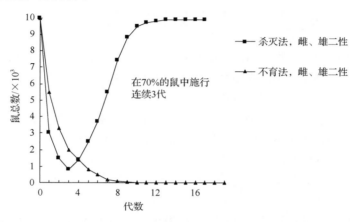

图 6.1　杀灭和不育控制鼠类种群数量生态模型（引自 Knipling and McGuire 1972）

Fig. 6.1　The ecological model of population growth of rodents in lethal and sterility
（From Knipling and McGuire 1972）

不育剂 EP-1 的主要成分是左炔诺孕酮（levonorgestrel）和炔雌醚（quinestrol）。张知彬等（2004，2006）率先发现 EP-1 或其成分对多种野鼠具有很好的不育控制效果，其有效性在围栏和野外试验中也得到证实（宛新荣等 2006；张知彬等 2005）。特别是 EP-1 具有用量低、作用长效的特点，春季一次投药，即可达到全年控制鼠类种群增长的目的（宛新荣等 2006）。霍秀芳等（2007，2006）、沈伟等（2011）研究表明，EP-1 或其成分对抑制长爪沙鼠实验种群的繁殖和种群增长也具有很好的控制效果，但其野外实际应用的控制效果仍需要进一步探索。本专著中部分内容即是在内蒙古鄂尔多斯荒漠草原，利用 EP-1 对长爪沙鼠野生种群进行了不育控制野外试验研究，目的在于评价不育剂 EP-1 对长爪沙鼠野生种群的控制作用和效果。

第二节　关于啮齿动物毒饵控制与不育控制

多年来，我国大面积的草原鼠害一贯采用化学毒饵应急杀灭控制，虽然能够迅速起到一定的作用，但是残留毒饵不仅污染土壤和环境，威胁非靶向动物的安全，而且不具有长效性和可持续性。因此，一些国家开始转变鼠害防治策略，基于既安全又符合动物福利要求和生态学原理的可持续控制鼠害的研究一直备受关注，不育控制则是其中的一个重要方面(张知彬 1995a)。啮齿动物不育控制自 20世纪 50 年代末由 Knipling(1959)提出以来，国内外有关害鼠不育控制的研究主要集中在药效试验、野外控制试验、生态学模型分析、免疫不育控制等方面。Jacob等(2006，2008)研究了对雌性稻田鼠(*Rattus argentiventer*)进行不育处理后的药效试验和野外控制试验，认为雌性不育比例达到 50%～75%，种群数量会显著下降。Grignard 等(2007)和 Redwood 等(2007)分别研究了对水田鼠(*Arvicola terrestris*)和鼠科(Muridae)动物的疫苗不育控制，并指出免疫不育控制为鼠害控制的发展方向。国内，张知彬(1995a，1995b)率先提出并研究了啮齿类的不育控制问题。之后，我国学者先后对小型啮齿动物实验种群的不育控制进行了大量的探索和试验研究。张知彬等(2006，2004，1997a，1997b)应用不育剂 α-氯代醇对雄性大仓鼠(*Tscherskia triton*)、雄性大鼠的繁殖控制进行了研究，不育效果明显；应用复合不育剂左炔诺孕酮-炔雌醚(EP-1)对布氏田鼠(*Lasiopodomys brandtii*)、灰仓鼠(*Cricetulus migratorius*)和子午沙鼠(*Meriones meridianus*)三种野鼠的实验种群繁殖控制及对雄性大仓鼠繁殖器官的影响进行了专门研究，三种野鼠的实验种群繁殖率均明显降低，雄性大仓鼠在繁殖期出现睾丸萎缩、精子畸形率升高，显著降低繁殖强度。魏万红等(1999)利用复合不育剂对高原鼠兔(*Ochotona curzoniae*)种群控制作用的研究表明，实验种群产仔率明显降低，种群密度显著降低，而对照种群密度持续升高。Zhang 等(2004)利用雄性结扎不育方法研究了对布氏田鼠交配行为和繁殖的影响，表明雄性结扎不育后不影响布氏田鼠雌雄两性的交配行为，但不育雄性的存在对雌性的正常交配产生了干扰，导致雌性怀孕率和产仔数下降。张显理等(2005)应用不育剂甲基炔诺酮对甘肃鼢鼠(*Myospalax cansus*)种群控制试验显示，生育控制率为 46.0%，密度控制率为 41.8%，甲基炔诺酮对甘肃鼢鼠的种群控制具有明显效果。霍秀芳等(2007，2006)、梁红春等(2006)和沈伟等(2011)分别应用不育剂贝奥和 EP-1(或其成分)对长爪沙鼠(*Meriones unguiculatus*)种群进行了试验研究，表明对雌雄个体均有明显不育作用。郑敏等(2008)、李季萌等(2009)和张亮亮等(2009)分别利用环丙醇类制剂、雷公藤制剂等不育剂及利用不育个体不同比例配对等方法，对布氏田鼠的不育作用和种群变化进行了研究，均得出繁殖率和种群数量降低的结果。不育控制已成为国际上兴起的鼠害控制重要技术之一(施大钊等 2009)，其原理是通过不育剂使得鼠类直接不育或不育个体对可育个体造成竞争性繁殖干扰(competitively reproductive interference)，从而降低鼠类的出生率，控制其种群数量增长，与毒饵杀灭具有本质区别(张知彬 1995a)。目前，国内有关鼠类野生种群的不育控制研究还较少，张知彬等(2005)与宛新荣等(2006)应用不育剂 EP-1 分别对大仓鼠和黑线毛足鼠(*Phodopus sungorus*)野生种群的繁殖控制进行了研究，表明具有很好的不育效果。而关于鼠类野生种群不育控制与毒饵控制的比较研究亦不多见(Shi et al. 2002；张知彬等 2001)。本专著中的部分内容在内蒙古鄂尔多斯荒漠草原，利用复合不育剂 EP-1(左炔诺孕酮-炔雌醚)和抗凝血杀鼠剂溴敌隆，采用春季一次性饱和投饵的方法，对长爪沙鼠野生种群增长的控制作用进行了比较研究，目的在于明确不育剂控制与毒饵杀灭对长爪沙鼠野生种群的控制效果。

第三节　关于不育剂的筛选及应用

草原害鼠不仅给人类传播疾病，而且由其形成的"鼠害"每年给畜牧业造成的损失惊人，因此必须对其种群数量进行有效控制(施大钊等 2009)。由于传统化学灭鼠措施会使鼠类种群产生生殖补偿作用，灭鼠后鼠类种群数量能够在短期内快速恢复，同时灭鼠药物污染环境且对非靶向动物具有潜在安全隐患。对有害动物的控制秉持无公害、无污染、安全环保、可持续的理念，同时兼顾动物福利的要求，这是当今国际上的共识。因此，不育控制及植物源不育剂的筛选一直备受关注。因此，利用不育技术控制害鼠种群繁殖已成为当今学者研究的热点问题(张知彬 1995a，1995b)。不育控制即借助某种技术和方法使鼠类的雄性或雌性绝育，或阻碍胚胎着床发育，甚至阻断幼体生长发育，以降低鼠类生育率，从而达到降低其种群数量的目的，实质上就是通过控制生育率来控制鼠类数量增长(张知彬 1995a)。因此，与传统的灭鼠方法相比，使用有效的不育技术更可能达到理想的防治鼠害的目的，且具有操作安全、不易对环境造成污染、成本低和效果持久等优点(施大钊等 2009；韩崇选和杨林 2003；张知彬 1995a)。

目前为止，不育剂有三种类型：激素类不育剂，化学类不育剂和植物源不育剂。这些不育剂的作用机制是国内外研究的热点，也是解决动物不育控制问题的理论和实践基础。特别是无公害、无污染的环境友好型植物源不育剂的作用机制备受关注(Tran and Hinds 2013)。目前，国内已将一些植物源成分，如油茶(*Camellia oleifera*)皂素、天花粉[栝楼(*Trichosanthes kirilowii*)]、蓖麻(*Ricinus communis*)等应用于小型啮齿动物的不育控制试验。如果要对啮齿动物的雌、雄双性都起到不育作用，不育剂必须兼有孕激素和雌激素对动物的作用，或者是含有与二者有同等作用的成分。不仅如此，还需要考虑不育剂的环境安全性、适口性、可持续性等因素。能够同时满足这些要求的植物源不育剂则少之又少。目前，国内外有关害鼠不育控制的研究主要集中在实验室药效试验、野外控制试验、基于生态学的理论模型分析和免疫不育技术等方面(付和平等 2011；Jacob et al. 2008；张知彬 1995a)。随着现代分子生物学的迅猛发展和免疫学的不断进步，免疫不育已是近几年发展起来的又一项新兴技术。其在动物数量控制领域将有较大的应用潜力，它借助不育疫苗使动物产生破坏自身生殖调控激素或生殖细胞或相关组织的抗体来阻断生殖过程。由于疫苗是蛋白类物质，且特异性结合较专一，因此不会产生环境污染，对人、畜等非靶向动物十分安全，为不育控制提供了十分理想的技术和手段(Kirkpatrick et al. 2011；张知彬 1995a)。但是，由于疫苗需要对靶向动物进行逐一注射使用，极大地限制了其应用范围。若将不育疫苗制作成像常规毒饵一样的经口取食、易于投放的食饵，免疫不育控制的应用范围将更加广阔。由于疫苗是蛋白类物质，当蛋白类的不育疫苗通过消化道时，会被胃酸及各类蛋白消化酶破坏而无法到达免疫系统。因此，目前免疫不育研究的重点是解决经口取食的免疫制备问题(Kirkpatrick et al. 2011；张知彬 1995b)。

　　EP-1 是一种复合长效不育剂，其主要成分是左炔诺孕酮(levonorgestrel)和炔雌醚(quinestrol)(张知彬等 2004)。近年来，我国学者利用复合不育剂 EP-1 分别对布氏田鼠(*Lasiopodomys brandtii*)、子午沙鼠(*Meriones meridianus*)、灰仓鼠(*Cricetulus migratorius*)、大仓鼠(*Cricetulus triton*)和长爪沙鼠(*Meriones unguiculatus*)等实验种群的繁殖控制进行了研究，证明其具有良好的不育效果(Zhao et al. 2007；霍秀芳等 2007，2006；张知彬等 2006，2004)。有关草原啮齿动物野生种群的不育控制试验研究，也已证实 EP-1 对大仓鼠、黑线毛足鼠(*Phodopus sungorus*)和长爪沙鼠野生种群具有较好的不育控制作用(阿娟等 2012；付和平等 2011；张锦伟等 2011；宛新荣等 2006；张知彬等 2005)。而有关 EP-1 对荒漠区啮齿类野生种群的控制效果及其不育作用的可持续性研究较少。2011 年，在内蒙古阿拉善荒漠区设试验区和对照区，利用复合不育剂 EP-1，采用春季一次性投饵的方法，对子午沙鼠、三趾跳鼠(*Dipus sagitta*)和小毛足鼠(*Phodopus roborovskii*)3 种野生啮齿动物优势种群繁殖的影响进行了专门研究。

　　内蒙古阿拉善荒漠区属我国北方典型的干旱脆弱生态系统，近年来草原鼠害频发，加剧了该地区草原退化和沙化，导致沙尘暴频繁发生(武晓东等 2009)。长期以来，国内控制草原鼠害大多采用毒饵杀灭的方式(曹煜等 2008)，虽然在短时间内可以起到应急控制效果，但由于鼠类密度依存因素的优化，往往产生生殖补偿作用(breeding compensation effect)，鼠类迅速繁殖，种群数量反弹，使存活的鼠类种群迅速增长，密度很快恢复到原有水平(张知彬 1995a；Davis 1961)。同时大面积投放毒饵不可避免地使天敌动物和其他非靶向动物受到伤害，而且长期使用鼠类会产生抗药性或拒食性，从而降低毒杀效果且污染环境，严重威胁生态安全(施大钊等 2009；韩崇选等 2005)。而使用不育剂控制鼠害，具有操作安全、不易对环境造成污染、成本低和效果持久等优点，也是草地鼠害可持续控制的重要途径(施大钊等 2009；韩崇选和杨林 2003)。

　　不育控制实质上就是通过控制生育率来控制鼠类数量增长(张知彬 1995a)。基于雄性不育控制在昆虫种群数量控制中取得了巨大成功，Knipling(1959)首先提出用雄鼠不育来控制鼠害。此后，不育剂的研究开始受到广泛关注。目前，国内外有关害鼠不育控制的研究主要集中在药效试验、野外控制试验研究、基于生态学的理论模型分析和免疫不育技术等方面(施大钊等 2009；Jacob et al. 2008)，近期亦有关于不育控制下鼠类行为机制的研究(Liu et al. 2012b；Wang et al. 2011)。国内自张知彬(1995a)首先提出对有害啮齿动物的不育控制以来，已有关于大仓鼠(*Cricetulus triton*)、高原鼠兔(*Ochotona curzoniae*)、布氏田鼠(*Lasiopodomys brandtii*)、子午沙鼠(*Meriones meridianus*)、灰仓鼠(*Cricetulus migratorius*)和长爪沙鼠(*Meriones unguiculatus*)等实验种群不育控制的探索和试验研究，并取得了显著效果(王大伟等 2011；张锦伟等 2011；沈伟等 2011；吴宥析等 2010；郑敏等 2008；霍秀芳等 2007，2006；张知彬等 2006，2004，1997a，1997b；魏万红等 1999)。有关害鼠野生种群的不育控制研究表明，复合不育剂 EP-1(左炔诺孕酮-炔雌醚)对野生大仓鼠、黑线毛足鼠(*Phodopus sungorus*)、长爪沙鼠和高原鼠兔种群具有很好的控制作用(Liu et al. 2012a；付和平等 2011；宛新荣等 2006；张知彬等 2005)。然而，EP-1 不育剂对荒漠区啮齿类野生种群的控制效果仍需进一步检验。为此，2011～2012 年在内蒙古阿拉善荒漠区，采用试验区春季一次性投放不育剂饵料的方法，研究了 EP-1 不育剂对子午沙鼠、小毛足鼠(*Phodopus roborovskii*)和三趾跳鼠(*Dipus sagitta*)3 种荒漠啮齿动物野生种群数量增长的控制作用，以期为实现草原鼠害的安全、环保和可持续控制提供科学依据。

第四节　研　究　内　容

本专著涉及的关于草原啮齿动物不育控制方面的研究，试验使用的不育剂主要有激素类复合不育剂 EP-1、植物源不育剂紫草素、植物源复合不育剂 ND-1(农大-1 号)。不育控制试验研究主要包括：不育剂 EP-1 对长爪沙鼠野生种群的影响；不育剂 EP-1 和毒饵溴敌隆对长爪沙鼠种群作用的比较；不育剂 EP-1 对荒漠啮齿动物优势种群繁殖的影响；不育剂 EP-1 对荒漠啮齿动物优势种群动态的作用；不育剂 ND-1 对子午沙鼠种群的抗生育作用。不育剂 ND-1 对子午沙鼠种群的抗生育作用这一部分内容，由于开始先选择小白鼠做预实验，在研究方法、研究过程上均与前面的研究有许多不同，因此为在表述上清晰，独立成章介绍给读者。

第七章　荒漠草原及荒漠区概况与研究方法

第一节　荒漠草原区概况及研究方法

一、研究区┃自然概况

不育剂 EP-1 对长爪沙鼠野生种群影响研究,研究区位于内蒙古鄂尔多斯市杭锦旗库布其沙漠南缘的伊和乌素苏木（108°12.692′E，39°58.364′N），海拔 1020m，草场类型为克氏针茅（*Stipa krylovii*）+糙隐子草（*Cleistogenes squarrosa*）+杂类草草场。气候类型属于温带干旱、半干旱区，气温高，温差大，极端最低温度−27.8℃，极端最高温度 35.3℃，年均温度 7.8℃。降雨量偏少且不均匀，主要集中在 6~8 月，年均降水量 36.2mm，气候干燥，无霜期 182 天。2009 年 3 月初，在该草场选择不育剂试验区 200hm²，对照区 100hm²，试验区与对照区相隔直线距离 500m 以上，均设置有围栏。在试验区按洞投放不育剂饵料，每洞口一次性投放量 5g，对照区不投放任何饵料。在 3~10 月整个试验期间试验区和对照区保持禁牧。

二、研究区┃研究方法

（一）不育剂饵料取食测定

将不育剂 EP-1 与长爪沙鼠适口性较好的饵基按照合适比例混合,制成颗粒状饵料（梁红春等 2006）。在试验区采取按洞投放饵料的方法,于 3 月初长爪沙鼠种群繁殖启动前进行投放,每洞投放量 5g,3 天后随机对 37 个洞口的取食情况进行检测,取食量 0.4~4.5g,平均取食 2.9g±0.1g,取食率 58%±0.02%,15 天后取食率达到 100%。

（二）动物取样

从 4 月上旬开始,按照时间排序,每隔 30 天在试验区和对照区分别随机选取 3 个 0.25hm² 样地,按照长爪沙鼠活动洞口布铗 300 个,连捕 3 天,每天检查 4 次,分别在 6:00、10:00、15:00 和 19:00 进行。为避免取样重叠,每次取样样地外移 100m 以上。对每次捕获的标本均进行体尺测量,解剖记录繁殖情况和生殖器官变化特征。以连捕 3 天总的捕获率计算长爪沙鼠种群相对数量,并且于 3 月上旬在对照区用同样方法对长爪沙鼠种群数量做基础调查。

（三）长爪沙鼠种群年龄划分

张洁（1995）对鼠类年龄鉴定与划分方法进行了专门研究，提出对于寿命较短的小型啮齿动物，采用胴体重或体重作为主要年龄划分指标为宜，采用体重指标时应注意繁殖等因素的影响；刘伟等（2009）在内蒙古典型草原农牧交错区着重研究了长爪沙鼠个体体重的增长过程，认为 30g 以下为幼体，50g 以上为成体。本研究通过 2009 年 3～10 月对内蒙古鄂尔多斯荒漠草原区所捕获的 810 号不同生长发育时期的长爪沙鼠标本进行解剖，结合上述学者研究的结果，以及本研究中雌雄个体的胴体重、不同时期繁殖状况和腹下线及雄性精囊腺发育程度等，以胴体重为主要指标，将长爪沙鼠种群年龄划分为：幼体胴体重＜23g，23g≤亚成体胴体重＜34g，成体胴体重≥34g（见后文）。

数据分析应用 SPSS11.5 软件包进行统计分析，检验两组变量差异显著性时使用单因素方差分析（the one-way ANOVA），$P<0.05$ 为差异显著，使用卡方检验（chi-square test）分析两组变量精子畸形率、怀孕雌性死胎率等差异的显著性，应用 Excel2003 和 MATLAB 7.0 软件包的 polyfit 过程进行曲线拟合。

三、研究区 Ⅱ 自然概况

不育剂 EP-1 和毒饵溴敌隆对长爪沙鼠种群作用的比较研究，研究区位于内蒙古自治区鄂尔多斯市鄂托克旗阿尔巴斯苏木乌兰其日格（红井）嘎查（108°3.44′E，39°26.966′N，海拔 1371m），草地植物群落为克氏针茅（*Stipa krylovii*）+狭叶锦鸡儿（*Caragana stenophylla*）+杂类草群落。年平均气温 6.4℃，年降水量为 250mm。

四、研究区 Ⅱ 研究方法

（一）试验区选择

在鄂托克旗阿尔巴斯苏木乌兰其日格（红井）嘎查荒漠草原草场，选定试验区和对照区，试验区两块，一块为不育剂试验区，面积 613.3hm²；另一块为抗凝血杀鼠剂溴敌隆毒饵试验区，面积 666.7hm²；对照区 1 块，面积 666.7hm²。将不育剂 EP-1 与长爪沙鼠适口性较好的饵基按照合适比例混合，制成颗粒状饵料（梁红春等 2006），于 3 月中旬长爪沙鼠种群进入繁殖期之前，采取机械喷撒投放饵料，同期毒饵亦喷撒投放，喷撒带宽 40m，带距 10m，不育剂颗粒饵料与溴敌隆毒饵（饵基为小麦）喷撒量均为 1500g/hm²，对照区草场不做任何处理。上述 3 个区域彼此间相隔 500m 以上。

(二)动物取样

在不育剂和毒饵投放的同期，在对照区随机选择 3 个 1.25hm² 样地，按照样方法布铗，铗距 5m，行距 20m，每样地布 6 行，每行 25 铗，共 150 铗，3 个样地布放共计 450 铗，连续捕获 3 天，统计长爪沙鼠捕获率和样地有效洞口数量，并对所有捕获标本进行解剖，记录性别、体重、胴体重、繁殖状况、生殖器官发育情况等。

在 4～10 月的每月下旬，在不育剂试验区、毒饵试验区和对照区分别随机选取 3 个 1.25hm² 样地，用上述样方法连续捕 3 天，统计所捕长爪沙鼠的数量，并进行生殖器官解剖和生殖状况记录，统计胴体重和生殖器官的衡量度及变化特征。为避免取样重叠，每次取样样地外移 100m 以上。以连捕 3 天总的捕获率计算长爪沙鼠种群相对数量。本研究对长爪沙鼠种群年龄的具体划分以胴体重为主要指标，幼体胴体重＜23g，23g≤亚成体胴体重＜34g，成体胴体重≥34g(见后文)。

数据处理采用 SPSS11.5 软件包的 the one-way ANOVA 进行统计分析，应用 Excel 2003 和 MATLAB 7.0 软件包的多元回归方法进行曲线拟合。

第二节　荒漠区概况及研究方法

一、研究区自然概况

不育剂 EP-1 对荒漠啮齿动物优势种群繁殖和动态的影响，研究地点位于内蒙古阿拉善盟阿拉善左旗南部典型荒漠区，地理位置 104°10′E～105°30′E，37°24′N～38°25′N，地处腾格里沙漠东缘。地形起伏不平，丘陵、沙丘与平滩相间。该地区草地类型是典型的温性荒漠，植被稀疏，结构单调，覆盖度低，一般仅 1%～20%。植物种类贫乏，主要以旱生、超旱生和盐生的灌木、半灌木、小灌木和小半灌木为主，多年生优良禾本科牧草和豆科牧草较少。气候为典型的高原大陆性气候，冬季严寒、干燥，夏季酷热，昼夜温差大，极端最低气温−36℃，最高气温 42℃，年平均气温 8.3℃，无霜期 156 天。降水极不均匀，主要集中在 7～8 月，年降水量 45～215mm，年蒸发量 3000～4700mm。土壤为棕漠土，淋溶作用微弱，土质松散、瘠薄，表土有机质含量 1%～1.5%，含有较多的可溶性盐。

二、研究方法

2011 年 3 月初，在内蒙古阿拉善左旗南部典型荒漠区，同一生境类型中选取试验区和对照区各 1 块。两个样地之间设置宽度为 100m 以上的隔离缓冲区，缓冲区域不做取样调查。试验区于 3 月上旬(3 月 10 日)鼠类种群繁殖启动前，采用人工喷撒方法投放不育剂饵料，不育剂 EP-1 的浓度为 50mg/kg(付和平等 2011；

张锦伟等 2011)，用量为 1500g/hm²，试验区面积为 100hm²；对照区面积 100hm² 不投放饵料。

2011～2012 年每年 4～10 月的上旬，在不育剂试验区每月随机选取 3 个 0.75hm² 样地，采用样方铗日法调查啮齿类的种类和数量，调查时每个样地布铗 4 行，铗距 5m，行距 20m，每行 25 铗，连续捕获 3 天。以连捕 3 天每个样地总的捕获情况计算某个种的丰富度和捕获率来确定优势种和种群相对密度。丰富度最大者为优势种，计算公式见公式(7.1)；捕获率计算公式见公式(7.2)。同时对所捕获标本进行解剖，记录个体性别、体重、胴体重、繁殖状况、生殖器官的变化特征，作为试验研究的基础数据。为避免在同一样地连续铗捕对鼠类种群造成的影响，每次取样样地依次外移 100m。对照区以同样方法同时进行动物取样，动物标本的计算和测量指标与试验区相同。

$$丰富度 = \frac{某鼠种捕获个体数}{捕获鼠总数} \times 100\% \qquad (7.1)$$

$$捕获率 = \frac{某鼠种捕获个体数}{布铗数 \times 捕获日数} \times 100\% \qquad (7.2)$$

各项繁殖指标计算方法如下：

脏器系数(%)=脏器重量/体重×100；

睾丸下降率(%)=睾丸下降鼠数/雄性总鼠数(成体)×100；

怀孕率(%)=孕鼠数/雌性总鼠数(成体)×100；

平均胎仔数=胎仔总数/孕鼠总数。

三、啮齿动物优势种群

全年在对照区共捕获鼠类标本 7 种 230 只。其中子午沙鼠、小毛足鼠和三趾跳鼠的丰富度较高，依次为(38.49±2.03)%、(29.71±6.24)%和(25.86±5.38)%，远远高于其他鼠种的丰富度，确定该地区啮齿动物优势种群为子午沙鼠，次优势种群为小毛足鼠和三趾跳鼠。

数据分析应用 SPSS17.0 软件包进行统计分析，检验两组变量差异显著性时使用单因素方差分析(the one-way ANOVA)，$P < 0.01$ 为差异极显著，$P < 0.05$ 为差异显著。优势鼠种种群动态与结构分析，采用每个样地每个种每月连捕 3 天总的捕获率进行统计分析，均值以平均值±标准误(Mean±SE)表示。

第八章 研究结果

第一节 不育剂 EP-1 对长爪沙鼠野生种群的影响

一、对种群结构的影响

通过对试验区 (EP-1) 和对照区 3~10 月长爪沙鼠种群连续监测，得出种群年龄结构图，如图 8.1~图 8.3 所示。由图 8.1~图 8.3 可知，试验区 3~5 月均无幼体出现，而对照区 5 月开始出现大量幼体，5 月试验区与对照区幼体所占比例分别为 0.00% 和 49.40%，差异达到极显著 ($F=369.19$，$P<0.01$)；试验区成体比例为 95.24%，而对照区成体比例仅为 44.58%，差异亦达到极显著水平 ($F=907.22$，$P<0.01$)。可见对照区幼体所占比例显著高于试验区，成体比例显著低于试验区。6 月试验区幼体比例 6.45%，成体比例为 70.96%；而对照区幼体所占比例为 26.32%，成体比例为 53.94%，同样试验区与对照区幼体组成差异极显著 ($F=323.99$，$P<0.01$)，成体组成差异极显著 ($F=198.06$，$P<0.01$)。即对照区幼体所占比例显著高于试验区，成体比例显著低于试验区。在 8~10 月，试验区和对照区种群结构组成中，8 月幼体比例差异达到显著 ($F=7.93$，$P<0.05$)，10 月幼体比例差异达到极显著 ($F=144.11$，$P<0.01$)；8 月、9 月和 10 月成体差异均达到极显著水平 ($F=191.14$，$P<0.01$；$F=56.85$，$P<0.01$；$F=110.28$，$P<0.01$)。上述结果表明，不育剂 EP-1 显著干扰了长爪沙鼠种群的年龄结构，特别是在 5 月和 6 月两个繁殖高峰期，显著降低了幼体出生的数量，从而使试验区和对照区秋季的种群结构也有显著差异。

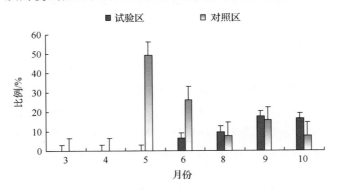

图 8.1 试验区和对照区长爪沙鼠 (*Meriones unguiculatus*) 种群幼体组成比例

Fig. 8.1 Juveniles proportion of Mongolia gerbil (*Meriones unguiculatus*) populations in the experimental and control areas

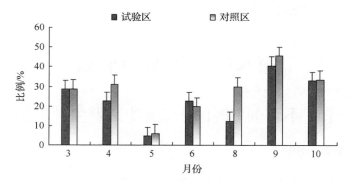

图 8.2　试验区和对照区长爪沙鼠（*Meriones unguiculatus*）种群亚成体组成比例

Fig. 8.2　Sub-adults proportion of Mongolia gerbil（*Meriones unguiculatus*）
populations in the experimental and control areas

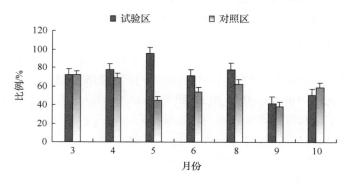

图 8.3　试验区和对照区长爪沙鼠（*Meriones unguiculatus*）种群成体组成比例

Fig. 8.3　Adults proportion of Mongolia gerbil（*Meriones unguiculatus*）
populations in the experimental and control areas

二、对种群数量动态的影响

试验区和对照区长爪沙鼠种群动态如图 8.4～图 8.6 所示。由图 8.4 可知，试验区长爪沙鼠幼体种群从 6 月开始出现，一直持续到 10 月，9 月达到最高值，捕获率为 4.33%，10 月次之，为 4.00%，6 月最低，为 1.33%。由回归曲线[$Y= -0.0300X^4+0.4110X^3-1.6408X^2+2.4965X-1.2414（R^2=0.9891$）]可知（图 8.4），幼体种群年动态趋势线全年呈下降趋势。而对照区幼体种群从 5 月就开始出现，一直持续到 10 月，并且在 5 月达到全年的最高值，捕获率 13.67%，6 月次之，为 6.67%，8～10 月较低，为 2.00%～3.00%。由回归曲线[$Y=0.1579X^4-2.2205X^3+9.2400X^2-9.8445X+1.7643（R^2=0.5507$）]可知（图 8.4），幼体种群与试验区年度趋势相反，呈现增长趋势。比较试验区和对照区幼体种群的数量差异可知，5 月和 6 月试验区幼体种群数量均

小于对照区，且差异均达到极显著（$F=159.05$，$F=35.04$，$P<0.01$），而 8 月、
9 月、10 月三个月均未达到差异显著水平（$P>0.05$），也就是说试验区在春夏
繁殖高峰期，幼体数量出现显著减少；试验区长爪沙鼠成体种群数量在 8 月达
到最高值，捕获率 18.67%，6 月次之，为 14.67%，3 月和 5 月最低，均为 6.67%。
由回归曲线[$Y=0.0975X^4-1.7361X^3+10.068X^2-19.899X+18.941$（$R^2=0.5362$）]可知
（图 8.5），成体种群全年呈现增长趋势。而对照区成体种群数量在 10 月达到最
高值，捕获率 17.67%，8 月次之，为 16.00%，3 月和 4 月最低，均为 6.67%。
由回归曲线[$Y=0.3234X^4-4.9887X^3+25.511X^2-47.357X+33.400$（$R^2=0.8620$）]可知
（图 8.5），成体种群年度动态趋势线呈现增长趋势；试验区长爪沙鼠总体种群
数量在 9 月达到最高值，捕获率 24.66%，8 月和 10 月次之，分别为 24.00%和
24.33%，三个月种群数量差异极小，均为年度最高值，5 月捕获率最低，为 7.00%。
由回归曲线[$Y=-0.0375X^4+0.2294X^3+1.1830X^2-4.7436X+13.579$（$R^2=0.8327$）]可
知（图 8.6），种群总体数量年度动态趋势线呈显著下降趋势。而对照区种群数
量在 10 月达到最高值，捕获率 30.00%，5 月次之，为 27.67%，3 月最低，为
9.33%。由回归曲线[$Y=0.4648X^4-7.0667X^3+34.960X^2-59.250X+39.741$（$R^2=0.9163$）]
可知（图 8.6），种群总体数量与试验区相反，年度动态趋势线呈现增长趋势。
比较试验区与对照区种群总体数量的差异性可知，春、夏季之间 5 月和 6 月试
验区种群总体数量均小于对照区，且差异分别达到极显著和显著水平
（$F=951.54$，$P<0.01$；$F=13.91$，$P<0.05$），而秋季（9～10 月）试验区与对照区
种群总体数量差异不显著（$F=0.00$，$P>0.05$）。

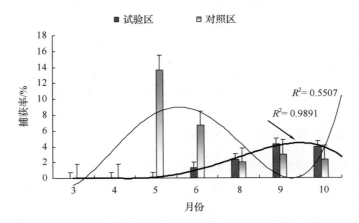

图 8.4 试验区和对照区长爪沙鼠（*Meriones unguiculatus*）幼体种群数量变化趋势

Fig. 8.4 The growth tendency of Mongolia gerbil（*Meriones unguiculatus*）
juvenile populations in the experimental and control areas

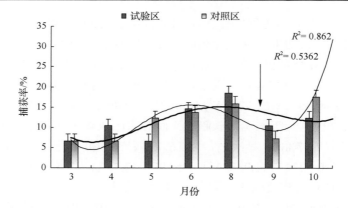

图 8.5 试验区和对照区长爪沙鼠（*Meriones unguiculatus*）成体种群数量变化趋势

Fig. 8.5 The growth tendency of Mongolia gerbil（*Meriones unguiculatus*）adult populations in the experimental and control areas

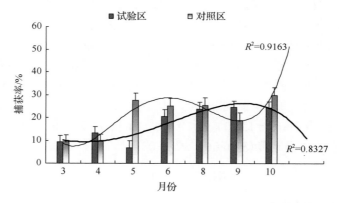

图 8.6 试验区和对照区长爪沙鼠（*Meriones unguiculatus*）总体种群数量变化趋势

Fig. 8.6 The growth tendency of Mongolia gerbil（*Meriones unguiculatus*）total populations in the experimental and control areas

三、EP-1 对长爪沙鼠种群的抗生育作用

（一）EP-1 对种群年龄结构的影响

长爪沙鼠年龄结构的季节变化很大，不同生境及不同季节有不同的变化特点。关于内蒙古草原地区长爪沙鼠野生种群结构动态特征的研究，主要有夏武平等（1982）、周庆强等（1985）、刘伟等（2004）、Liu 等（2009，2007）。得出的普遍性结论是：春季幼体比例较低，夏季幼体比例增加，到秋季幼体比例又下降，而亚成体和成体比例增加。本研究中，长爪沙鼠进入春季繁殖高峰期后，

对照区 5 月和 6 月幼体比例较高，分别为 49.4%和 26.3%，而试验区 5 月和 6 月幼体比例显著低于同期对照区，分别为 0.0%和 6.5%，差异达到极显著($P<$ 0.01)。对标本的解剖结果表明，试验区 4～6 月，雄性成体精囊腺显著萎缩，平均重量(0.28g±0.04g)显著低于对照区[0.44g±0.06g(F=0.68，$P<0.05$)]，对精子的正常发育和成熟产生了不利影响，精子畸形率(55.0%±2.79%)显著高于对照区[32.0%±2.36%(χ^2=6.96，$P<0.01$)]，沈伟等(2011)研究炔雌醚对雄性长爪沙鼠的不育试验也得出类似的结果；雌性死胎率(83.3%±2.86%)显著高于对照区[21.1%±1.62%(χ^2=7.67，$P<0.01$)]，有效繁殖指数(0.41±0.01)显著低于同期对照区[3.50±0.36(F=10.67，$P<0.05$)]。可见不育剂 EP-1 显著抑制了雌雄成体的繁殖能力，降低了幼体的出生率，对长爪沙鼠的高峰期繁殖起到了明显的控制作用。本研究中，试验区幼体全年平均比例为 6.3%±1.01%；而对照区幼体全年平均比例为 13.4%±1.13%，试验区幼体全年的比例明显降低。张知彬等(2005)、宛新荣等(2006)利用 EP-1 或其成分分别对大仓鼠、黑线毛足鼠等野生种群的控制作用进行了研究，均发现幼体的比例极度降低，与本研究的结果一致。刘伟等(2004)对内蒙古典型草原区的长爪沙鼠野生种群研究显示，秋季是长爪沙鼠越冬前的关键时期，当年鼠是翌年春季种群的繁殖主体，了解当年鼠在秋季(9～10 月)种群中的比例是预测翌年种群数量发展的重要指标。本研究秋季(9～10 月)试验区成体数量比例 46.3%，幼体与亚成体合计 53.7%；对照区成体数量比例 48.8%，幼体与亚成体合计 51.2%。而秋季的当年鼠，除秋季的幼体与亚成体外，成体中还包含有春季出生的个体，共同组成翌年种群的繁殖主体。试验区春季(3～5 月)没有幼体出生，对照区 5 月却有大量幼体出生(13.67%)，由于本研究未对春季出生的幼体进行标志跟踪，因此对照区 5 月出生的个体在秋季的成体中含有多少，虽然难以准确计算，但是根据试验区与对照区春季种群数量动态特征，可以肯定的是对照区秋季成体一定包含春季出生的当年鼠，而试验区不包含，也就是说对照区秋季成体组成中包含的当年鼠比例一定较试验区的高。因此，对照区秋季种群中当年鼠的比例实际高于试验区，种群数量的发展趋势将是增加，而试验区则将是降低。这一结果由图 8.4～图 8.6 的回归曲线亦明显可见。

(二)EP-1 对长爪沙鼠种群数量与动态的影响

由于长爪沙鼠已经成为一种较为理想的实验动物，因此关于其实验种群的研究，国内外医学界、动物学界的许多学者已经做了大量的工作，特别是在人工和模拟自然等实验条件下，对其种群的生长、繁殖、行为、遗传、动态等特征的研究比较成熟，取得了许多具有代表性的成果。而关于内蒙古地区长爪沙鼠野生种群的研究，由于研究地域、尺度（空间和时间）、方法甚至目的等的不同，所得出的结果或结论不完全相同。本研究目的在于探讨增加了不育剂干扰后，长爪沙鼠野生种群的动态变化及未来可能的发展趋势。从种群繁殖看，长爪沙鼠自然种群的繁殖高峰在 4～9 月，冬季仅有个别个体繁殖（赵肯堂 1981）。刘伟等（2004）、Liu 等（2007）对内蒙古典型草原区长爪沙鼠繁殖特征的研究认为，雌鼠 1 年中最多产仔次数有差异，越冬鼠可产三四窝，4～5 月出生的雌鼠当年可产 1 窝，长爪沙鼠种群最高密度一般出现在 6～7 月，最低密度在 10 月，种群密度呈现显著的月动态变化。本研究中，试验区长爪沙鼠种群最高密度出现在 8 月、9 月、10 月，最低密度出现在 5 月。这是由于试验区春季投放不育剂后，长爪沙鼠的繁殖受阻，使繁殖高峰期(5～6 月)的幼体数量显著减少，而且在全年整个繁殖期幼体密度较低，捕获率为 1.33%～4.33%，远低于对照区同期幼体密度(2.0%～13.7%)。特别是在有效繁殖期限后(9～10 月)，由于药物可逆性（沈伟等 2011），与对照区自然种群相比，使得种群出现繁殖期后移现象，新生幼体比例较大。而这种现象减少了雌鼠在觅食、贮粮过程中投入的时间和能量，影响了家群个体的适合度，进而降低了种群数量（刘伟等 2004）。可见不育剂 EP-1 改变了长爪沙鼠种群的繁殖规律，进而持续降低了总体种群的数量。Shi 等（2002）对不育剂与毒饵控制布氏田鼠（*Lasiopodomys brandtii*）种群的生态学模型进行了比较研究，认为野生环境条件下在不改变动物的存活率与繁殖率基础上，春季使用毒饵控制虽然可以快速降低害鼠种群数量，但是作用只是短期的，由于生殖补偿作用（breeding compensation effect），害鼠种群数量在当年秋季和次年春季就可以重新恢复，而不育剂控制则具有中长期效果，不仅可以降低布氏田鼠种群当年数量，对次年春、夏、秋季的数量也均可起到明显的控制作用。本研究虽然未对长爪沙鼠次年种群数量进行跟踪调查，但是由图 8.4 和图 8.6 试验区和对照区长爪沙鼠种群幼体数量和总体数量的变化趋势回归曲线可知，试验区长爪沙鼠种群幼体数量和总体数量呈下降趋势，而对照区相反，种群幼体数量和总体数量呈增长趋势。不育控制一方面使不育个体在种群中继续占有领域、消耗资源、保持社群压力和降低种群恢复的速度，另一方面由于竞争性繁殖干扰的作用，正常个体不能参与繁殖（Shi et al. 2002），因此试验区幼体、亚成体和成体的年均种群数量（捕获率）均低于对照区（图 8.7）。

因此，春季一次性投放不育剂可以改变长爪沙鼠野生种群全年的繁殖规律，与自然种群相比，出现了明显的繁殖期后移现象，种群结构、数量动态均发生了显著变化，充分表明不育剂 EP-1 对长爪沙鼠野生种群全年数量增长具有明显的持续控制作用。

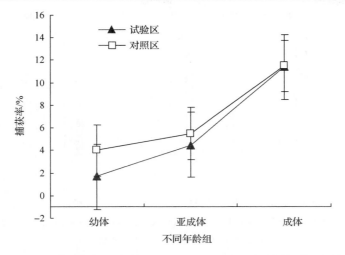

图 8.7 试验区和对照区长爪沙鼠（*Meriones unguiculatus*）不同年龄组年均捕获率

Fig. 8.7   The rate of captured for different age-groups of Mongolia gerbil（*Meriones unguiculatus*）
populations in the experimental and control areas

第二节　不育剂 EP-1 与溴敌隆对长爪沙鼠种群影响的比较

一、对种群结构影响的比较

不同处理区长爪沙鼠种群年龄结构变化如图 8.8～图 8.10 所示。幼体、亚成体、成体组成比例在 3 个区具有明显的不同特点：在 4～9 月种群繁殖期，对照区的幼体在种群中的比例持续增加，由 2.2%增加到 36.4%。不育剂区在 4 月下旬有极少量幼体出生，之后的 5～7 月一直没有出生，虽然在 8 月和 9 月种群又恢复幼体出生，但在种群中所占比例均较小，分别为 16.7%和 10%。毒饵区 4～6 月均未捕获长爪沙鼠，7 月捕获的全部为成体，8～9 月有幼体出现，但在种群中所占比例亦较小，分别为 12.5%和 8.3%。由差异性分析可知，不育剂区与毒饵区幼体组成差异不显著（$F_{2,14}=0.26$，$P>0.05$），而成体组成差异达到显著（$F_{2,14}=5.89$，$P<0.05$），对照区与毒饵区成体组成差异不显著（$F_{2,14}=1.70$，$P>0.05$），对照区与不育剂区成体组成差异也不显著（$F_{2,14}=2.87$，$P>0.05$）。在本研究期间的 4～10 月，不育剂区成体比例均值为 0.83±0.11，对照区为 0.66±0.04，毒饵区为 0.42±0.08，不育剂区明显高于其他两个区。即使在长爪沙鼠越冬前的秋季（9～10 月），不育剂区成体比例为 0.68±0.01，对照区为 0.59±0.01；毒饵区为 0.52±0.01，不育剂区成体比例也明显高于其他两个区。因此，不育剂区的种群结构为明显的下降型种群结构，种群数量将趋于降低。

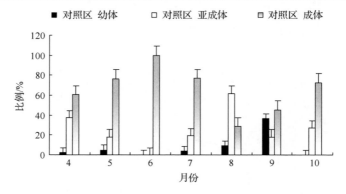

图 8.8 对照区长爪沙鼠（*Meriones unguiculatus*）种群年龄结构

Fig. 8.8 The population age compositions of Mongolian gerbil
（*Meriones unguiculatus*）in control area

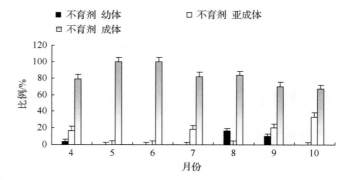

图 8.9 不育剂区长爪沙鼠（*Meriones unguiculatus*）种群年龄结构

Fig. 8.9 The population age compositions of Mongolian gerbil
（*Meriones unguiculatus*）in sterile treatment

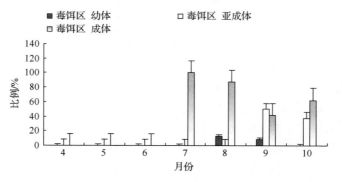

图 8.10 毒饵区长爪沙鼠（*Meriones unguiculatus*）种群年龄结构

Fig. 8.10 The population age compositions of Mongolian gerbil
（*Meriones unguiculatus*）in lethal treatment

二、对种群密度影响的比较

不同处理区长爪沙鼠野生种群数量变化趋势如图 8.11～图 8.13 所示，对照区幼体自 4 月下旬开始出现，一直持续到 9 月下旬，捕获率为 0.22%～1.33%，7 月下旬最低，为 0.22%，9 月下旬捕获率最高，为 1.33%，幼体种群数量变化呈增加趋势(回归曲线相关系数 $R_1^2=0.9260$)；总体种群捕获率为 3.67%～20.89%，9 月和 10 月下旬最低，为 3.67%，4 月下旬最高，为 20.89%，总体种群数量呈上升趋势(回归曲线相关系数 $R_2^2=0.9944$)。不育剂区幼体分别出现在 4 月、8 月和 9 月下旬，捕获率较低，为 0.22%～0.44%，幼体种群数量呈下降趋势(回归曲线相关系数 $R_3^2=0.8552$)；总体种群捕获率为 0.44%～5.33%，也呈下降趋势(回归曲线相关系数 $R_4^2=0.5126$)。毒饵区幼体在 8 月和 9 月出现，捕获率较低，两个月均为 0.5%，种群变化趋势不明显，而总体种群捕获率为 0%～10.67%，呈持续上升趋势(回归曲线相关系数 $R_5^2=0.9918$)。由差异分析可知，从 4～10 月，3 种处理相互之间的幼体种群数量差异均不显著($P>0.05$)；而总体种群数量，不育剂区与对照区差异显著($F_{2,14}=4.83$，$P<0.05$)，不育剂区与毒饵区差异不显著($F_{2,14}=0.01$，$P>0.05$)，毒饵区与对照区差异亦不显著($F_{2,14}=3.03$，$P>0.05$)。不同处理区长爪沙鼠总体种群数量动态如图 8.14 所示，4～10 月，对照区总体种群数量始终高于不育剂区，而在 8 月和 9 月低于毒饵区。上述结果表明，不育剂区长爪沙鼠种群增长得到了有效的控制，毒饵区种群数量逐渐恢复。

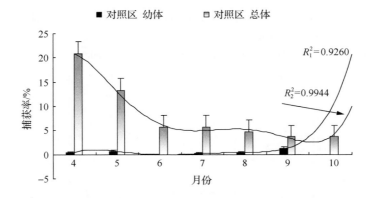

图 8.11 对照区长爪沙鼠(*Meriones unguiculatus*)种群数量变化趋势

Fig. 8.11 The population changing trendy of Mongolian gerbil
(*Meriones unguiculatus*) in control area

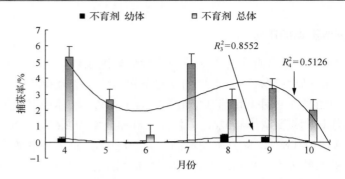

图 8.12　不育剂区长爪沙鼠（*Meriones unguiculatus*）种群数量变化趋势

Fig. 8.12　The population changing trendy of Mongolian gerbil

（*Meriones unguiculatus*）in sterile treatment

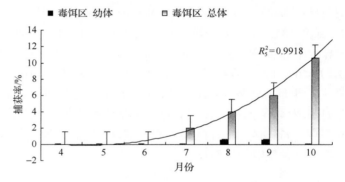

图 8.13　毒饵区长爪沙鼠（*Meriones unguiculatus*）种群数量变化趋势

Fig. 8.13　The population changing trendy of Mongolian gerbil

（*Meriones unguiculatus*）in lethal treatment

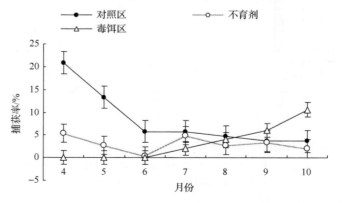

图 8.14　不同处理区长爪沙鼠（*Meriones unguiculatus*）总体种群数量动态

Fig. 8.14　The population dynamic of Mongolian gerbil

（*Meriones unguiculatus*）in different treatments

三、毒饵杀灭与不育控制

小型哺乳动物在野生环境下的种群结构表现为 3 种基本类型，即增长型、稳定型和下降型。由于多种因素的影响，在不同季节、不同栖息生境，3 种类型交替出现的次序并不完全相同。夏武平等(1982)、周庆强等(1985)和刘伟等(2004)对内蒙古草原区长爪沙鼠种群结构研究得出的普遍性结论为：春季和夏季繁殖期间，幼体比例逐渐增加，而秋季幼体比例下降，亚成体和成体比例高于幼体。即春季和夏季为增长型种群，秋季为下降型。本研究中，对照区长爪沙鼠种群结构变化与上述结果基本一致，而不育剂区在春季和夏季两个繁殖期出生的幼体极少，种群全年均以成体为主，毒饵区种群在 7 月开始恢复，以成体为主。在全年生长发育期，不育剂区成体比例远高于另外两个区，即使在秋季也是同样情况。夏武平等(1982)对长爪沙鼠种群结构研究认为，当年秋季成年个体的比例较大，预示次年种群数量增长缓慢甚至下降。刘伟等(2004)对长爪沙鼠野生种群研究显示，秋季是长爪沙鼠越冬前的关键时期，当年鼠是翌年春季种群的繁殖主体，了解当年鼠在秋季(9~10 月)种群中的比例是预测翌年种群数量发展的重要指标。本研究不育剂区春季和夏季繁殖期间出生的幼体比对照区明显减少，即秋季的当年鼠大量减少，而毒饵区种群开始恢复后，秋季全部为当年鼠。可见，不育控制使得长爪沙鼠种群结构发生了明显改变，在全年生长发育期种群为下降型。毒饵控制虽然也改变了种群结构，但从整个生长发育期看，仍然为增长型种群。

张锦伟等(2011)研究了 EP-1 对雄性长爪沙鼠的抗生育作用，结果显示试验组精子平均畸形率、睾丸曲精小管平均异常率均显著高于对照组，对照组繁殖率为 55.6%，而试验组均未繁殖，说明 EP-1 对雄性长爪沙鼠具有明显的抗生育作用。霍秀芳等(2007)研究 EP-1 对雌性长爪沙鼠的不育效果，结果显示试验组子宫、卵巢的形态及其脏器系数、卵巢组织均较对照组有显著变化，表明 EP-1 对雌性长爪沙鼠有生殖抑制作用。本研究春季投放不育剂后，4 月虽然由于偶然没有采食不育剂饵料的个体有生育现象出现，但是幼体的数量很低，此后的 5~7 月幼体均未出生，说明 EP-1 对长爪沙鼠野生种群具有明显的繁殖抑制作用，与上述研究结果是一致的。而不育剂区在 8 月和 9 月长爪沙鼠又恢复了繁殖，是由于不育剂的可逆性(reversibility)导致的结果，这与沈伟等(2011)对其实验种群的研究结果相一致。也正是由于不育剂的可逆性，导致长爪沙鼠春、夏季正常的繁殖高峰期发生后移，秋季幼鼠比例较大。而这种现象又减少了雌鼠在秋季必要的觅食和贮粮过程中投入的时间和能量，影响了家群个体的适合度，进而降低种群数量(刘伟等 2004)。

Shi 等(2002)用统计模型研究了不育控制和毒饵控制对布氏田鼠种群的作用，认为在野生环境条件下不改变动物的存活率与繁殖率基础上，春季对布氏田鼠种群分别进行不育和毒饵控制，虽然毒饵控制可以快速降低害鼠种群数量，但是作用只是短期的。毒饵杀灭不能从根本上改变害鼠的栖息环境，由于生殖补偿作用(breeding compensation effect)，害鼠种群数量在当年秋季和次年春季就可以重新恢复，而不育控制则具有中长期效果，不仅可以降低布氏田鼠种群当年数量，对次年春、夏、秋季的数量均可起到明显的控制作用。本研究在春季一次性投放不育剂和毒饵后，不育剂区长爪沙鼠幼体数量极低，在全年繁殖生长期，不育剂区幼体和总体种群数量均呈现下降趋势。长爪沙鼠营群居生活，属于密度制约型种群(刘伟等 2004；张知彬 1995a)。由于密度依赖作用，不育个体继续占有领域，消耗资源，保持社群压力，降低了种群恢复的速度，特别是当不育个体为优势个体时，社群压力会更加明显(Howard 1967)。由于竞争性繁殖干扰的作用，正常个体不能参与繁殖(张知彬 1995a)，因此种群数量得以有效控制。在毒饵区，4～6月毒饵杀灭起到了明显的控制作用，但自 7 月起种群开始回升，捕获率由 7 月的2.0%上升到 10 月的 10.67%，是 7 月的 5.3 倍，达到试验研究初期 4 月对照区捕获率的 51.1%。说明毒饵杀灭只有 4 月、5 月、6 月三个月的控制作用。Knipling和 McGuire(1972)用种群生态模型对毒饵杀灭和不育控制进行了比较：对于一个具有 1 万只鼠的种群，如果将 90%的个体都杀灭，该种群经过 15 代又能恢复到原来的数量；如果使相同数量的个体不育，种群要经过 26 代才能恢复到原来的数量；如果连续 3 代将每一代的个体杀灭 70%，大约经过 17 代后，种群数量又可恢复到1 万只，但若使连续 3 代每一代 70%的个体不育，那么经过 19 代，种群就会完全灭绝。本研究中，在毒饵区，长爪沙鼠越冬前的秋季(9～10 月)种群已恢复到对照区种群初期(4～5 月)数量的 48.7%，近 50%。而不育剂区秋季种群数量只是对照区初期种群数量的 15.6%。虽然野生种群的实际情况较理想模型预测要复杂得多，但是本研究结果至少可以说明，不育剂 EP-1 对中长期持续控制长爪沙鼠种群增长是有利的。

张知彬(1995a)依据生态学原理分析认为，不考虑竞争性繁殖干扰的情况下，不育控制基本上可以达到与单纯杀灭同样水平的控制效果，如果考虑不育个体对生育个体的竞争性繁殖干扰，不育控制的实际效果将明显优于单纯杀灭。如能将不育控制与传统灭杀有机结合，既能发挥化学灭杀快速的优点，又能最大限度地发挥不育控制的不育和竞争性繁殖干扰作用，可有效抑制鼠类数量的快速恢复。

关于长爪沙鼠年龄结构的划分说明如下。

参考夏武平等(1982)、张洁(1995)对长爪沙鼠年龄结构划分的结果，结合本研究实际操作的可行性与客观性，本研究主要从不同胴体重雄性长爪沙鼠睾丸下降情况、腹下腺和精囊腺发育情况三项指标，以及雌鼠初怀孕的最低胴体重的角度，对长爪沙鼠种群年龄结构进行分级，如表 8.1 所示。

表 8.1 长爪沙鼠年龄结构划分
Table 8.1 The age structure division of Mongolian gerbil

年龄段	幼体	亚成体	成体
胴体重/g	<23	23≤X<34	≥34

1. 关于幼体划分标准的说明

根据刘伟等(2009)将体重小于 30g 长爪沙鼠的长爪沙鼠定为幼体,以及本研究中全年工作的经验,体重在 30g 以下的鼠其性别特征还未明显体现(雄鼠睾丸基本未下降,即使下降,腹下腺也不明显,而精囊腺、附睾等也未发育;雌鼠阴道未开口),而全年捕获鼠中体重最接近 30g 的个体其胴体重为 23g,因此将 23g 以下个体定义为幼年个体。

2. 关于雌鼠成年组划分依据的说明

全年共捕获怀孕雌鼠 169 只,其中 168 只胴体重在 34g 以上,仅 1 只胴体重为 28.6g,故怀孕鼠胴体重在 34g 以上的占总数量的 99.4%,因此将胴体重 34g 作为性成熟与否的划分标志。

3. 关于雄鼠年龄结构的划分依据

关于雄鼠成体与亚成体划分标准的制定,也是结合前人经验及本研究过程中解剖观测、称量、记录和统计,将睾丸下降情况、腹下腺和精囊腺发育情况三项指标作为雄性个体性成熟与否的标准:分别将睾丸饱满下降、腹下腺宽度≥4.2mm、精囊腺开始发育(>0.1g)作为个体性成熟的标志。因此结合雌性成体划分标准分别统计全年中 3~8 月份胴体重 34g 以上、32g 以上、30g 以上捕获个体总数、睾丸下降个体数量、腹下腺明显个体数量、精囊腺膨大个体数量,分别求得:睾丸下降率=睾丸下降个体数量/总数;腹下腺明显率=腹下腺明显个体数量/总数;精囊腺膨大率=精囊腺膨大个体数量/总数。然后取三者的平均值,即为个体的平均性成熟率。由表 8.2~表 8.4 可见,胴体重 34g 以上个体平均性成熟率为 85.5%,32g 以上个体平均性成熟率为 82.3%,30g 以上个体平均性成熟率为 79.1%。三概率间存在差异,因此以 34g 作为成体与亚成体划分的标准值。

表 8.2 胴体重 34g 以上个体性成熟率统计
Table 8.2 Sexual maturity statistics of individual carcass weight more than 34g

时间	总数	睾丸下降数量	腹下腺明显数量	精囊腺膨大数量	平均性成熟率/%
3 月	9	9	9	8	96.3
4 月	32	25	28	24	80.2
5 月	29	26	17	25	78.2
6 月	38	36	22	35	81.6
8 月	38	38	30	36	91.2
共计	146	134	106	128	85.5

表 8.3　胴体重 32g 以上个体性成熟率统计

Table 8.3　Sexual maturity statistics of individual carcass weight more than 32g

时间	总数	睾丸下降数量	腹下腺明显数量	精囊腺膨大数量	平均性成熟率/%
3 月	10	9	9	8	86.7
4 月	36	30	34	27	84.3
5 月	29	26	17	25	78.2
6 月	44	41	22	36	75
8 月	42	42	30	38	87.3
共计	161	148	112	134	82.3

表 8.4　胴体重 30g 以上个体性成熟率统计

Table 8.4　Sexual maturity statistics of individual carcass weight more than 30g

时间	总数	睾丸下降数量	腹下腺明显数量	精囊腺膨大数量	平均性成熟率/%
3 月	11	9	9	8	78.8
4 月	39	29	32	29	76.9
5 月	29	26	17	27	80.5
6 月	46	42	22	37	73.2
8 月	43	43	30	38	86.0
共计	168	149	110	139	79.1

第三节　不育剂 EP-1 对荒漠啮齿动物优势种群繁殖的影响

一、EP-1 对子午沙鼠繁殖的影响

(一)对雄性主要繁殖器官的影响

试验区与对照区雄性主要繁殖器官脏器系数比较如表 8.5 所示，睾丸和精囊腺发育比较如图 8.15 所示。春季(4～5 月)试验区子午沙鼠睾丸、附睾和精囊腺 3 项脏器系数均极显著低于对照区($P<0.01$)，其他季节差异不显著；比较雄鼠睾丸发育(图 8.15)和下降率可知，4～5 月试验区雄鼠睾丸宽极显著小于对照区($P<0.01$)，睾丸下降率(50.0%，20.0%)显著低于对照区(100%)($P<0.05$)。这表明，EP-1 显著影响了繁殖期雄性繁殖器官的正常发育，从而有效降低了雄性的繁殖强度。

表 8.5 试验区和对照区雄性子午沙鼠主要繁殖器官脏器系数比较

Table 8.5 Comparison of coefficients of the main reproductive organs of the male
Meriones meridianus between treatment and control areas

时间	睾丸脏器系数/%		附睾脏器系数/%		精囊腺脏器系数/%	
	对照	试验	对照	试验	对照	试验
4 月	1.25 ± 0.05 $(n=12)$	$0.54\pm0.13^{**}$ $(n=10)$	0.51 ± 0.02 $(n=12)$	$0.20\pm0.05^{**}$ $(n=10)$	1.47 ± 0.12 $(n=12)$	$0.26\pm0.05^{**}$ $(n=10)$
5 月	1.28 ± 0.08 $(n=13)$	$0.49\pm0.26^{**}$ $(n=5)$	0.53 ± 0.05 $(n=13)$	$0.20\pm0.09^{**}$ $(n=5)$	1.49 ± 0.14 $(n=13)$	$0.31\pm0.13^{**}$ $(n=5)$
6 月	1.08 ± 0.28 $(n=5)$	1.16 ± 0.07 $(n=3)$	0.40 ± 0.09 $(n=5)$	0.40 ± 0.04 $(n=3)$	0.71 ± 0.27 $(n=5)$	1.07 ± 0.12 $(n=3)$
8 月	1.28 ± 0.04 $(n=3)$	0.99 ± 0.14 $(n=4)$	0.52 ± 0.01 $(n=3)$	0.48 ± 0.15 $(n=4)$	1.38 ± 0.15 $(n=3)$	0.90 ± 0.28 $(n=4)$
9 月	1.26 ± 0.39 $(n=5)$	1.26 ± 0.04 $(n=3)$	0.53 ± 0.03 $(n=5)$	0.56 ± 0.05 $(n=3)$	1.71 ± 0.32 $(n=5)$	1.50 ± 0.25 $(n=3)$

注：表中数据为平均数±标准误；n 为个体数量。**表示经方差分析方法检验处理组与对照组差异极显著（$P<0.01$）

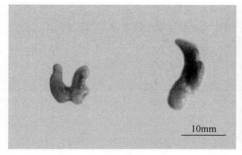 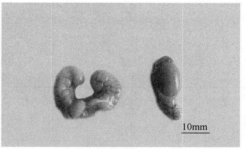

A   B

图 8.15 4 月对照区和试验区雄性子午沙鼠睾丸和精囊腺发育比较

Fig. 8.15 Changes of the reproductive organs of the male *Meriones meridianus*
between treatment and control areas in April

A 为处理组；B 为对照组

（二）对雌性主要繁殖器官的影响

试验区与对照区雌性成体子宫脏器系数和形态变化如表 8.6 所示。4 月试验区雌性成体子宫脏器系数极显著高于对照区（$F=11.87$，$P<0.01$），子宫宽显著高于对照区（$F=9.85$，$P<0.05$），而且子宫形态发生改变，表现为明显水肿，体积增大（图 8.16）。导致子宫发育异常，阻碍了子午沙鼠整个种群的繁殖进程。比较试

验区和对照区雌性平均胎仔数和怀孕率可知，5 月试验区雌鼠平均胎仔数（0.00）极显著低于对照区（4.71±0.18）（F=81.67，P＜0.01）。7～9 月试验区雌鼠的怀孕率（0.00%）显著低于对照区（46.67%±5.22%）（F=20.93，P＜0.05）。可见 EP-1 显著影响了雌鼠的正常繁殖。

表 8.6　试验区和对照区雌性子午沙鼠子宫脏器系数及形态比较

Table 8.6　Comparison of form and coefficients of uterus of the female *Meriones meridianus* between treatment and control areas

时间	子宫脏器系数/%		子宫长/mm		子宫宽/mm	
	对照	试验	对照	试验	对照	试验
4 月	0.33±0.03 (n=7)	2.93±0.92** (n=5)	32.84±2.30 (n=7)	38.41±5.65 (n=5)	2.75±0.21 (n=7)	7.02±1.61* (n=5)
5 月	3.53±1.44 (n=12)	6.71±5.47 (n=4)	52.26±3.82 (n=12)	41.03±6.51 (n=4)	3.51±0.48 (n=12)	5.89±2.17 (n=4)
6 月	3.35±2.36 (n=3)	1.64±0.99 (n=3)	56.31±9.50 (n=3)	48.17±2.83 (n=3)	4.94±2.03 (n=3)	3.57±0.59 (n=3)
7 月	0.36±0.08 (n=6)	0.20±0.04 (n=3)	40.74±9.74 (n=6)	38.45±1.55 (n=3)	2.32±0.38 (n=6)	2.49±0.24 (n=3)
8 月	0.81±0.26 (n=3)	0.16±0.02 (n=3)	23.42±8.03 (n=3)	43.56±6.05 (n=3)	3.43±0.29 (n=3)	1.56±0.62 (n=3)
9 月	3.14±1.63 (n=5)	0.59±0.25 (n=3)	46.81±5.25 (n=5)	52.24±7.31 (n=3)	4.66±2.01 (n=5)	5.16±2.84 (n=3)

注：表中数据为平均数±标准误；n 为个体数量。**和*分别表示经方差分析方法检验处理组与对照组在 P＜0.01 和 P＜0.05 水平差异显著

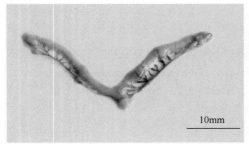
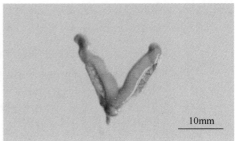

图 8.16　4 月对照区和试验区雌性子午沙鼠子宫形态的变化

Fig. 8.16　Changes of uterus of the female *Meriones meridianus* between treatment and control areas in April

A 为对照组；B 为处理组

二、EP-1 对小毛足鼠繁殖的影响

(一) 对雄性主要繁殖器官的影响

小毛足鼠雄性个体繁殖器官特征变化如表 8.7 所示。5 月和 10 月试验区雄性睾丸脏器系数均显著低于对照区 ($P<0.05$)。对睾丸下降率比较分析可知，4~10 月试验区成体雄鼠的睾丸下降率 ($60.18\%\pm7.25\%$) 显著低于对照区 ($89.45\%\pm8.12\%$) ($F=5.32$，$P<0.05$)。可见，EP-1 显著影响了雄鼠睾丸繁殖期的正常发育，从而降低雄性个体的繁殖力。小毛足鼠具有用颊囊搬运食物储存后多次取食的习性，导致不育剂的作用时效相对延长，具有持续性。

表 8.7 试验区和对照区雄性小毛足鼠主要繁殖器官脏器系数比较

Table 8.7 Comparison of coefficients of the main reproductive organs of the male *Phodopus roborovskii* between treatment and control areas

时间	睾丸脏器系数/%		附睾脏器系数/%		精囊腺脏器系数/%	
	对照	试验	对照	试验	对照	试验
4 月	1.31 ± 0.54 ($n=4$)	0.54 ± 0.39 ($n=4$)	0.52 ± 0.23 ($n=4$)	0.33 ± 0.15 ($n=4$)	0.88 ± 0.28 ($n=4$)	0.26 ± 0.04 ($n=4$)
5 月	1.58 ± 0.20 ($n=10$)	$0.76\pm0.16^{*}$ ($n=6$)	0.60 ± 0.11 ($n=10$)	0.47 ± 0.06 ($n=6$)	1.04 ± 0.32 ($n=10$)	0.56 ± 0.21 ($n=6$)
6 月	1.68 ± 0.38 ($n=6$)	1.89 ± 0.16 ($n=3$)	0.65 ± 0.14 ($n=6$)	1.35 ± 0.65 ($n=3$)	1.02 ± 0.55 ($n=6$)	1.68 ± 0.45 ($n=3$)
8 月	2.13 ± 0.50 ($n=3$)	2.36 ± 0.18 ($n=3$)	0.58 ± 0.32 ($n=3$)	1.05 ± 0.16 ($n=3$)	1.14 ± 0.53 ($n=3$)	2.35 ± 0.79 ($n=3$)
9 月	2.48 ± 0.11 ($n=9$)	1.73 ± 0.30 ($n=3$)	0.95 ± 0.05 ($n=9$)	2.75 ± 1.88 ($n=3$)	2.53 ± 0.41 ($n=9$)	1.84 ± 0.28 ($n=3$)
10 月	2.53 ± 0.10 ($n=5$)	$1.77\pm0.23^{*}$ ($n=3$)	1.06 ± 0.12 ($n=5$)	0.79 ± 0.11 ($n=3$)	2.80 ± 0.53 ($n=5$)	2.33 ± 0.93 ($n=3$)

注：表中数据为平均数±标准误；n 为个体数量。*表示经方差分析方法检验处理组与对照组差异显著 ($P<0.05$)

(二) 对雌性主要繁殖器官的影响

小毛足鼠雌性个体繁殖器官特征变化如表 8.8 所示。由表 8.8 可知，只有 9 月试验区雌鼠的子宫长极显著高于对照区 ($F=55.00$，$P<0.01$)。分析试验区和对照区雌性成体平均胎仔数可知，5 月试验区雌鼠平均胎仔数 (0.00) 显著低于对照区 (6.33 ± 0.33) ($N=3$，$F=90.25$，$P<0.05$)。说明 EP-1 改变了雌鼠成体子宫形态，

影响了子宫的正常发育，降低雌鼠种群的繁殖力，从而影响小毛足鼠种群的正常繁殖。

表 8.8　试验区和对照区雌性小毛足鼠子宫脏器系数及形态比较

Table 8.8　Comparison of form and organ coefficients of uterus of the female
Phodopus roborovskii between treatment and control areas

时间	子宫脏器系数/%		子宫长/mm		子宫宽/mm	
	对照	试验	对照	试验	对照	试验
4 月	1.54±0.69 (*n*=4)	1.60±0.38 (*n*=3)	26.15±6.13 (*n*=4)	24.87±5.09 (*n*=3)	4.15±0.85 (*n*=4)	6.17±1.83 (*n*=3)
5 月	1.61±0.35 (*n*=8)	1.09±0.14 (*n*=3)	26.17±2.63 (*n*=8)	29.56±2.55 (*n*=3)	4.21±0.81 (*n*=8)	9.47±3.50 (*n*=3)
6 月	1.37±0.38 (*n*=3)	2.49±1.64 (*n*=4)	29.56±4.16 (*n*=3)	22.61±4.02 (*n*=4)	3.50±0.34 (*n*=3)	6.10±2.03 (*n*=3)
9 月	2.46±1.84 (*n*=3)	8.50±4.10 (*n*=3)	26.89±0.51 (*n*=3)	37.36±1.31** (*n*=3)	2.21±0.24 (*n*=3)	2.65±0.53 (*n*=3)

注：表中数据为平均数±标准误；*n* 为个体数量。**表示经方差分析方法检验处理组与对照组差异极显著($P<0.01$)。

三、EP-1 对三趾跳鼠繁殖的影响

（一）对雄性主要繁殖器官的影响

三趾跳鼠雄性个体的繁殖器官发育变化如表 8.9 所示，睾丸和精囊腺发育形态比较如图 8.17 所示。4 月试验区雄性睾丸、附睾和精囊腺 3 项脏器系数均极显著低于对照区($P<0.01$)，睾丸长和宽极显著低于对照区($P<0.01$)（图 8.17）；5 月试验区雄性睾丸和精囊腺 2 项脏器系数均显著低于对照区($P<0.05$)，睾丸长和宽显著低于对照区($P<0.05$)；比较试验区和对照区雄性睾丸下降率可知，4～5 月试验区雄鼠睾丸下降率(5.55%±0.02%)极显著低于对照区(100%)($N=3$，$F=289.61$，$P<0.01$)。可见，不育剂 EP-1 使雄性三趾跳鼠的繁殖器官在繁殖初期明显萎缩、变小（图 8.17），且下降率降低，雄性有效繁殖受到明显影响，但后期作用不显著。

表 8.9　试验区和对照区雄性三趾跳鼠主要繁殖器官脏器系数比较

Table 8.9　Comparison of coefficients of the main reproductive organs of the male
Dipus sagitta between treatment and control areas

时间	睾丸脏器系数/%		附睾脏器系数/%		精囊腺脏器系数/%	
	对照	试验	对照	试验	对照	试验
4 月	1.02±0.08 (*n*=9)	0.14±0.04** (*n*=3)	0.24±0.02 (*n*=9)	0.09±0.02** (*n*=3)	1.93±0.25 (*n*=9)	0.26±0.05** (*n*=3)

续表

时间	睾丸脏器系数/%		附睾脏器系数/%		精囊腺脏器系数/%	
	对照	试验	对照	试验	对照	试验
5 月	0.68±0.13 (n=7)	0.26±0.09* (n=3)	0.22±0.04 (n=7)	0.14±0.03 (n=3)	1.45±0.48 (n=7)	0.40±0.10* (n=3)
7 月	0.66±0.03 (n=4)	0.76±0.22 (n=3)	0.29±0.06 (n=4)	0.22±0.04 (n=3)	0.86±0.15 (n=4)	0.95±0.16 (n=3)
8 月	0.74±0.23 (n=3)	0.53±0.09 (n=3)	0.25±0.08 (n=3)	0.41±0.20 (n=3)	1.12±0.04 (n=3)	1.15±0.30 (n=3)
9 月	0.09±0.02 (n=3)	1.73±0.30 (n=4)	0.10±0.003 (n=3)	0.06±0.02 (n=4)	0.05±0.01 (n=3)	0.13±0.04 (n=4)

注：表中数据为平均数±标准误；n 为个体数量。**和*分别表示经方差分析方法检验处理组与对照组在 P<0.01 和 P<0.05 水平差异显著

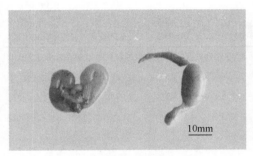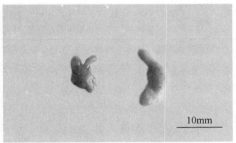

图 8.17 4 月对照区和试验区雄性三趾跳鼠繁殖器官形态变化

Fig. 8.17 Changes of the reproductive organs of the male *Dipus sagitta* between treatment and control areas in April

A 为对照组；B 为处理组

(二)对雌性主要繁殖器官的影响

三趾跳鼠雌性个体繁殖器官特征指标变化如表 8.10 所示。4 月试验区雌鼠子宫脏器系数和子宫宽显著高于对照区(P<0.05)。比较试验区和对照区雌鼠平均胎仔数可知，5 月试验区雌鼠的平均胎仔数(2.63±0.18)显著低于对照区(N=8，F=6.25，P<0.05)。这表明，EP-1 使雌性成体在繁殖期出现明显的子宫水肿，体积变大，形态发生显著异常变化(图 8.18)，影响了正常发育，从而降低了孕鼠的平均胎仔数。

表 8.10　试验区和对照区雌性三趾跳鼠子宫脏器系数及形态比较

Table 8.10　Comparison of form and organ coefficients of uterus of the female
Dipus sagitta between treatment and control areas

时间	子宫脏器系数/%		子宫长/mm		子宫宽/mm	
	对照	试验	对照	试验	对照	试验
4 月	0.23±0.01 (n=3)	1.69±0.42* (n=6)	36.39±4.16 (n=3)	41.62±3.26 (n=6)	2.62±0.36 (n=3)	7.17±1.11* (n=6)
5 月	1.32±1.08 (n=12)	1.33±0.25 (n=8)	53.45±6.44 (n=12)	43.79±1.65 (n=8)	5.80±2.43 (n=12)	5.80±0.72 (n=8)
6 月	0.21±0.04 (n=6)	1.86±1.05 (n=3)	49.83±3.15 (n=6)	43.83±3.71 (n=3)	3.58±0.39 (n=6)	5.36±1.27 (n=3)
7 月	0.19±0.04 (n=5)	0.26±0.10 (n=4)	42.58±2.22 (n=5)	42.27±1.04 (n=4)	2.24±0.21 (n=5)	2.19±0.14 (n=4)
8 月	0.57±0.06 (n=3)	1.87±0.02 (n=3)	50.70±1.59 (n=3)	43.04±6.18 (n=3)	3.80±1.02 (n=3)	2.46±0.23 (n=3)
9 月	0.10±0.01 (n=7)	0.12±0.02 (n=3)	38.86±2.06 (n=7)	37.98±1.85 (n=3)	1.52±0.11 (n=7)	1.73±0.32 (n=3)

注:表中数据为平均数±标准误;n 为个体数量,*表示经方差分析方法检验处理组与对照组差异显著($P<0.05$)

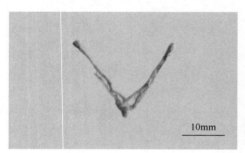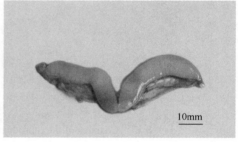

图 8.18　4 月对照区和试验区雌性三趾跳鼠子宫形态的变化

Fig. 8.18　Changes of the uterus of the female *Dipus sagitta* between
treatment and control areas in April

A 为对照组；B 为处理组

四、EP-1 对荒漠区优势害鼠繁殖控制分析

啮齿动物种群繁殖能力的强弱与雌、雄个体的繁殖器官正常发育密切相关(张知彬 2006；霍秀芳等 2006)。就雄性而言,本研究分别对荒漠区 3 种优势啮齿动物的睾丸、附睾和精囊腺在不育剂干扰下繁殖期的发育变化进行了比较,发现 EP-1 不育剂对 3 物种的雄性繁殖器官均有不同程度的影响,不仅降低了其睾丸下降率,而且使大多数雄性个体的繁殖器官明显萎缩、变小、重量下降。附睾是精

子获得运动和受精能力的主要场所，通过对精子形态、精子表面成分及代谢的改变而使精子成熟（吴宥析等 2010）。精囊腺是分泌精液的重要腺体，雄鼠的附睾和精囊腺显著萎缩，对精子的正常发育和成熟都会产生不利的影响。这一结果与张知彬等（2006）研究 EP-1 对雄性大仓鼠繁殖器官的影响，王大伟等（2011）研究 EP-1对布氏田鼠繁殖器官的影响，宛新荣等（2006）对黑线毛足鼠、张锦伟等（2011）和沈伟等（2011）对长爪沙鼠不育控制的研究结果一致。EP-1 对雄鼠繁殖的影响还具有不同程度的时效性，其中对雄性子午沙鼠和三趾跳鼠的作用可持续两个月，对雄性小毛足鼠的作用持续整个繁殖期。说明春季一次性投放 EP-1 对部分荒漠啮齿类的作用是短期的，也具有可恢复性。

EP-1 不育剂对雌性繁殖的影响，主要表现为由器质性病变导致的繁殖功能下降（阿娟等 2012），其中子午沙鼠和三趾跳鼠繁殖前期子宫发育明显异常，这与霍秀芳等（2007，2006）对长爪沙鼠的研究结果一致。张知彬等（2005）认为左炔诺孕酮首先起作用，而炔雌醚可以储存在鼠类脂肪中，缓慢释放，可将不育过程持续数月。Lv 和 Shi（2012）研究了 EP-1 对雌性长爪沙鼠生殖激素和受体表达的作用，发现 EP-1 破坏了雌鼠的生殖内分泌，且具有时间和剂量依赖性。这应该与不同种类的生物学特性或者 EP-1 与受体的相互作用程度有关。此外，本研究中 EP-1 对雌性子午沙鼠和三趾跳鼠的作用时间为两个月，而对雄性小毛足鼠作用时间持续4～10 月，前者较后者作用时间短，说明 EP-1 的不育效果存在种间和性别差异（张知彬等 2004）。

本研究在不同月份所捕获的啮齿动物数量不同。由于是在野外开放种群状态下进行的试验，不可控因素导致每次捕获动物的数量不能完全满足试验对标本量的严格要求，加之本研究所用不育剂的浓度相对较高，可能对研究对象有致死作用（霍秀芳等 2006），并且铗捕本身对种群数量也是一种消耗，这些因素是导致试验过程捕获标本量较少的一个重要原因。虽然捕获标本的绝对数量较少，但从已捕获标本的相对数量来看，试验区整个研究期 3 个优势种群不育个体占种群数量的比例达到 59.68%，结合雌雄繁殖器官解剖结果，已经明显体现出不育剂 EP-1对 3 种啮齿类繁殖的有效控制效果。

复合不育剂 EP-1 对 3 种荒漠啮齿类野生种群的雄性和雌性成体在试验当年均可起到有效的繁殖控制作用，在短期内可以显著降低优势鼠种的每窝产仔数，这与张知彬等（2004）研究 EP-1 对三种野鼠的不育控制结果一致。由于 EP-1 不育剂或其主要成分具有可逆性（沈伟等 2011），虽然采用春季一次性投放不能长期降低部分鼠类的生育率，但可减少可生育个体数量和延迟其首次生育时间，从而减少鼠类繁殖的代数，以此来控制种群的数量（许雅等 2010）。因此，使用 EP-1 不育剂可以有效地控制荒漠啮齿动物优势种群当年的数量增长，有利于草原鼠害的可持续控制。

第四节　不育剂 EP-1 对荒漠啮齿动物优势种群动态的影响

2011～2012 年在阿拉善荒漠对照区共捕获鼠类标本 7 种 294 号，分属 3 科 7 种，分别为跳鼠科(Dipodidae)的三趾跳鼠(*Dipus sagitta*)、五趾跳鼠(*Allactaga sibirica*)；仓鼠科(Cricetidae)的小毛足鼠(*Phodopus roborovskii*)、黑线仓鼠(*Cricetulus barabensis*)、子午沙鼠、长爪沙鼠；松鼠科(Sciuridae)的阿拉善黄鼠(*Spermophilus alaschanicus*)。其中子午沙鼠为优势鼠种，丰富度最高，平均为(53.34±3.52)%；小毛足鼠和三趾跳鼠次之，平均丰富度分别为(16.59±3.35)%、(16.99±3.04)%，同为次优势鼠种。因此，该地区啮齿动物优势种群为子午沙鼠、小毛足鼠和三趾跳鼠。

一、EP-1 对荒漠啮齿动物优势种群数量的影响

对照区和试验区优势种群数量变化趋势如表 8.11 所示。2011 年对照区 3 个优势种群数量在一定范围内波动，均出现两个峰值，子午沙鼠、小毛和三趾跳鼠均为 4 月和 5 月；不育剂试验区，全年来看，4～9 月子午沙鼠种群密度与对照区相比显著下降($F=4.39$，$df=35$，$P=0.04<0.05$)；5～9 月小毛足鼠种群密度显著低于对照区($F=4.82$，$df=29$，$P=0.03<0.05$)；4～5 月三趾跳鼠种群数量与对照区相比亦显著下降($F=6.07$，$df=11$，$P=0.03<0.05$)，种群密度变化均为在 1 个峰值基础上呈下降趋势。2012 年试验区子午沙鼠种群数量出现 5 月和 7 月两个高峰期，峰值明显低于对照区。全年来看，4～10 月子午沙鼠种群密度显著低于对照区($F=7.76$，$df=41$，$P=0.01<0.05$)。结果说明，与小毛足鼠和三趾跳鼠相比，EP-1 对子午沙鼠种群繁殖的抑制作用持续时间较长。

表 8.11　对照区和试验区优势种群数量变化(捕获率均值)(%)

Table 8.11　Changes of population number of the dominant rodent in the treatment and the control areas

年份	月份	子午沙鼠 *Meriones meridianus*		小毛足鼠 *Phodopus roborovskii*		三趾跳鼠 *Dipus sagitta*	
		对照区	试验区	对照区	试验区	对照区	试验区
	4	5.33±2.40	3.00±1.00	2.67±0.88	2.00±1.00	4.00±0.57	3.00±0.50
	5	6.25±3.36	1.75±0.66	5.00±1.52	2.25±1.15	4.50±0.87	2.75±0.25
	6	2.00±1.64	1.50±0.86	2.25±0.87	1.75±1.39	1.75±0.67	1.50±0.75
2011	7	3.00±0.87	0.75±0.43	1.75±0.66	0.00±0.00	2.75±1.64	1.00±0.67
	8	1.75±1.09	1.50±0.87	1.50±0.43	1.00±0.50	0.50±0.25	0.75±0.75
	9	1.83±0.72	1.00±0.50	2.50±1.26	1.00±0.29	0.83±0.44	0.67±0.33
	10	1.00±0.29	0.00±0.00	0.33±0.17	0.17±0.17	0.00±0.00	0.00±0.00

续表

年份	月份	子午沙鼠 Meriones meridianus		小毛足鼠 Phodopus roborovskii		三趾跳鼠 Dipus sagitta	
		对照区	试验区	对照区	试验区	对照区	试验区
	4	5.00±2.78	1.00±0.50	1.50±0.87	1.00±1.00	6.50±2.18	6.50±3.04
	5	7.50±3.77	4.50±2.29	1.50±0.87	3.00±1.50	1.50±0.87	3.00±1.87
	6	6.00±1.50	1.00±0.50	0.00±0.00	0.00±0.00	1.50±0.87	2.50±1.32
2012	7	6.00±1.73	4.10±2.18	0.00±0.00	0.00±0.00	0.50±0.50	0.00±0.00
	8	1.00±1.00	2.00±1.00	0.00±0.00	0.00±0.00	0.00±0.00	0.00±0.00
	9	5.00±1.00	1.50±1.50	0.50±0.50	0.00±0.00	1.00±0.50	3.00±1.50
	10	2.50±0.50	0.00±0.00	0.00±0.00	0.00±0.00	1.00±1.00	1.00±0.50
平均数±标准误		3.87±1.60	1.97±0.36	1.95±0.42	1.52±0.32	2.20±0.54	2.33±0.51

二、EP-1 对荒漠啮齿动物优势种群结构的影响

(一) 对子午沙鼠种群结构的影响

子午沙鼠种群结构变化列于表 8.12。2011 年对照区种群年龄组成以亚成体和成体为主，解剖情况说明 4～5 月种群已进入繁殖期，孕鼠比例达 63.15%，但未捕获到幼体；6 月幼体开始出现，比例为 33.33%；10 月仍为种群繁殖期，幼体所占比例为 25.00%。不育剂试验区 4～7 月一直没有幼体出现，种群年龄组成均以成体为主；8 月幼体开始出现，但在种群中所占比例较小，为 16.67%，并且较对照区幼体出现时间推迟两个月。其中 5～8 月试验区成体所占比例显著高于对照区（$F=5.74$，df=8，$P=0.04<0.05$）。

2012 年对照区子午沙鼠种群年龄组成亦以亚成体和成体为主，4 月孕鼠比例达 66.67%；5 月幼体开始出现，比例为 14.29%，6 月进入种群的繁殖高峰期；10 月仍有种群繁殖，幼鼠所占比例为 40.00%。不育剂试验区种群年龄结构以成体为主，幼体在 7 月出现，比例为 11.11%。总的来看，5～7 月试验区成体比例显著高于对照区（$F=9.21$，df=5，$P=0.04<0.05$）；繁殖高峰 5 月、6 月和 10 月，幼体、亚成体所占比例分别显著和极显著低于对照区（$F=14.10$，df=5，$P=0.02<0.05$；$F=90.40$，df=5，$P=0.00<0.01$）。结果表明，EP-1 持续改变了子午沙鼠种群的正常繁殖规律，不仅推迟了种群幼体出生期，而且显著改变了繁殖期种群年龄结构。

表 8.12　对照区和试验区子午沙鼠种群年龄结构组成(%)

Table 8.12　The age structure of *Meriones meridianus* population in
the treatment and the control areas

年份	月份	对照区			试验区		
		幼体	亚成体	成体	幼体	亚成体	成体
	4	0.00	10.53	89.47	0.00	8.33	91.67
	5	0.00	4.00	96.00	0.00	0.00	100.00
	6	33.33	0.00	66.67	0.00	0.00	100.00
2011	7	7.69	23.08	69.23	0.00	0.00	100.00
	8	0.00	33.33	66.67	16.67	0.00	83.33
	9	0.00	9.09	90.91	16.67	0.00	83.33
	10	25.00	12.50	62.50	0.00	0.00	0.00
	4	0.00	0.00	100.00	0.00	0.00	100.00
	5	14.29	14.29	71.43	0.00	0.00	100.00
	6	30.00	20.00	50.00	0.00	0.00	100.00
2012	7	0.00	33.33	66.67	11.11	11.11	77.78
	8	0.00	0.00	100.00	0.00	25.00	75.00
	9	0.00	22.22	77.78	0.00	0.00	100.00
	10	40.00	20.00	40.00	0.00	0.00	0.00

(二)对小毛足鼠种群结构的影响

小毛足鼠种群年龄结构变化如表 8.13 所示。2011 年对照区幼体集中出现在
5~6 月，在种群中所占比例为 13.06%，此为小毛足鼠种群繁殖高峰期；7~8 月
以亚成体和成体为主，亚成体所占比例为 19.64%，成体所占比例为 80.36%；9 月
仍为种群繁殖期，幼体所占比例为 16.67%，成体所占比例为 83.33%；10 月种群
以成体为主，所占比例为 100%。不育剂试验区 5~6 月种群年龄组成以成体为主，
幼体未出现，与对照区差异显著($F=45.05$, df=3, $P=0.02<0.05$)，8 月出现幼体，
在种群中所占比例为 12.50%。结果表明，小毛足鼠种群当年繁殖高峰期，EP-1
起到有效抑制种群繁殖的作用，但是作用持续 4 个月(4~7 月)后，种群开始恢复
繁殖。次年，在试验区和对照区捕获的小毛足鼠数量均极少，且均以成体为主。

表 8.13　对照区和试验区小毛足鼠种群年龄结构组成(%)

Table 8.13　The age structure of *Phodopus roborovskii* population
in the treatment and the control areas

年份	月份	对照区			试验区		
		幼体	亚成体	成体	幼体	亚成体	成体
	4	0.00	12.50	87.50	0.00	0.00	100.00
2011	5	15.00	5.00	80.00	0.00	0.00	100.00
	6	11.11	0.00	88.89	0.00	8.33	91.67

续表

年份	月份	对照区			试验区		
		幼体	亚成体	成体	幼体	亚成体	成体
	7	0.00	14.29	85.71	0.00	0.00	0.00
2011	8	0.00	25.00	75.00	12.50	0.00	87.50
	9	16.67	0.00	83.33	0.00	0.00	100.00
	10	0.00	0.00	100.00	0.00	0.00	100.00
	4	0.00	0.00	100.00	0.00	0.00	100.00
2012	5	0.00	0.00	100.00	0.00	33.33	66.67
	9	0.00	0.00	100.00	0.00	0.00	0.00

(三)对三趾跳鼠种群结构的影响

三趾跳鼠种群结构动态如表 8.14 所示,2011 年对照区种群年龄结构全年以亚成体和成体为主,解剖情况说明 5 月种群已进入繁殖期,孕鼠比例达 33.33%；7 月捕获到幼体,比例为 14.29%,为种群繁殖盛期。试验区仅 8 月捕获幼体,在种群中所占比例较小,为 6.67%,其余月份均未捕获幼体,种群由亚成体和成体组成,以成体为主,其中 6~8 月试验区种群成体所占比例显著低于对照区(F=24.97,df=3,P=0.03<0.05)。2012 年对照区和试验区种群年龄组成均以成体为主,解剖结果显示,两个区 4~5 月种群均开始繁殖,孕鼠均达 40.00%以上,但未捕获幼鼠。可见,EP-1 对三趾跳鼠种群结构有一定影响,投放不育剂当年幼体出生推迟 1 个月,但对次年繁殖影响不显著。

表 8.14 对照区和试验区三趾跳鼠种群年龄结构组成(%)
Table 8.14 The age structure of *Dipus sagitta* population in the treatment and the control areas

年份	月份	对照区			试验区		
		幼体	亚成体	成体	幼体	亚成体	成体
2011	4	0.00	0.00	100.00	0.00	21.05	78.95
	5	0.00	16.67	83.33	0.00	5.56	94.44
	6	0.00	0.00	100.00	0.00	13.33	86.67
	7	14.29	28.57	57.14	0.00	28.57	71.43
	8	0.00	0.00	100.00	6.67	13.33	80.00
	9	0.00	18.18	81.82	0.00	6.67	93.33
2012	4	0.00	0.00	100.00	0.00	15.38	84.62
	5	0.00	0.00	100.00	0.00	0.00	100.00
	6	0.00	50.00	50.00	0.00	20.00	80.00
	7	0.00	0.00	100.00	0.00	0.00	0.00
	9	0.00	0.00	100.00	0.00	0.00	100.00
	10	0.00	0.00	100.00	0.00	0.00	0.00

三、EP-1 对荒漠区优势害鼠种群数量控制分析

　　啮齿动物种群数量的消长是由多种因素所引起的出生率和死亡率的变动。当数量过高对环境造成危害即发生"鼠害"，为此必须对其种群数量进行适宜控制(付和平等 2011)。不育控制即通过不育方法使得鼠类种群中的个体直接不育，或者不育个体对可育个体产生竞争性繁殖干扰(competitively reproductive interference)，减少种群内参与有效繁殖的个体数，延缓种群数量恢复的速度，进而持续降低种群数量(魏万红等 1999；张知彬 1995a)。本研究选择荒漠区 3 种最易造成"鼠害"的优势鼠种进行不育控制研究，旨在探讨不育剂对害鼠种群数量可持续控制的基础，而 EP-1 对雌、雄个体均具有不育效果(阿娟等 2012；付和平等 2011；霍秀芳等 2007；宛新荣等 2006；张知彬等 2004)，从本研究两年中对雌、雄不同个体的解剖结果来看，不同种类受 EP-1 作用所持续的时间不同。就雌性而言，子午沙鼠持续两个月，三趾跳鼠持续 1 个月，小毛足鼠可持续 4 个月，雄性子午沙鼠和三趾跳鼠持续两个月，雄性小毛足鼠持续时间为整个繁殖期。因此，雌、雄个体在繁殖期对降低种群数量的贡献也不同。Jacob 等(2006，2004)研究了雌性稻田鼠(*Rattus argentiventer*)不育处理后的野外控制试验，认为雌性不育比例达到 50%～75%，种群数量会显著下降，但是未明确雌性个体不育的持续时间。刘汉武等(2008)通过对高原鼠兔不育种群理论模型的研究认为，不育控制中雌性和雄性不育率作用不对称，雌性不育比雄性不育起到更大的作用。本研究结果与此基本一致(另文发表)。已有研究证实早春一次性投放 EP-1 不育剂，可以有效地控制当年长爪沙鼠野生种群繁殖高峰期数量的增长(阿娟等 2012；付和平等 2011)。本研究 EP-1 不育剂对子午沙鼠种群数量具有持续控制效果，不仅可以降低种群当年数量，对次年整个繁殖期的数量也可起到明显的控制作用。在同一栖息生境中，EP-1 不育剂对不同鼠种种群数量的影响并不完全相同，小毛足鼠由于具有利用颊囊搬运食物、储藏种子的习性，春季一次饱和投饵后，小毛足鼠长时间内断断续续食用所储藏的不育剂饵料，能够产生持续不育的效果，不育控制作用在当年持续时间相对较长，与张知彬等(2005)对灰仓鼠和宛新荣等(2006)对黑线毛足鼠的不育控制研究结果一致。次年，由于小毛足鼠在试验区和对照区捕获数量均较少，难以判定 EP-1 所起的作用，具体原因还有待进一步探讨。在 3 种荒漠啮齿动物中，三趾跳鼠是个体最大，活动范围最广，而且具有冬眠习性的种类，在内蒙古阿拉善荒漠区每年 4 月初出蛰，出蛰后即补充能量进入繁殖期(武晓东等 2009；赵肯堂 1981)。本研究试验区三趾跳鼠仅当年 4～5 月种群数量显著低于对照区($P<0.05$)，EP-1 的作用持续时间较短，且对其次年的繁殖无显著影响。由于 EP-1 的作用具有可逆性(沈伟等 2011；付和平等 2011)，加之在野外开放种群状态下，可能由于其取食不育剂不足，或由于个体差异而不育剂浓度相对较低导致这一

结果，此结果也为啮齿动物种群数量不育控制的进一步试验研究提供了有益的参考。

种群不同年龄结构能够在一定程度上反映出种群当年和下一年的增殖状况。子午沙鼠和小毛足鼠生态寿命短，在荒漠区，子午沙鼠和小毛足鼠野生种群均在4月上旬即可见孕鼠，繁殖期较长，幼鼠夏秋季较多，特别是沙鼠种群具有以夏秋季高繁殖力来补偿冬季高死亡率的特点(李枝林等1988)，而冬季环境条件相对恶化，幼鼠会被自然淘汰而数量有所下降(董维惠等2001；李枝林等1988)。与上述两个种相比，三趾跳鼠的繁殖期较短，幼体多春夏季出生，以保证种群的延续(张新阶等2007)。在本研究中，试验区三趾跳鼠、小毛足鼠和子午沙鼠种群均在8月开始出现幼体，较对照区推迟1~3个月，出现明显的繁殖期后移现象(付和平等2011)。春季一次性投放不育剂有效干扰了3种荒漠啮齿类的正常繁殖，使得夏季出生的幼体显著减少，秋季幼鼠比例明显增加，而夏季出生的幼体是次年种群繁殖的主体，秋季出生的幼体的越冬存活率低于亚成体和成体(刘伟等2004)。因此，不育控制显著改变了3种荒漠啮齿类优势种群年龄结构，影响了种群个体的适合度(刘伟等2004)，降低了种群当年的数量，特别是对于子午沙鼠，次年种群数量也得到了持续控制。可见，种群在繁殖期年龄结构的变化是影响其种群数量动态的重要因素。

关于荒漠区啮齿动物优势种群的年龄划分，特别是一些生态寿命较短的小型啮齿动物，采用体重或胴体重作为划分鼠类年龄的主要指标，是一种比较可靠、适用的方法，但利用体重指标时应注意繁殖等因素的影响(张洁1995)。本研究通过对2011~2012年所捕获鼠类的294号标本进行生物学测量和解剖，以体重作为主要指标，参考雌雄个体的胴体重、体长、尾长、繁殖状况和生殖器官的发育程度等，并结合相关学者的研究(董维惠等2001；周延林等2000，1999)，将鼠类种群年龄划分为幼体、亚成体和成体3个年龄组(表8.15)。

表 8.15　啮齿动物优势鼠种的年龄划分(体重)(g)

Table 8.15　The division of age groups of the dominant rodent species (the body weight, Unit: g)

	幼体	亚成体	成体
三趾跳鼠 (*Dipus sagitta*)	<48	48~63	>63
子午沙鼠 (*Meriones meridianus*)	<35	35~42	>42
小毛足鼠 (*Phodopus roborovskii*)	<9	9~10	>10

第九章 不育剂 ND-1(农大-1 号)对子午沙鼠种群的抗生育作用

　　啮齿动物在种群数量激增后，对草地、农业可造成多方面的灾害。在农区，啮齿动物盗食刚播下的种子，造成农田大面积缺苗断垄。在作物成熟季节，啮齿动物咬断茎秆，盗食粮食，并把大量的粮食搬进洞穴储藏，啃咬棉桃，吃棉籽、豆科植物种子、油料作物的种子或盗食成熟的瓜果和蔬菜，从播种到入仓，鼠害可使农作物减产 5%～20%。近年来，随着全球气候和生态环境的变化，不仅农田鼠害严重，草原地区鼠害也日益猖獗，在草地生态系统中，我国每年鼠害面积达草原面积的 10%～20%，对畜牧业造成非常大的损失，仅牧草每年损失将近 200 亿 kg(Kang et al. 2007)。仅以内蒙古草原为例，自 2003 年以来，内蒙古草原害鼠，特别是地上害鼠的种群密度一直呈上升趋势，危害不断加重。自 2004 年以来，阿拉善左旗每年发生鼠害的面积约 200 万亩，约占该旗草场总面积的 76%，而且集中连片。2003 年内蒙古鄂尔多斯市伊金霍洛旗的沙区飞播固沙牧草的面积约 100 万亩，由于鼠害造成的直接经济损失达 4000 万元；2003～2009 年，连续 7 年内蒙古每年发生草原害鼠 1.09 亿～1.14 亿亩，占可利用草原面积的 30%左右，严重危害面积达 5153 万～5664 万亩。使草地生态建设成果受到不同程度的破坏。同时，大幅降低草地生产力，减少牲畜可食牧草，对内蒙古自治区畜牧业的可持续发展构成严重威胁。草原鼠害已成为影响畜牧业生产持续发展和导致我国北方草原生态环境恶化的重要因素。

　　内蒙古草原是我国最重要的畜牧业产区，拥有天然草原 13.2 亿亩，占全国草原总面积的 22.4%。鼠害不仅严重影响了牧民的生产生活，而且对当地生态环境也造成了巨大破坏，特别是破坏草场导致沙化、退化，影响正常的草原生态系统功能的发挥，造成草场生产能力的下降，致使草原生态系统极度脆弱。因破坏环境导致鼠害加重，鼠害的加重又加快了生态环境的恶化，恶化的生态环境又是鼠害大规模暴发的根本原因，这样的恶性循环严重危害草原生态系统，危及牧民的生存。

　　阿拉善地区是内蒙古最大的荒漠区，著名的乌兰布和、巴丹吉林和腾格里三大沙漠横贯全境。其独特的气候特征为干旱少雨、植被稀疏、昼夜温差大。年降水量为 45～215mm，但蒸发量为 3000～4000mm，是降水量的 14～117.6 倍。草地的植被盖度很低，植物种类十分贫乏，常处于一种水热极不平衡的状态中，这样的生态系统一旦受到破坏，就会迅速退化甚至崩溃。近年来由于人为干扰的日趋严重，阿拉善荒漠生态系统已经到了极脆弱的状态，草地生态系统退化严重。由于连年的超载、过牧、开垦土地、上游水系截水，草场严重退化、沙化，鼠害大面积发生，仅 2006 年鼠害面积就达 6730.5 万亩，占可利用草场面积的 40.67%。该地区的生态建设关系到我国的生态安全，是我国在实施西部大开发战略、全面建设小康社会过程中北方生态防线建设的重要组成部分，而由于大面积鼠害，对草原所引发的生态退化更是不容置疑。治理鼠害业已成为草原生态建设和保护中的一项重要内容。本课题组多年来在内蒙古阿拉善荒漠区从事的研究表明，子午沙鼠(*Meriones meridianus*)是该荒漠区的优势害鼠(武晓东等 2009；付和平等 2005a，2005b，2004，2003)。

多年来，国内外草原鼠害的防治基本上仍以化学毒饵灭杀为主，但毒饵灭效短，只是一种应急措施，只能暂时降低害鼠的数量，没有从根本上改变害鼠的栖息环境而产生生殖补偿作用(breeding compensation effect)，在短期内害鼠种群又会恢复到原有的水平(张知彬等 2001；张知彬 1995a)。因此难以巩固灭鼠的成效，从而形成年复一年，反复投放毒饵，大量消耗人力、物力和财力，同时威胁到非靶向动物安全、污染环境并破坏生态平衡的局面(施大钊等 2009)。由于存在上述缺点，世界各国都在致力于研究鼠害无污染、无公害、可持续控制新技术。

近年来，我国剧毒杀鼠剂产生了巨大的社会问题，如群体性"毒鼠强"中毒事件，一段时期每年约有 10 万人发生急性中毒。2003 年，我国加大了"毒鼠强"整治力度，清查收缴了大批"毒鼠强"等禁用剧毒杀鼠剂。但在收缴剧毒杀鼠剂之后，需要向社会提供安全、高效的可替代杀鼠剂，目前国内仍普遍使用抗凝血类杀鼠剂。但是经过一段时期的使用，由于鼠类对抗凝血类杀鼠剂的抗性和耐药性不断增加，一些抗凝血类杀鼠剂的防治效果已不太理想，使用剂量也越来越大，灭鼠成本不断增加。近年来，虽然由于技术更新，对灭鼠毒饵进行毒力控制，大部分不产生二次中毒，不会引起家畜中毒，甚至死亡。但是，投放大量的化学药品，对草原生态系统还会存在毒性残留，导致有益昆虫和鸟类大量死亡，对草原环境造成严重影响。而部分地区采用捕鼠夹、捕鼠箭等工具，面对地广人稀、鼠多人少的草场，也只是治标不治本的权宜之计。鼠害无污染、无公害的有效防治和可持续控制研究已成为当前生物防灾减灾研究的重点之一。

不育控制是国际上兴起的有效控制害鼠数量的新技术之一(施大钊等 2009；张知彬 1995a)，近年来在澳大利亚、美国、加拿大、印度等国家进行了一些相关研究和应用(Jacob et al. 2008，2006；Grignard et al. 2007；Redwood et al. 2007；Mandal and Dhaliwal 2007；张知彬 2000，1995a；Twigg et al. 2000)。不育控制是应用不育药物制成经口饵料，啮齿动物取食后造成雌性或者雄性个体的繁殖力下降或者不育，最终导致害鼠种群数量的下降，达到有效控制鼠害的目的。用不育药物与饵基适当比例混合制成的不育剂饵料还具有操作安全及不易对环境造成污染等特点，而且对非靶动物无作用(施大钊等 2009)，可以满足公共安全的需要。

通过生态模型研究发现，在 1 万只鼠类群体中，如果连续 3 代杀灭 70%的个体，其种群经过 17 代后仍可恢复到原有水平；但若使 70%的个体连续 3 代不育，经过 19 代则可使种群灭绝(Knipling and McGuire 1972)。因此，使用不育控制比传统的化学灭鼠更有可能达到可持续控制鼠害的目的(施大钊等 2009)。目前，国内外有关害鼠不育控制的研究主要集中在药效试验、野外控制试验、基于生态学的理论和模型分析及免疫不育(immuno-contraception)控制技术等方面(刘汉武等 2008；Shi et al. 2002)。

免疫不育是近几年发展起来的又一项新兴技术。其在动物数量控制领域将有较大的应用潜力，它借助不育疫苗使动物产生破坏自身生殖调控激素或生殖细胞或相关组织的抗体来阻断生殖过程。由于疫苗是蛋白类物质，且特异性结合较专一，因此不会产生环境污染，对人、畜等非靶向动物十分安全，为不育控制提供了十分理想的技术和手段，1988 年免疫不育首次成功应用于野生动物管理(Kirkpatrick et al. 2011；张知彬 1995b)。如今，每年有成千上万的动物被实施免疫不育处理，用于控制种群规模化增长。使用最为广泛的用于野生动物免疫不育的是猪透明带蛋白(porcine zona pellucida, PZP)，主要原因是其具有广泛的抗生育作用，对于多物种均可适用，而且具有较好的安全性。截至 2011 年，全世界有 67 个动物园利用 PZP 对 6 个动物自由放养区的 52 个站点中的 76 种捕获的外来种进行了免疫不育控制，几种 GnRH 疫苗同样具有广阔的应用前景，但是还需要进行必要的安全性测试(Kirkpatrick et al. 2011)。20 年前，此方面研究遇到的基本问题是，如何以最经济、比较安全、更加有效的手段控制野生动物种群数量，经过 20 多年的研究，如今取得了非常成功的控制野生动物种群的方法例证。但是，由于疫苗需要对靶向动物进行逐一注射使用，极大地限制了其应用范围。若将不育疫苗制作成像常规毒饵一样的经口取食、易于投放的食饵，免疫不育控制的应用范围将更加广阔。由于疫苗是蛋白类物质，当蛋白类的不育疫苗通过消化道时，会被胃酸及各类蛋白消化酶破坏而无法到达免疫系统。因此，目前免疫不育研究的重点是解决经口取食的免疫制备问题(Kirkpatrick et al. 2011；张知彬 1995b)。同时还有一些新的问题也需要解决，即如何进一步改进疫苗的成分，延长其作用的时效，如何能够进一步降低成本，使用上简便易行，这样才能得到大众更加广泛的认可。美国西弗吉尼亚州摩根敦大学的 Naz 和 Saver(2016)对 1972～2015 年的 1500 篇相关出版物中的 375 篇与免疫不育直接相关的论文及这些论文引用的全部文献进行综合分析后表明，PZP 和 GnRH 不育疫苗已经广泛用于一些野生动物、动物园动物、农业动物和家养动物(主要是宠物)种群的不育控制，而且这两种疫苗均非常成功，特别是 PZP 疫苗更加受到青睐。目前，飞速发展的新技术正在对过去的疫苗进行改进，产生第二代不育疫苗，即专性疫苗(single-shot vaccine)。这种疫苗可以实现远程传递,将是动物免疫不育的极大进步,甚至可以作为供人类使用的潜在的不育疫苗。

到目前为止报道在鼠类上测试过的化学不育剂以激素或激素衍生物为主,但也有其他化合物,如炔雌醇-3-环戊基醚(quinestrol,QUN)、三乙基三聚氰酰胺(triethylenelamine,TEM)、炔雌醇-3-甲酯(mestranol,MES)、α-氯代醇(α-chlorohydrin,U5897)、炔甲雌醇环戊基醚(SC-20775)、己烯雌酚(diethylstilbestrol,DES)、呋喃丹叮(furadantin)、秋水仙素(colchincine)、睾酮(testosterone)、甲基睾酮(methyltestosterone)、二苯二氢萘衍生物(U11100A)、乙炔雌二醇(ethinyl estradiol)等。上述不育剂的实际控制效果并不理想,仅有两种化学不育剂曾在美国、加拿大、印度等国家用于野生鼠类的控制(Ericsson 1982)。

长期以来,我国不同类型的草地中发生的鼠害类型和程度各有不同,对草地畜牧业的可持续发展造成了不同程度的影响(满都呼等 2015;杨玉平等 2014;洪军等 2014;王宗礼和孙启忠 2010;侯向阳 2009)。因此,害鼠种群数量的有效控制方法一直备受关注,而不育控制近年来在国内外成为研究热点,并且取得了一些较为理想的成果,主要集中在对不育剂的筛选、实验室试验及对部分野生种群的控制试验方面(王涛涛等 2015;Fu et al. 2013;韩艳静等 2013;付和平等 2011;张知彬等 2006),理论上主要以生态学模型探讨不育控制下害鼠种群动态规律(张知彬 2015;刘汉武等 2011)。而近几年随着动物管理、福利、伦理和环境保护理念的明显提升,动物不育控制关注的焦点集中在选择无污染、无公害环保型的不育剂,并且对害鼠种群数量能够实现可持续的控制作用。因此,植物源不育剂成为主要选择对象。Tran 和 Hinds(2013)总结了 40 多种具有一定不育作用的植物,并且从中选择出 13 种能够直接影响雌性卵泡生成而起到不育作用的植物提取物,并对这些植物提取物的应用进行了展望。国内也已将雷公藤(*Tripterygium wilfordii*)、芸香(*Ruta graveolens*)、油茶皂素(*Camellia oleifera*)、天花粉[栝楼(*Trichosanthes kirilowi*)]、蓖麻(*Ricinus communis*)、印棟油[棟(*Melia azedarach*)]等植物源不育剂应用于害鼠的不育控制(刘汉武等 2011),虽然均具有不同程度的作用效果,但是在实践应用中仍然存在一些不容忽视和有待解决的问题(张知彬 2015)。

子午沙鼠是分布在中国北方半荒漠草原和荒漠区的主要害鼠,不冬眠,主要在晚上活动,每年 4～10 月午夜、11 月～次年 3 月傍晚是其活动高峰(赵肯堂 1981)。每年繁殖三四次,每次 4～9 只,每公顷洞穴 32～38 个,每只成体日食量达到 32.4～34.6g(周延林等 1999;宋凯和刘荣堂 1984)。种群大量繁殖后,其日常频繁的活动、采食和秋季储粮会对草原植被造成较大的危害。因此,如何可持续地控制其种群数量增长,进而有效控制其危害,已经引起国内外学者的关注(张知彬 1995a; Knipling and McGuire et al. 1972)。

本研究的总体思路为:由于植物源不育剂已成为可持续控制害鼠种群数量筛

选的热点，采取自主合成植物源不育剂 ND-1(农大-1 号)，主要成分为新疆紫草的提取物紫草素和雌激素炔雌醚，对荒漠区优势害鼠子午沙鼠(*Meriones meridianus*)进行抗生育作用试验。由于炔雌醚已经被证实对小型啮齿动物具有抗生育作用，因此关键要解决紫草素是否具有明显的抗生育作用问题，以及 ND-1(农大-1 号)对子午沙鼠是否具有明显的抗生育作用问题。

紫草素(shikonin)是广泛分布于内蒙古、新疆、甘肃等地的多年生紫草科(Boraginaceae)植物新疆紫草(*Arnebia euchroma*)的提取物，其具有抗炎症、抗病毒、抗菌、抑制脂肪形成、抑制雌激素、抗肿瘤活性、抗生育、调节免疫功能等作用(徐佳和伍春莲 2015)，国内外对其的研究主要集中于抗肿瘤作用(徐坤山等 2008；Chen et al. 2002)，在抗生育方面仍然缺乏最直接的试验研究结论。本研究采用 3 种不同浓度紫草素应用于小白鼠抗生育作用试验，并对其不育效果进行了分析，采用紫草素和炔雌醚制成复合不育剂 ND-1 应用于对野生子午沙鼠抗生育作用试验，并对其不育效果进行了分析，期望得到安全环保、无污染，并且能够实现可持续控制目标的植物源不育剂。

研究区位于内蒙古阿拉善左旗南部典型荒漠区，地理坐标为 104°10′E～105°30′E，37°24′N～38°25′N，地处腾格里沙漠东缘。该地区的草地类型是典型的温性荒漠，植被稀疏，结构单调，覆盖度低，一般为 1%～20%。植物种类贫乏，主要以旱生、超旱生和盐生的灌木和小半灌木为主。建群植物以藜科(Chenopodiaceae)、菊科(Compositae)和蒺藜科(Zygophyllaceae)为主，其次为蔷薇科(Rosaceae)、柽柳科(Tamaricaceae)。地形起伏不平，丘陵、沙丘与平滩相间。气候为典型的高原大陆性气候，冬季严寒、干燥，夏季酷热，昼夜温差大，极端最低气温–36℃，最高气温42℃，年平均气温 8.3℃，无霜期 156 天。年降水量 45～215mm，且降水极不均匀，主要集中在 7～8 月。年蒸发量 3000～4700mm。土壤为棕漠土，淋溶作用微弱，土质松散、瘠薄，表土有机质含量 1.0%～1.5%，含有较多的可溶性盐。

紫草素(shikonin，分子式 $C_{16}H_{16}O_5$，分析标准≥97%，相对分子质量 288.30)，为新疆紫草提取物，主要成分为萘醌类化合物；炔雌醚(quinestrol，有效成分含量99.27%)，由北京紫竹天工科技有限公司提供(Beijing Zizhu Tiangong Science and Technology Co.,Ltd.)。试验用成年昆明小白鼠，体重 33.1～44.6g，常温下养殖，自然光照，给予足够全价饲料和饮用水，发育正常，由内蒙古农业大学实验动物中心提供。试验用子午沙鼠于 2014 年 10 月捕自内蒙古阿拉善盟阿拉善左旗南部典型荒漠生境(104°10′E～105°30′E，37°24′N～38°25′N)。以 40cm×40cm×60cm的鼠笼单独饲养于位于当地的内蒙古农业大学荒漠生态与鼠害控制研究基地实验室，通风良好，自然光照，饲料充足且自由取食。饲养 5 个月安全越冬后，体重62.78g±10.07g(SE)，于 2015 年 4 月选取健康和性成熟子午沙鼠雌雄各 45 只，共 90 只待用。

紫草素对小白鼠繁殖器官及繁殖的影响试验数据采集：成年试验小白鼠分 4 组，每组 15 对，其中 1 组为对照组，其余 3 组分别以 5mg/kg、20mg/kg 和 50mg/kg 3 组浓度紫草素进行灌胃，每组紫草素均以食用花生油溶解，定容至 6ml。每只鼠单次灌胃油溶紫草素为 0.2ml，灌胃持续时间 1 周，共灌胃 2 次，间隔 3 天，对照组以相同量食用油灌胃。最后 1 次灌胃 1 周后进行解剖，测定雌性子宫、雄性精囊腺和睾丸 3 项脏器系数及雄性精子密度，共 4 项指标(测定脏器系数的脏器和胴体取样均为鲜重，单位为 g)。由上述 3 组紫草素浓度中，选择 1 种抗生育效果良好的理想浓度进行繁殖控制试验。重新选取小白鼠 4 组，每组 15 对，其中对照组 1 组，试验组 3 组，设 3 种不同处理：雄性处理组(雄性给药，雌性不给药)，雌性处理组(雌性给药，雄性不给药)，雌雄处理组(雌、雄都给药)。试验组以理想浓度油溶紫草素灌胃持续 1 周，共灌胃 2 次，间隔 3 天，对照组以相同量食用油灌胃，最后 1 次灌胃 1 周后所有组进行雌雄 1:1 合笼，记录合笼后小白鼠繁殖次数、繁殖日期、每胎繁殖仔数。

在光学显微镜下，采用红细胞计数板计数，在 $1mm^2$ 的计数室中，计数 25 个方格中四周和中央共 5 个方格中的精子数量。

计算方法：精子密度(精子总数/ml)=精子数×稀释倍数×$5mm^2$×$10\mu m$×$1000\mu l$ 式中，$5mm^2$ 为 5 个方格面积，$10\mu m$ 为计数室的深度，$1000\mu l$ 为移液枪容积。

Ghrelin(一种饥饿素)和 *AgRP*(一种厌食基因)的 PCR 检测数据采集：实时定量 PCR 检测(real-time qPCR analysis)，小白鼠对照和试验组每组雌雄各 5 只，取下丘脑、卵巢和睾丸作为试验材料。为避免基因组的污染及干扰，根据跨内含子原则进行引物设计(见表 9.1，上海生物工程有限公司合成)。采用 SYBR Green I 荧光染料法进行实时定量 PCR 扩增的检测。PCR 反应体系为 $20\mu l$，其中 $2\times$SYBR premix Ex Taq^{TM} $10\mu l$(TaKaRa DRR041A)、上下游引物各 $0.4\mu l$($10mol/L$)、cDNA $2\mu l$、dH_2O $7.2\mu l$。于实时定量 PCR 仪(Bio-Rad CFX96)分别进行 PCR 反应，扩增条件为：95℃预变性 30s；95℃变性 15s，58~60℃退火 15s，72℃延伸 15s，40 个循环后，72℃延伸 10min。反应过程中同时以水替代 cDNA 为阴性对照，mRNA 相对表达量采用 $2^{-\Delta CT}$($\Delta CT=CT_{目的基因}-CT_{内参基因}$)进行计算。

不育剂 ND-1(农大-1 号)对子午沙鼠繁殖的影响数据采集：选取对小白鼠抗生育作用良好的浓度作为紫草素浓度，与炔雌醚按照一定比例混合均匀，配制成以食用油为溶剂的紫草素-炔雌醚植物油溶液不育剂(15ml/kg)，命名为 ND-1(农大-1 号)。试验用子午沙鼠分为对照组、雌性鼠处理组、雄性鼠处理组，每组雌雄各 15 只，单独饲养。雌性鼠处理组一周内间隔 3 天给雌性鼠灌胃两次，最后一次灌胃后一周与正常雄性鼠按 1:1 合笼。同样，雄性鼠处理组一周内间隔 3 天给雄性鼠灌胃两次，最后一次灌胃后一周与正常雌性鼠按 1:1 比例合笼。对照组一周内雌、雄性鼠用等量食用油间隔 3 天灌胃两次，最后一次灌胃后一周雌、雄性鼠按

1∶1 比例合笼。试验鼠观察期为 4～10 月，在观察期内每天检查记录各组鼠的产仔日期、每胎产仔数和繁殖胎数。

表 9.1 引物设计表

Table 9.1 Primer design table

基因(登记号)	核苷酸序列(5′-3′)	引物大小/bp	退火温度/℃
AgRP		215	58
正向	AGA CAT ATT CCC TGC GCT GA		
反向	GCA GCT TTG AAT CCT GCT CT		
Ghrelin(GHRL)		194	60
正向	GCA TCC TCA AAG ACC AGG AG		
反向	CTT GAC ACT GGG GTT CCA CT		
GAPDH		294	58
正向	AAG GGT GGA GCC AAA AGG		
反向	GGA TGC AGG GAT GAT GTT CT		

对不同处理小白鼠雌性子宫脏器系数、雄性精囊腺和睾丸脏器系数及精子密度、每组繁殖胎数、每胎的产仔数、繁殖启动期差异均作单因素方差分析(the one-way ANOVA)，PCR 检测结果应用统计学软件 GraphPad Prism5 的统计程序进行单因素方差分析(the one-way ANOVA)和 Tukey's multiple comparison test 进行显著性分析。数据采用 SAS9.0 软件分析，$P<0.05$ 表示差异显著，$P<0.01$ 表示差异极显著。

脏器系数计算方法如下：

$$脏器系数 = \frac{脏器质量}{动物胴体质量} \times 100\% \tag{9.1}$$

第一节 紫草素对小白鼠繁殖器官的影响

一、紫草素对雌性小白鼠繁殖器官的影响

5mg/kg、20mg/kg 和 50mg/kg 3 个浓度试验组与对照组的雌性子宫脏器系数的对比分析结果如图 9.1 所示。由图 9.1 可知，雌性子宫脏器系数 50mg/kg 浓度试验组极显著低于对照组和其余两个浓度试验组($F=6.29$，$P<0.01$)。从解剖结果来看，3 个试验组小白鼠的子宫在外形上没有发现如变黑、水肿、充血等器质性变化和病变，经检测子宫脏器系数，只有 50mg/kg 浓度试验组与其余 3 组存在极显著差异，即 50mg/kg 浓度试验组子宫出现明显萎缩。

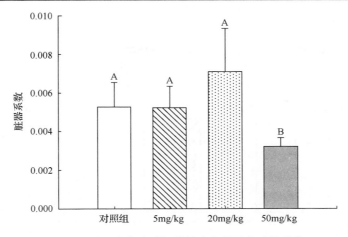

图 9.1　不同浓度试验组雌性小白鼠子宫脏器系数

Fig. 9.1　The female uterine viscera coefficients of different concentration experimental groups

二、紫草素对雄性小白鼠繁殖器官的影响

5mg/kg、20mg/kg 和 50mg/kg 3 个浓度试验组与对照组的雄性精囊腺脏器系数、精子密度和睾丸脏器系数的对比分析结果如图 9.2～图 9.4 所示。由图 9.2 和图 9.3 可知，50mg/kg 浓度试验组雄性小白鼠精囊腺脏器系数、精子密度均显著低于对照组(F=6.49，P<0.01；F=4.60，P<0.05)。由图 9.4 可知，不同浓度试验组雄性小白鼠的睾丸脏器系数与对照组均没有显著差异(F=1.09，P>0.05)。从紫草素对雌性小白鼠与雄性小白鼠的脏器系数及雄性小白鼠的精子系数比较结果表明，50mg/kg 紫草素浓度具有抗生育作用的预期效果。

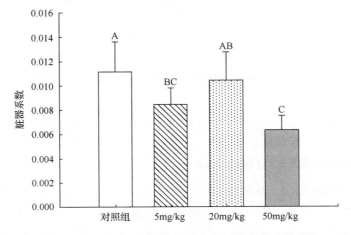

图 9.2　不同浓度试验组雄性小白鼠的精囊腺脏器系数

Fig. 9.2　The male seminal vesicle viscera coefficients of different concentration experimental groups

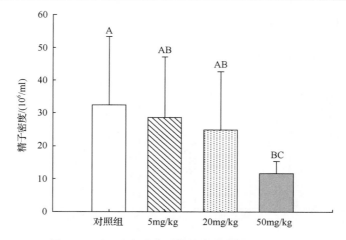

图 9.3　不同浓度试验组雄性小白鼠的精子密度

Fig. 9.3　The male sperm density of different concentration experimental groups

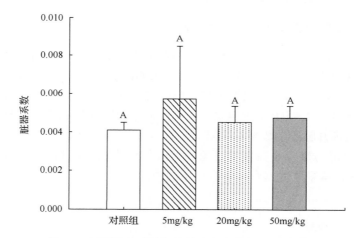

图 9.4　不同浓度试验组雄性小白鼠的睾丸脏器系数

Fig. 9.4　The male testicular viscera coefficients of different concentration experimental groups

第二节　紫草素对小白鼠繁殖动态的影响

一、紫草素对小白鼠繁殖数量的影响

选择 50mg/kg 浓度紫草素作为理想浓度不育剂，进行小白鼠繁殖控制试验。对每组出生的新个体数进行统计，分析结果如图 9.5 所示。由图 9.5 可知，从第一次出生的幼体数量来看，对照组与雄性处理组差异不显著，并且此两组与雌性处理组和雌雄处理组差异极显著（$F=14.78$，$P<0.001$），即后两个试验组出生的个体

数显著小于对照组和雄性处理组。而雌性处理组与雌雄处理组出生的个体数量差异不显著。表明 50mg/kg 浓度紫草素显著降低了雌性处理组和雌雄处理组的出生率，而对雄性处理组的作用不显著。

小白鼠第二次繁殖幼仔数如图 9.6 所示。由图 9.6 可知，繁殖幼体数量差异与第一次有所不同，对照组与雄性处理组差异不显著，与雌性处理组和雌雄处理组差异显著（$F=4.23$，$P=0.0103$），即后两个试验组出生的个体数显著小于对照组，而雄性处理组与雌性处理组和雌雄处理组差异不显著。因此，50mg/kg 浓度紫草素持续有效降低了雌性处理组和雌雄处理组的出生率，对雄性处理组的作用仍然不显著。

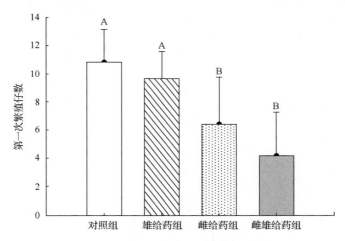

图 9.5 不同处理组小白鼠第一次繁殖幼仔数

Fig. 9.5 The first born juvenile numbers of different treatment groups

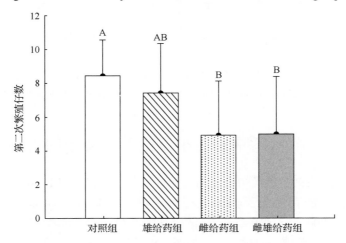

图 9.6 不同处理组小白鼠第二次繁殖幼仔数

Fig. 9.6 The second born juvenile numbers of different treatment groups

二、紫草素对小白鼠繁殖启动期的影响

小白鼠自雌雄合笼至第一窝幼仔出生为止的天数为繁殖启动期。不同处理组小白鼠的繁殖启动期如图 9.7 所示。从繁殖启动期来看，3 个处理组均极显著大于对照组($F=11.83$，$P<0.001$)，即处理组的繁殖启动期均明显推迟。雄性处理组和雌雄处理组与对照组的差异相当，繁殖启动期比对照组平均推迟了 10～12 天。雌性处理组与对照组的差异最大，其繁殖启动期较对照组平均推迟了 16 天。第二窝幼体出生时间，雌性处理组和雄性处理组均比对照组推迟 10～11 天，而雌雄处理组比对照组推迟 18～20 天。这样紫草素延长了小白鼠的繁殖周期，直接效果是相对降低了小白鼠的年度繁殖次数和繁殖率。表明 50mg/kg 浓度紫草素对雌、雄小白鼠的正常繁殖过程形成了明显干扰，对雌、雄小白鼠均具有抗生育作用。

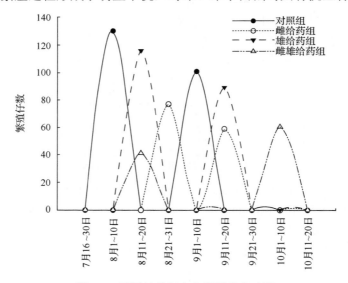

图 9.7　不同处理组小白鼠繁殖启动期

Fig. 9.7　The reproduction start-up period of different treatment groups

第三节　紫草素对小白鼠繁殖调控的机制

Ghrelin 是在 1999 年最初确定的内源性配体生长激素(EL-GH)促分泌素受体(GHS-R)，它可能存在于不同的生殖系统中，包括睾丸和卵巢(Barreiro and Tena-Sempere 2004)。AgRP 与 Ghrelin 密切相关(Tena-Sempere 2007)。因此，我们分析了对小白鼠繁殖器官的影响。如图 9.8 所示，50mg/kg 浓度的雌性灌药组卵巢(female-ovary, F-O)的 AgRP 和 Ghrelin mRNA 水平显著高于对照组($P<0.05$，

F=44.88；P＜0.001，F=740.6）。雄性灌药组睾丸（male-testis, M-T）的 AgRP 和 Ghrelin mRNA 水平也显著高于对照组（P＜0.01，F=50.73；P＜0.01，F=92.36）。

第四节　不育剂 ND-1 对子午沙鼠繁殖的影响

一、子午沙鼠第一胎繁殖仔数比较

　　由于子午沙鼠实验种群在试验饲养过程中出现意外死亡，有 14 组试验数据为有效数据，单因素方差分析结果如图 9.9 所示，两个处理组与对照组同样均出现了繁殖，雌性处理组与对照组繁殖率相同，均为 100%，而雄性处理组繁殖率明显降低，为 57.14%；各组繁殖仔数不同，对照组平均繁殖仔数为 4.28±0.72，雌性处理组平均繁殖仔数为 3.71±0.28，雄性处理组平均繁殖仔数为 1.42±0.12，两个处理组均低于对照组。雌性处理组与对照组差异不显著，而雄性处理组的繁殖仔数与对照组和雌性处理组均差异极显著（F=12.76，P＜0.01），即雄性处理组的繁殖仔数极显著低于对照组和雌性处理组。说明不育剂 ND-1 对雄性的不育作用明显高于雌性。雄性处理组抗生育率为 42.86%。

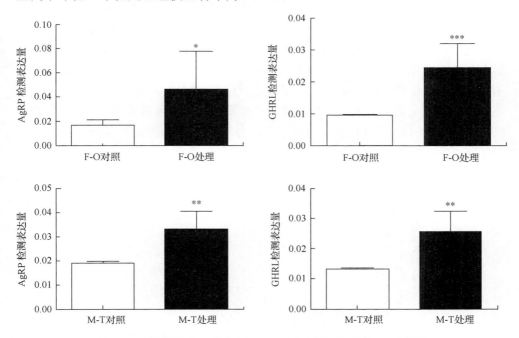

图 9.8　小白鼠卵巢、睾丸 Ghrelin mRNA 和 AgRP 的 PCR 结果

Fig. 9.8　The PCR results of Ghrelin mRNA and AgRP neurons from mice ovarian and testicular

*表示差异显著，**和***表示差异极显著

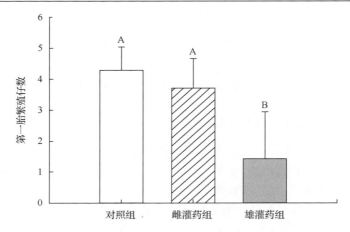

图 9.9　子午沙鼠种群第一胎繁殖仔数比较

Fig. 9.9　Compare the first litter size in gerbils population

二、子午沙鼠第二胎繁殖仔数比较

　　子午沙鼠种群第二胎繁殖的个体数方差分析结果如图 9.10 所示，由图 9.10 可知，对照组平均繁殖仔数为 3.57±0.43，雌性处理组平均繁殖仔数为 1.42±0.13，雄性处理组平均繁殖仔数为 0.14±0.04。可以看出两个处理组平均繁殖仔数均极显著低于对照组（$F=11.71$，$P<0.01$），而且两个处理组的差异不显著，繁殖率均明显降低，雌性处理组为 42.86%，雄性处理组为 14.28%，对照组为 100%。表明不育剂 ND-1 显著降低了两个处理组第二次繁殖的个体数和繁殖率。雌性处理组抗生育率为 57.14%，雄性处理组抗生育率为 85.72%，均明显升高。

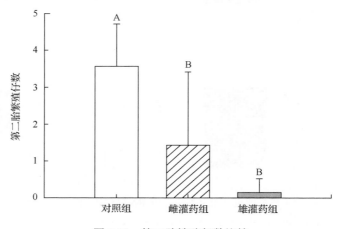

图 9.10　第二胎繁殖仔数比较

Fig. 9.10　Compare the second litter size in gerbils population

三、子午沙鼠第三胎繁殖仔数比较

　　子午沙鼠种群第三胎繁殖的个体数差异性分析结果如图 9.11 所示,对照组有 4 对进行了繁殖,处理组均未繁殖,可以看出对照组与两个处理组的繁殖仔数虽然无显著差异(F=2.36,P>0.05),但是对照组仍有 28.57%的成体进行了第三次繁殖,而处理组没有个体参加繁殖。本研究记录到的年度内对照组子午沙鼠最后一次繁殖幼体出生时间是 9 月 20 日,尽管接近其繁殖休眠期,但处理组无个体参加繁殖的现象,仍然不能完全排除不育剂 ND-1 的作用。

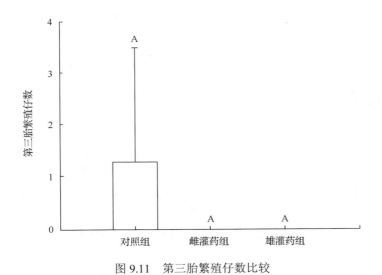

图 9.11　第三胎繁殖仔数比较

Fig. 9.11　Compare the third litter size in gerbils population

四、子午沙鼠种群繁殖胎数比较

　　试验期间子午沙鼠种群繁殖胎数差异性分析如图 9.12 所示,可知对照组繁殖 2 或 3 胎,繁殖 3 胎的占 28.57%;雌性处理组繁殖 1 或 2 胎,繁殖 2 胎的占 42.86%;雄性处理组繁殖 0~2 胎,繁殖 2 胎的占 14.29%。从种群繁殖胎数可以看出两个处理组与对照组,以及两个处理组之间的差异均达到极显著(F=11.87,P<0.01)。表明不育剂 ND-1 极显著降低了处理组繁殖频率,相对延长了其繁殖周期,特别是对于雄性处理组的作用更加明显。

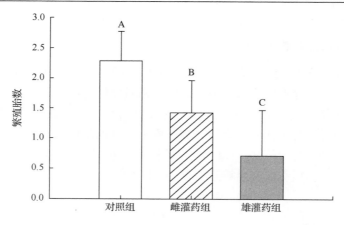

图 9.12　子午沙鼠种群繁殖胎数比较

Fig. 9.12　Compare numbers of fetus of gerbils population reproduced

五、子午沙鼠繁殖启动期比较

自子午沙鼠合笼配对开始至第一窝幼仔出生为止的天数为繁殖启动期。本研究试验观察期为 183 天（2015 年 4 月 5 日～10 月 5 日），若统计期内未产仔，繁殖启动期为试验观察期的天数。子午沙鼠种群繁殖启动期如图 9.13 所示。可以看出，对照组繁殖启动期平均为（26.43±1.13）天，雌性处理组平均为（41.57±2.43）天，雄性处理组平均为（119±6.37）天。差异性分析表明，雌性处理组与对照组差异不显著，雄性处理组与对照组差异极显著（$F=14.46$，$P<0.001$，图 9.13）。可见不育

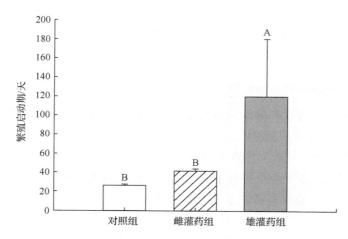

图 9.13　子午沙鼠种群繁殖启动期比较

Fig. 9.13　Compare starting time of gerbils population reproduced

剂 ND-1 推迟了两个处理组的繁殖启动期，雌性处理组推迟 15～22 天，雄性处理组推迟 32～157 天，因此导致两个处理组后续妊娠期在年度内的改变和推移，雄性处理组有 6 组在整个试验观察期均未繁殖，而且两个处理组第三胎均未能繁殖，明显降低了子午沙鼠种群年度内的有效繁殖率。

第五节　2016 年子午沙鼠实验种群繁殖比较分析

对 2016 年子午沙鼠室内实验种群的对照组、雌性处理组、雄性处理组的繁殖情况继续进行了跟踪分析，2016 年没有继续给药，所有参与试验的动物分组，仍然是 2015 年分组动物，主要目的是监测其不育控制持续的时效。结果见图 9.14～图 9.17。由图 9.14 和图 9.15 可知，2016 年繁殖启动后，第一次繁殖雌性处理组和雄性处理组繁殖幼体的数量均明显少于对照组，而雄性处理组与对照组的差异显著($F=4.698$；$P<0.05$)；第二次繁殖，两个处理组繁殖幼体的数量略少于对照组，而且差异不显著($F=1.574$；$P>0.05$)；但是，由图 9.16 可以看出，对照组在 1 年中共繁殖了 5 次，雌性处理组繁殖 3 次，雄性处理组只繁殖了 2 次；而且雌性处理组第一次繁殖较对照组第一次繁殖推迟近 30 天，第二次繁殖较对照组第二次繁殖推迟了近 60 天，第三次繁殖较对照组第三次繁殖推迟也近 60 天。雄性处理组第一次繁殖较对照组第一次繁殖推迟近 90 天，第二次繁殖较对照组第二次繁殖推迟近 120 天。

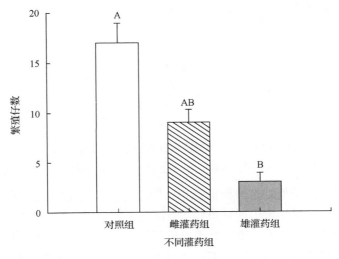

图 9.14　子午沙鼠第一胎繁殖仔数比较

Fig. 9.14　Compare the first litter size in gerbils population

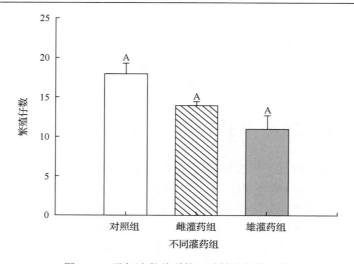

图 9.15　子午沙鼠种群第二胎繁殖仔数比较

Fig. 9.15　Compare the second litter size in gerbils population

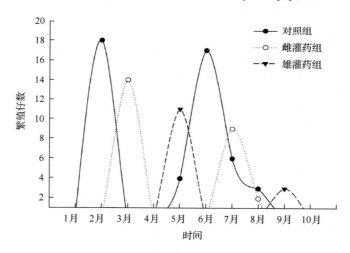

图 9.16　子午沙鼠繁殖启动期与繁殖仔数比较

Fig. 9.16　Comparison of breeding start-up times and breeding juveniles of gerbils

　　由此可见，两个处理组的繁殖启动期均较对照组明显推迟，相应地就明显减少了处理组子午沙鼠年度内的繁殖代数，降低了繁殖率。由图 9.17 可知，从试验种群年繁殖幼体数量来看，雌性处理组显著低于对照组（$F=9.45$；$P<0.01$），雄性处理组也显著低于对照组（$F=15.97$；$P<0.01$）。这表明，年度内两个处理组繁殖的幼体显著减少，种群数量显著下降。因此，植物源不育剂 ND-1 的不育控制作用可以持续至少 24 个月。同时，我们也在关注处理组的子代在不饲喂不育剂的情

况下，继续繁殖的情况，以明确不育剂对子代的繁殖影响。目前，子一代合笼 14 对，繁殖情况正在进一步监测中。

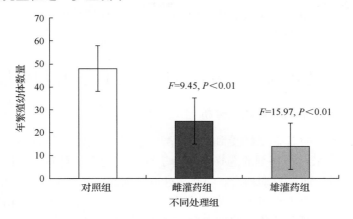

图 9.17　2016 年子午沙鼠年繁殖幼体数量比较

Fig. 9.17　Comparison of reproduction juvenile number of gerbils in 2016

第六节　子午沙鼠野生种群繁殖比较分析

2015 年与 2016 年子午沙鼠野生种群数量动态如图 9.18 所示。2016 年野外设置的不育剂样地子午沙鼠种群数量平均达到 30 只以上，可以满足课题组野外不育控制试验要求，课题组于 2016 年 4~5 月投放了不育剂。经过 4~10 月的种群数

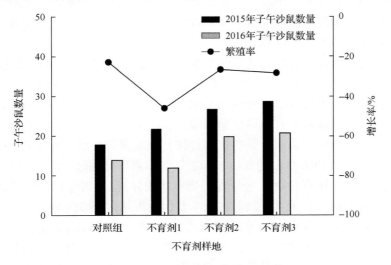

图 9.18　子午沙鼠种群增长率比较

Fig. 9.18　Comparison of growth rate of gerbils

量动态监测，与 2015 年度相比，明显可以看出，不育剂样地子午沙鼠种群数量明显下降，种群增长率均为负增长，而且不育剂样地 1 的下降率最大。但是，我们也发现对照样地种群数量也较 2015 年度有所降低，而降低幅度较小。具体原因仍然有待进行后续专门分析。

第七节　植物源不育剂 ND-1（农大 1 号）作用效果分析

一、紫草素对小白鼠的不育效果分析

对鼠类进行不育控制已经受到国内外学者的广泛关注，随着环境保护意识的普遍增强，近年来对不育剂的选择也趋向于纯天然物质，对其不育控制作用趋向于具有可持续性，而非短期效应。因此，对不育剂的选择要求日趋严格而且谨慎。紫草素的有效成分是脂溶性萘醌类化合物，医疗上一直被用来治疗伤口、烧伤、呼吸困难、声音沙哑、痔疮、腹部疼痛、胃溃疡、妇科病等（苗浩等 2012），用于抗生育作用的繁殖试验研究较为少见，与之类似的提取于亚美尼亚紫草（*Onosma armeniacum*）的紫草素，曾在国外被用来研究对大鼠胚胎着床产生影响而达到避孕效果，但未见直接的繁殖试验，只是强调了其作为进一步临床应用的基础有待于探索（Salman et al. 2009）。本研究基于新疆紫草在我国分布广泛，其提取物紫草素的提取工艺相对简便易行、容易获取（吴学渊和刘萍 2008）。紫草素的成分是纯天然化合物，对环境几乎不会造成污染，在自然条件下阳光照射 12h 以上或环境碱性条件下（pH＞8）均可降解（乔秀文等 2004）。为此，本研究选择了新疆紫草的提取物——紫草素作为野生小型有害啮齿动物不育控制的不育剂，首先以小白鼠作为试验对象进行试验研究，取得了预期效果。至于紫草素对非靶向动物的作用则是本研究后续工作的主要内容。

任何不育剂的试验研究均是为将来能够在实践中应用，在野外投放的不育剂，雌性和雄性啮齿动物均有机会取食。因此，理想的不育剂应该能够同时对雌雄两性起到不育作用。本研究中，50mg/kg 浓度紫草素试验组雌性小白鼠子宫出现明显萎缩，雄性的精囊腺发育明显受到影响，表明紫草素对两性的繁殖器官均产生了一定的作用。有研究表明，紫草素具有抑制雌激素的作用，有关分子机制研究发现，雌激素受体 ERα 蛋白的表达被抑制，紫草素能够通过"泛素-蛋白酶途径"促进 ERα 的退化，导致 HSP90 分子伴侣蛋白质的分解，同时紫草素能够诱导 Nrf2 依赖的 *NQO1* 基因的转录并且减弱雌激素基因的表达，以抑制 ERα 信号和 *NQO1* 的激活，从而抑制雌激素活性（徐佳和伍春莲 2015；Yao et al. 2010）。这与本研究中试验组雌性小白鼠子宫出现明显萎缩的结果是一致的。对雄性小白鼠繁殖机制的研究表明，由 ERα 介导的雌激素对精子发生具有重要作用，小白鼠的 *ERα* 基因被破坏（抑制）伴有生精上皮的损伤、精子数目减少、精子形态异常和生殖能力下降(Hess et al. 2001；Zhou et al. 2001)。这与本研究中 50mg/kg 浓度紫草素试验组雄性小白鼠精子密度显著降低的结果是一致的。因此，紫草素作为能够起到两性不育作用的植物源不育剂具有较为理想的效果。

不育剂的作用是否具有可持续性，是其能否在实践中得到应用的关键之一，而其可持续性往往表现在是否能够在较长时期内对啮齿动物的正常繁殖进行不断干扰，以此持续性地降低其种群数量。啮齿动物在一定时期内的繁殖次数对种群数量的影响较大(Rees and Crawley 1989)，小白鼠虽然为常年繁殖动物，但繁殖启动期的变化，显然会影响其在一定时期内的繁殖次数。啮齿动物的繁殖启动受生物与非生物等多种因子如食物、光照、温度等的交互影响(Bronson 2009)，在外界其他因子一致的条件下，不育作用延迟鼠类的繁殖启动期将明显干扰其种群动态(宛新荣等 2006)，实质上是相对延长了繁殖周期，减少了一定时期内的繁殖次数，降低了繁殖率。本研究中，50mg/kg 浓度的紫草素对雌性处理组、雄性处理组和雌雄处理组的繁殖启动期都有显著推迟，从而有效干扰了种群的正常繁殖规律，明显降低了小白鼠的出生率和繁殖率。但雄性处理组在两次繁殖过程中出生的幼体与对照组差异均不显著，只是紫草素作用的程度不同，出现了一定的性别差异，这种差异在一些同类研究中也有表现(韩艳静等 2013)，而在雌雄处理组却显示了明显的紫草素不育作用的叠加效果，更加符合理想不育剂应用的预期。因此，紫草素可作为一种潜在的鼠类不育控制剂应用于小型鼠类不育控制。

二、紫草素对小白鼠繁殖调控机制分析

Ghrelin 是从大鼠胃黏膜分离纯化后发现的，是生长激素促分泌素受体的内源性配体(growth hormone secretagogue receptor，GHS-R)，Ghrelin 是多功能脑肠肽，其一个重要功能就是参与哺乳动物新陈代谢的调节。下丘脑 Ghrelin 神经元毗邻 *AgRP*(厌食基因)神经元突触活性位点，外周 Ghrelin 结合或者通过 GHS-R 增加 *AgRP* 神经元活性(Ghrelin activates NPY/AgRP neurons)，AgRP 分泌神经肽促进动物采食，Ghrelin 与 AgRP 神经元细胞通过相互作用共同完成对动物新陈代谢的调节作用。近年来的研究表明，Ghrelin 与哺乳动物的繁殖调控有密切关系。Fernandez-Fernandez 等(2006)对 Ghrelin 与能量平衡和生殖的关系进行了探讨，得出 Ghrelin 可能参与调节促性腺激素分泌，可能会影响哺乳动物发情期改变。García 等(2007)与 Tena-Sempere(2007)分别就 Ghrelin 对生殖的作用和调节进行了研究，认为 Ghrelin 是通过直接作用于性腺或者调节性腺分泌对啮齿动物的生殖产生影响。Lorenzi 等(2009)与 Muccioli 等(2011)就 Ghrelin 通过新陈代谢作用影响哺乳动物繁殖进行了研究，认为 Ghrelin 通过调控脑垂体促性腺轴实现对动物繁殖的影响(图 9.19)。基于上述分析，结合本研究所得出的结果，认为紫草素对小白鼠抗生育作用是通过调控小白鼠脑垂体促性腺轴实现对小白鼠的繁殖控制。

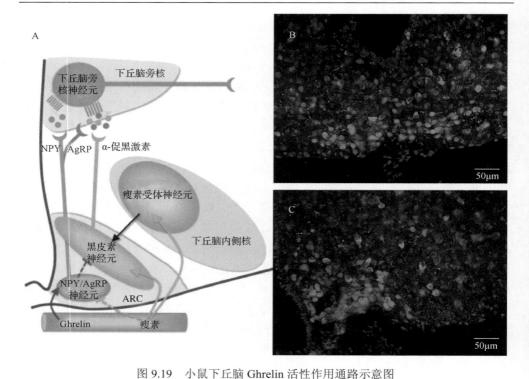

图 9.19　小鼠下丘脑 Ghrelin 活性作用通路示意图

[引自 Lorenzi et al.（2009）和 Muccioli et al.（2011）]

Fig. 9.19　Ghrelin active role pathways of mouse hypothalamus

[From Lorenzi et al.（2009）and Muccioli et al.（2011）]

A. 小鼠下丘脑 Ghrelin 活性作用通路；B. 喙状弧形核；C. 中间弧形核

三、ND-1 对子午沙鼠的不育效果分析

理想的控制害鼠数量的不育剂，首先应该是无公害、无污染和环境友好型的，其次是适口性良好、对雌雄两性均有效，并且具有可持续控制作用的药物。这样的不育剂不仅对栖息于同一环境中的非靶向动物，如人、家畜、鸟类、有益昆虫等不造成危害或负面影响，而且作用效果显著，不污染环境，能够在短期内（10～15 天）自然分解。因此，来自大自然的植物提取物成为专业人员的重点选择。我们选择了在我国分布广泛的新疆紫草的提取物——紫草素，首先应用于小白鼠进行了预实验，取得明显效果，同时也发现了一些问题，通过对小白鼠的繁殖控制试验和对雌、雄繁殖器官的解剖，发现紫草素的抗生育作用存在性别差异，对雌性的作用优于雄性，并且造成雌性的子宫显著萎缩。由此推断紫草素缺乏雌激素样活性。因此，需要加入一种雌激素来进一步提高其两性不育作用的效果。由于炔雌醚作为雌激素已经被证实在野外用于小型啮齿动物不育控制中，对非靶向动

物(鸟类)作用不明显，而且在土壤和水体中半衰期较短(土壤中 5.46～15.58 天，水体中<3 天)(张知彬 2015)，能够在短期内自然降解，具有环境安全性基础。为此，我们选择加入适量的炔雌醚来解决这一问题，配制了植物源复合不育剂 ND-1(农大-1 号)。ND-1 是首次应用于对野生子午沙鼠实验种群的不育控制，在整个繁殖期显示了明显的预期效果。

通过本试验的结果我们看到，不育剂 ND-1 在子午沙鼠种群 3 次繁殖活动中及对其繁殖启动期改变上，对雌、雄繁殖均起到了不育控制的作用，但均显示对雄性的作用强于雌性，出现了性别差异。其原因可能有以下几点：①ND-1 中炔雌醚对雄性的不育作用更加显著。研究表明，炔雌醚对小型啮齿动物的雌性和雄性均有抗生育作用，但是对部分啮齿动物的抗生育作用表现为雄性强于雌性，而且动物一次性给药后短期内生育就可恢复(张知彬 2015，2000；王涛涛等 2015；赵肯堂 1981)。而紫草素明显对雌性子宫具有调节作用，其可能对减缓炔雌醚给雌性造成的副作用具有一定效果。根据我们对小白鼠繁殖控制的研究结果，紫草素是通过调控脑垂体促性腺轴实现对小白鼠的生殖控制，而且对雌性的作用明显强于雄性，但在本研究中 ND-1 未能达到对两性不育的同步控制，可能与紫草素主要成分萘醌类化合物及其衍生物与雌激素的叠加作用有关。②ND-1 中紫草素与炔雌醚合适的配比对其能否发挥预期的作用十分重要。虽然在我们的研究中 ND-1 达到了我们预期的不育控制初步效果，但两种不育药物的复合比例还有待于通过随后的试验研究进一步校正，同时两种不育药物复合后对子午沙鼠的叠加作用机制也是我们进一步研究的内容。

关于害鼠繁殖控制不育剂的筛选和不育方法，国内外许多学者做了大量的工作，取得了明显的成效。例如，对不育剂 EP-1 及其组分的研究表明，该不育剂对小型鼠类具有很好的不育效果，并且具有两性不育、相对环保安全的特点(张知彬 2015)；对卡麦角林的研究结果显示，其能够抑制雌性小白鼠的繁殖，但对其怀孕早期和晚期的影响具有药物剂量依赖性(Su et al. 2014)；Jacob 等(2006，2004)在封闭种群条件下，对稻田鼠(Rattus argentiventer)雌性通过输卵管结扎手术进行不育控制研究，认为雌性 50%以上的个体不育，就可以达到控制种群数量增长和降低稻田危害的目标；而对于开放种群，为避免研究区以外迁入可繁殖个体的影响，则需要在景观这样的大尺度范围进行野外试验，而且对实验动物应该多剂量给药才可以达到有效控制种群数量的目标。Tran 和 Hinds 总结了多种植物提取物的不育作用，认为植物提取物作为理想的不育剂，应该能够直接或间接影响啮齿动物雌性卵泡的正常发育，并且可以中断动物发情期，其不足是一次性给药后作用是可逆的(Tran and Hinds 2013)。因此，他们结合动物福利观点，认为应该选择经口的能够致使雌性动物原始卵泡不可再生的植物提取物更加理想。本研究的不育剂 ND-1 不仅具有能够有效控制子午沙鼠繁殖子代数量、降低繁殖率的作用，更重要的是能够有效延迟其繁殖启动期，具体作用机制是否影响了雌性卵泡的形成或中断了两性的发情期，有待于进一步探索。但本研究中雌性处理组繁殖启动期最长延迟了 22 天，雄性处理组最长延迟 157 天，即整个试验观察期未繁殖，从而有效减少了亲代的繁殖次数，而且处理组年度内每次繁殖的幼体数量呈明显降低趋势，并且没有表现出繁殖率的恢复，即不育作用的可逆性（付和平等 2011；沈伟等 2011），而是在两个年度出现了可持续降低的趋势，持续 24 个月，抗生育率持续升高。这是不育剂 ND-1 最重要的作用特点，也是我们对 ND-1 预期最理想的初步结果。繁殖启动期延迟对啮齿动物早期种群数量和结构造成明显干扰，对于野生种群必将影响子代的越冬存活和次年繁殖数量，有利于实现种群数量的可持续控制。

第八节　结　　论

通过对采用紫草素为不育剂对小白鼠进行不育控制试验和采用 ND-1 不育剂对子午沙鼠进行不育控制试验的结果进行分析得出以下结论。

1. 不同浓度的紫草素溶液中 50mg/kg 的紫草素溶液使雌性小白鼠子宫有明显萎缩现象，50mg/kg 浓度试验组雄性小白鼠精囊腺脏器系数、精子密度均显著低于对照组（$F=6.49$，$P<0.01$；$F=4.60$，$P<0.05$），因此 50mg/kg 紫草素浓度具有抗生育作用的预期效果。

2. 50mg/kg 浓度的紫草素对小白鼠抗生育作用是通过调控其脑垂体促性腺轴实现对其的繁殖控制。

3. 50mg/kg 浓度的紫草素使小白鼠繁殖启动期明显推迟（$F=11.83$，$P<0.001$），相对延长了小白鼠的繁殖周期，直接效果是相对降低了小白鼠的年度繁殖次数和繁殖率。对雌、雄小白鼠正常繁殖有明显干扰作用，对雌、雄小白鼠都有抗生育作用。

4. ND-1（农大-1 号）使子午沙鼠繁殖启动期明显推迟（$F=14.46$，$P<0.001$），相对延长了子午沙鼠的繁殖周期，直接效果是相对降低了子午沙鼠的年度繁殖次数和繁殖率。对雌、雄子午沙鼠正常繁殖有明显干扰作用，对雌、雄子午沙鼠都有抗生育作用，而且可以持续至少 24 个月。

参 考 文 献

阿娟, 付和平, 施大钊, 等. 2012. EP-1 与溴敌隆对长爪沙鼠野生种群的控制作用. 植物保护学报, 39(2): 182-186.

曹煜, 丛林, 王宇, 等. 2008. 大仓鼠对 5 种灭鼠剂的实验室选择性试验. 中国媒介生物学及控制杂志, 19(4): 301-303.

陈东平, 王晓. 2005. 鼠类不育技术控制鼠害的理论与实践. 预防医学情报杂志, 21(2): 163-165.

代九星, 宛新荣, 颜忠诚. 2009. 几种不育剂在有害鼠类控制中的应用研究及其展望. 生物学通报, 44(9): 4-6.

董维惠, 侯希贤, 周延林, 等. 2001. 小毛足鼠种群年龄鉴定和组成的研究. 中国媒介生物学及控制杂志, 12(3): 168-170.

付和平, 张锦伟, 施大钊, 等. 2011. EP-1 不育剂对长爪沙鼠野生种群增长的控制作用. 兽类学报, 31(4): 404-411.

付和平, 马春梅, 艾东, 等. 2003. 内蒙古阿拉善荒漠主要啮齿类种群生态位. 内蒙古农业大学学报, 24(4): 22-25.

付和平, 武晓东, 杨泽龙, 等. 2004. 内蒙古阿拉善荒漠主要啮齿动物生态位测度比较. 动物学杂志, 39(4): 27-34.

付和平, 武晓东, 杨泽龙. 2005a. 阿拉善地区不同生境小型兽类群落多样性研究. 兽类学报, 25(1): 32-38.

付和平, 武晓东, 杨泽龙. 2005b. 不同干扰条件下荒漠啮齿动物生态位特征. 生态学报, 25(10): 2637-2643.

韩崇选, 杨林. 2003. 鼠类的危害与可持续控制技术研究. 西北林学院学报, 18(1): 49-52.

韩崇选, 杨学军, 王明春, 等. 2005. 鼠类危害的环境生态修复探讨. 西北林学院学报, 20(4): 124-128.

韩艳静, 张晓东, 曹晓娟, 等. 2013. 不育剂 EP-1 对荒漠啮齿动物优势种群数量的影响. 兽类学报, 33(4): 352-360.

洪军, 负旭疆, 林峻, 等. 2014. 我国天然草原鼠害分析及其防控. 中国草地学报, 36(3): 1-4.

侯向阳. 2009. 中国草原保护建设技术进展及推广应用效果. 中国草地学报, 31(1): 4-12.

霍秀芳, 施大钊, 王登. 2007. 左炔诺孕酮-炔雌醚对长爪沙鼠的不育效果. 植物保护学报, 34(3): 321-325.

霍秀芳, 王登, 梁红春, 等. 2006. 两种不育剂对长爪沙鼠的作用. 草地学报, 14(2): 184-187.

李季萌, 郑敏, 郭永旺, 等. 2009. 雷公藤制剂对雄性布氏田鼠的不育作用. 兽类学报, 29(1): 69-74.

李枝林, 秦长育, 韩建芳. 1988. 子午沙鼠生态学的初步研究. 兽类学报, 81(1): 43-48.

梁红春, 霍秀芳, 王登, 等. 2006. 不育技术控制长爪沙鼠种群的初步研究. 植物保护, 32(2): 45-48.

刘汉武, 王荣欣, 张凤琴, 等. 2011. 我国害鼠不育控制研究进展. 生态学报, 31(19): 5484-5494.

刘汉武, 周立, 刘伟, 等. 2008. 利用不育技术防治高原鼠兔的理论模型. 生态学杂志, 27(7): 1238-1243.

刘伟, 宛新荣, 王广和, 等. 2004. 不同季节长爪沙鼠同生群的繁殖特征及其在生活史对策中的意义. 兽类学报, 24(3): 229-234.

刘伟, 宛新荣, 钟文勤. 2009. 长爪沙鼠体质量生长模式特征. 生态学杂志, 28(9): 1853-1856.

满都呼, 乌仁其其格, 张福顺, 等. 2015. 不同放牧强度下东北鼢鼠对栖息地植被地下生物量的影响. 中国草地学报, 37(4): 92-97.

苗浩, 曹颖瑛, 商庆华, 等. 2012. 植物中萘醌类化合物及其衍生物的抗微生物作用的研究进展. 药学实践杂志, 30(5): 334-335.

乔秀文, 但建明, 曾宪佳, 等. 2004. 新疆紫草萘醌色素的理化性质研究. 广州食品工业科技, 20(2): 70-72.

沈伟, 郭永旺, 施大钊, 等. 2011. 炔雌醚对雄性长爪沙鼠不育效果及其可逆性. 兽类学报, 31(2): 171-178.

施大钊, 郭永旺, 苏红田. 2009. 农牧业鼠害及控制进展. 中国媒介生物学及控制杂志, 20(6): 499-501.

宋凯, 刘荣堂. 1984. 子午沙鼠的生态研究. 兽类学报, 4(4): 291-300.

宛新荣, 石岩生, 宝祥, 等. 2006. EP-1 不育剂对黑线毛足鼠种群繁殖的影响. 兽类学报, 26(4): 392-397.

王大伟, 刘琪, 刘明, 等. 2011. EP-1 包合物制备及其对布氏田鼠繁殖器官的影响. 兽类学报, 31(1): 79-83.

王涛涛, 郭永旺, 王登, 等. 2015. 炔雌醚对布氏田鼠繁殖的抑制效果. 兽类学报, 35(1): 87-94.

王宗礼, 孙启忠. 2010. 建立和完善草原保护建设长效机制. 中国草地学报, 32(5): 5-8.

魏万红, 樊乃昌, 周文扬, 等. 1999. 复合不育剂对高原鼠兔种群控制作用的研究. 草地学报, 7(1): 39-45.

吴学渊, 刘萍. 2008. 正交试验设计优选紫草的醇提工艺. 中国医院用药评价与分析, 8(10): 750-752.

吴宥析, 刘少英, 钟妮娜, 等. 2010. 一种醇类雄性不育剂对高原鼠兔精子的影响. 兽类学报, 30(2): 229-233.

武晓东, 付和平, 杨泽龙. 2009. 中国典型半荒漠与荒漠区啮齿动物研究. 北京: 科学出版社: 255-258.

夏武平, 廖崇惠, 钟文勤, 等. 1982. 内蒙古阴山北部农业区长爪沙鼠的种群动态及其调节研究. 兽类学报, 2(1): 51-69.

徐佳, 伍春莲. 2015. 紫草素药理作用研究进展. 药物生物技术, 22(1): 87-90.

徐坤山, 吴建富, 白海, 等. 2008. 紫草素诱导乳腺癌细胞凋亡的研究. 扬州大学学报, 29(2): 26-29.

许雅, 陈思东, 曾转萍, 等. 2010. 复方左炔诺孕酮对雌鼠生育能力的影响. 中国媒介生物学及控制杂志, 21(3): 226-228.

杨玉平, 王利清, 张福顺. 2014. 典型草原黑线毛足鼠种群数量动态和繁殖的研究. 中国草地学报, 36(4): 105-109.

张建军, 张知彬, Sun L X. 2004. 雄性不育对布氏田鼠交配行为和繁殖的影响(英文). 兽类学报, 24(3): 242-247.

张洁. 1995. 鼠类年龄鉴定与划分的研究//张洁. 中国兽类生物学研究. 北京: 中国林业出版社: 52-61.

张锦伟, 海淑珍, 郭永旺, 等. 2011. 复合不育剂 EP-1 对雄性长爪沙鼠的抗生育作用. 植物保护学报, 38(1): 86-90.

张亮亮, 施大钊, 王登. 2009. 不同不育比例对布氏田鼠种群增长的影响. 草地学报, 17(6): 830-833.

张显理, 唐伟, 顾真云, 等. 2005. 不育剂甲基炔诺酮对宁夏南部山区甘肃鼢鼠种群控制试验. 农业科学研究, 26(1): 37-42.

张新阶, 王广和, 刘伟, 等. 2007. 浑善达克沙地三趾跳鼠的食性与繁殖特征的初步分析. 动物学杂志, 42(3): 9-13.

张知彬. 1995a. 鼠类不育控制的生态学基础. 兽类学报, 15(3): 229-234.

张知彬. 1995b. 免疫不育在动物数量控制上的应用前景. 医学动物防制, 11(2): 194-197.

张知彬. 2000. 澳大利亚在应用免疫不育技术防治有害脊椎动物研究上的最新进展. 兽类学报, 20(2): 130-134.

张知彬. 2015. 左炔诺孕酮和炔雌醚复合物(EP-1)及组分对鼠类不育效果的研究进展. 兽类学报, 35(2): 203-210.

张知彬, 廖力夫, 王淑卿, 等. 2004. 一种复方避孕药物对三种野鼠的不育效果. 动物学报, 50(3): 341-347.

张知彬, 王淑卿, 郝守身, 等. 1997a. α-氯代醇对雄性大仓鼠的不育效果观察. 兽类学报, 17(3): 232-233.

张知彬, 王淑卿, 郝守身, 等. 1997b. α-氯代醇对雄性大鼠的不育效果研究. 动物学报, 43(2): 223-225.

张知彬, 王玉山, 王淑卿, 等. 2005. 一种复方避孕药物对围栏内大仓鼠种群繁殖力的影响. 兽类学报, 25(3): 269-272.

张知彬, 张健旭, 王福生, 等. 2001. 不育和"灭杀"对围栏内大仓鼠种群繁殖力和数量的影响. 动物学报, 47(3): 241-248.

张知彬, 赵美蓉, 曹小平, 等. 2006. 复方避孕药物(EP-1)对雄性大仓鼠繁殖器官的影响. 兽类学报, 26(3): 300-302.

赵肯堂. 1981. 内蒙古啮齿动物. 呼和浩特: 内蒙古人民出版社: 152-158.

郑敏, 郭永旺, 嵇莉莉, 等. 2008. 环丙醇类制剂对雄性布氏田鼠的不育作用. 植物保护学报, 35(1): 93-94.

周庆强, 钟文勤, 孙崇潞. 1985. 内蒙古阴山北部农牧区长爪沙鼠种群适应特征比较研究. 兽类学报, 5(1): 25-33.

周延林, 王利民, 鲍伟东, 等. 1999. 子午沙鼠种群繁殖特征分析. 兽类学报, 19(1): 62-67.

周延林, 王利民, 鲍伟东. 2000. 鄂尔多斯沙地啮齿动物生产量研究. 内蒙古大学学报, 31(5): 521-526.

Barreiro M L, Tena-Sempere M. 2004. Ghrelin and reproduction: a novel signal linking energy status and fertility? Mol Cell Endocrinol, 226(1-2): 1-9.

Bronson F H. 2009. Climate change and seasonal reproduction in mammals. Phil Trans R Soc B, 364: 3331-3340.

Chen X, Yang L, Oppenheim JJ, et al. 2002. Cellular pharmacology studies of shikonin derivatives. Phytotherapy Research, 16(3): 199-209.

Dai J X, Wan X R, Yan Z C. 2009. Application research and advance of some sterility compound for controlling rodent pest. Bulletin of Biology, 44(9): 4-6.

Davis D E. 1961. Principles for population control by gametocides. Transactions of the North American Wildlife Conference, 26: 160-167.

Ericsson R J. 1982. Alpha-chlorohydrin (Epibloc®): a toxicant-sterilant as an alternative in rodent control. Proceeding of the Tenth Vertebrate Pest Conference. Lincoln: University of Nebraska: 6-9.

Fernandez-Fernandez R, Martini AC, Navarro VM, et al. 2006. Novel signals for the integration of energy balance and reproduction. Mol Cell Endocrinol, 254-255: 127-132.

Fu H P, Zhang J W, Shi D Z, et al. 2013. Effects of Contraception Control on Mongolian Gerbil Wild Populations: A Case Study. Integrative Zoology, 8(3): 277-284.

García M C, López M, Alvarez C V, et al. 2007. Role of ghrelin in reproduction. Reproduction, 133(3): 531-540.

Grignard E, Cadet R, Saez F, et al. 2007. Identification of sperm antigens as a first step towards the generation of a contraceptive vaccine to decrease fossorial water vole *Arvicola terrestris* Scherman proliferations. Theriogenology, 68(5): 779-795.

Hess R A, Zhou Q, Nie R, et al. 2001. Estrogens and epididymal function. Reprod Fertil Dev, 13(4): 273-283.

Howard W E. 1967. Vertebrate Pests: Biocontrol and chemosterilants//Kilgore W W, Doutt R L. Pest control: Biological, Physical and Selected Chemical Methods. New York and London:Academic Press: 343-368.

Jacob J, Herawati N A, Davis S A, et al. 2004. The impact of sterilized females on enclosed population of ricefield rats. Journal of Wildlife Management, 68(4): 1130-1137.

Jacob J, Rahmini, Sudarmaji. 2006. The impact of imposed female sterility on field populations of ricefield rats (*Rattus argentiventer*). Agriculture, Ecosystems and Environment, 115(1-4): 281-284.

Jacob J, Singleton G R, Hinds L A, et al. 2008. Fertility control of rodent pests. Wildlife Research, 35(6): 487-493.

Kang L, Han X, Zhang Z, et al. 2007. Grassland ecosystems in China: review of current knowledge and research advancement. Phil Trans R Soc B, 362: 997-1008.

Kirkpatrick J F, Lyda R O, Frank K M. 2011. Contraceptive vaccines for wildlife: a review. Am J Reprod Immunol, 66: 40-50.

Knipling E F, McGuire J U. 1972. Potential role of sterilization for suppressing rat populations: A theoretical appraisal. Technical Bulletin. Agriculture Resources Service, US Department Agriculture, 1455: 1-27.

Knipling E F. 1959. Sterile male method of population control. Science, 130: 902-904.

Liu M, Qu J, Yang M, et al. 2012a. Effects of quinestrol and levonorgestrel on populations of plateau pikas, *Ochotona curzoniae*, in the Qinghai-Tibetan Plateau. Pest Management Science, 68: 592-601.

Liu M,Qu J, Wang Z, et al. 2012b. Behavioral mechanism of male sterilization on plateau pika in the Qinghai-Tibet Plateau. Behavioural Processes, 89: 278-285.

Liu W, Wan X, Zhong W, et al. 2007. Population dynamics of the Mongolian gerbils: Seasonal patterns and interactions among density, reproduction and climate. Journal of Arid Environments, 68: 383-397.

Liu W, Wang G M, Wang Y N, et al. 2009. Population ecology of wild Mongolian gerbils *Meriones unguiculatus*. Journal of Mammalogy, 90(4): 832-840.

Lorenzi T, Meli R, Marzioni D, et al. 2009. Ghrelin: a metabolic signal affecting the reproductive system. Cytokine Growth Factor Rev, 20(2): 137-152.

Lv X H, Shi D Z. 2012. Combined effects of levonorgestrel and quinestrol on reproductive hormone levels and receptor expression in females of the Mongolian gerbil (*Meriones unguiculatus*). Zoological Science, 29: 37-42.

Mandal R, Dhaliwal P K. 2007. Antifertility effect of *Melia azedarach* Linn. (dharek) seed extract in female albino rats. Indian Journal of Experimental Biology, 45 (10): 853-860.

Muccioli G, Lorenzi T, Lorenzi M, et al. 2011. Beyond the metabolic role of ghrelin: a new player in the regulation of reproductive function. Peptides, 32 (12): 2514-2521.

Naz R K, Saver A E. 2016. Immunocontraception for animals: current status and future perspective. Am J Reprod Immunol, 75: 426-439.

Redwood A J, Harvey N L, Lloyd M, et al. 2007. Viral vectored immunocontraception: screening of multiple fertility antigens using murine cytomegalovirus as a vaccine vector. Vaccine, 25 (4): 698-708.

Rees M, Crawley M J. 1989. Growth, reproduction and population dynamics. Functional Ecology, 3 (6): 645-653.

Salman S, Kumbasar S, Ozgen U, et al. 2009. Contraceptive Effects of *Onosma armeniacum* on Embryo Implantation in Rats. Cell Membranes and Free Radical Research, 1: 90-94.

Shi D Z, Wan X R, Davis S A, et al. 2002. Simulation of lethal control and fertility control in a demographic model for Brandt's vole *Microtus brandti*. Journal of Applied Ecology, 39 (2): 337-348.

Su Q Q, Xiang Z F, Qin J, et al. 2014. Effects of cabergoline on the fertility of female mice during early and late pregnancy, and potential for its use in mouse control. Crop Protection, 56: 69-73.

Tena-Sempere M. 2007. Roles of ghrelin and leptin in the control of reproductive function. Neuroendocrinology, 86 (3): 229-241.

Tran T T, Hinds L A. 2013. Fertility control of rodent pests: a review of the inhibitory effects of plant extracts on ovarian function. Pest Manag Sci, 69: 342-354.

Twigg L E, Lowe T J, Martin G R. 2000. Effects of surgically imposed sterility on free ranging rabbit populations. Journal of Applied Ecology, 37 (1): 16-39.

Twigg L E, Williams C K. 1999. Fertility control of overabundant species: Can it work for feral rabbits? Ecology Letters, 2: 281-285.

Wang D W, Li N, Liu M, et al. 2011. Behavioral evaluation of quinestrol as a sterilant in male Brandt's voles. Physiology and Behavior, 104: 1024-1030.

Yao Y, Brodie A M, Davidson N E, et al. 2010. Inhibition of estrogen signaling activates the NRF2 pathway in breast cancer. Breast Cancer Res Treat, 124 (2): 585-591.

Zhang J J, Zhang Z Z, Sun L X. 2004. Influence of male surgical sterilization on the copulatory behavior and reproduction of brandt's vole. Acta Theriologica Sinica, 24 (3): 242-247.

Zhao M R, Liu M, Li D, et al. 2007. Anti-fertility effect of levonorgestrel and quinestrol in Brandt's voles (*Lasiopodomys brandtii*). Integrative Zoology, 2 (4): 260-268.

Zhou Q, Clarke L, Nie R, et al. 2001, Estrogen action and male fertility: roles of the sodium/hydrogen exchanger-3 and fluid reabsorption in reproductive tract function. Proc Nat Acad Sci USA, 98 (24): 14132-14137.

编　后　记

　　《博士后文库》（以下简称《文库》）是汇集自然科学领域博士后研究人员优秀学术成果的系列丛书。《文库》致力于打造专属于博士后学术创新的旗舰品牌，营造博士后百花齐放的学术氛围，提升博士后优秀成果的学术和社会影响力。

　　《文库》出版资助工作开展以来，得到了全国博士后管委会办公室、中国博士后科学基金会、中国科学院、科学出版社等有关单位领导的大力支持，众多热心博士后事业的专家学者给予积极的建议，工作人员做了大量艰苦细致的工作。在此，我们一并表示感谢！

《博士后文库》编委会